Heinrich Schiemann

Erlebte Raumfahrt

**Schauplätze
und Begegnungen**

Umschau

Für meine Frau Ruth
und unsere Söhne
Alexander, Gregor und Erik

CIP-Titelaufnahme der Deutschen Bibliothek

Schiemann, Heinrich:
Erlebte Raumfahrt: Schauplätze und Begegnungen/Heinrich
Schiemann. – Frankfurt am Main: Umschau-Verl., 1991
  ISBN 3-524-69091-2

Typographie und Herstellung: Hans-Heinrich Ruta, Frankfurt am Main
Satz: Fotosatz Otto Gutfreund, Darmstadt
Lithographie und Druck: Brönners Druckerei Breidenstein GmbH,
Frankfurt am Main
Buchbinderische Verarbeitung: C. Fikentscher Großbuchbinderei GmbH,
Darmstadt
Printed in Germany 1991

4

INHALT

Blick in das ZDF-Sonderstudio für Mondflugübertragungen. Heinrich Schiemann hat im Studio neben und hinter sich Modelle der Landefähre und des Mondautos sowie eine Mondkarte. Ganz im Vordergrund ein dreiteiliges Modell der kompletten Apollo-Kombination aus Kommandoteil, Geräteteil und angekoppeltem Landefahrzeug. Das große Modell der Landefähre war nach Originalzeichnungen der amerikanischen Herstellerfirma Grumann in Hamburg gebaut worden.

Dieses Buch ist aus Reportagen entstanden, die ich erst für den Norddeutschen Rundfunk, später für das Zweite Deutsche Fernsehen gemacht habe. Dies nahm seinen Anfang, als die Sowjets 1957 ihren Sputnik als ersten Satelliten um die Erde geschickt hatten. Damals wurde klar, daß ein neues Zeitalter begonnen hatte. Seitdem hat mich die Raumfahrt nicht mehr losgelassen.
In diesem Buch spielen Menschen eine wichtige Rolle. Einer von ihnen ist Chuck Yeager, der als erster Pilot die Schallmauer durchbrach. Er flog die X1, Vorläuferin der X15, die der nach Flugzeugart landenden Raumfähre den Weg wies. Ein gutes Verhältnis habe ich zu dem verstorbenen Wernher von Braun gehabt, der aus Deutschland nach Amerika kam und die Mondrakete

baute. Neil Armstrong, der als erster Mensch auf dem Mond stand, habe ich in Deutschland getroffen und interviewt.

Als sich die Amerikaner anschickten, zum Mond zu fliegen, bestand meine Aufgabe darin, die Fernsehzuschauer zu den Schauplätzen der Vorbereitungen für die Mondlandung zu führen. So habe ich am Cape Canaveral, dem Raketenstartplatz, im Raketenzentrum Huntsville, im tiefen Süden der USA, und in den Fabriken, wo die Mondfahrzeuge gebaut wurden, persönliche Eindrücke sammeln können, die nun in diesem Buch zusammengefaßt sind. Damit ist in ihm auch ein Stück Amerika dargestellt. Wozu der gigantische Aufwand für das Mondprojekt, fragte ich mich? Antworten gaben Präsident John F. Kennedy in einer Rede und von Braun im Interview. Besonders beeindruckte mich an der Raumfahrt, daß sie uns aus halber Mondentfernung die Erde als ein Raumschiff zeigte, dessen Besatzung, die Menschheit, um die Erhaltung seiner Ressourcen besorgt sein muß. Mein Dank gilt den Pressereferenten der NASA, die meine Fernsehteams und mich bei den Dreharbeiten begleiteten und mich mit Material versorgten. Dazu zählte eine komplette Niederschrift des Funksprechverkehrs zwischen Boden und Raumschiff während des Fluges von Apollo 11 zur ersten Mondlandung.

In der Mojavewüste unweit Los Angeles in den sechziger Jahren: Soeben ist der flügellose aerodynamische Auftriebskörper vom Typ HL 10 gelandet und der Pilot ausgestiegen. Das Mutterflugzeug, eine B 52, die den HL 10 abgeworfen hat, ist noch in der Luft. Zu dieser Zeit war schon entschieden, daß die bemannte Raumfahrt zunächst mit Kapseln beginnen würde, die am Fallschirm landen. Nach Flugzeugart landende Auftriebskörper weisen dagegen den Weg zur Raumfähre, die 1981 zum ersten Mal in den Weltraum flog und dann wie ein Flugzeug in der Mojavewüste zur Erde zurückkehrte. Die Pionierarbeit hierzu war in der Wüste geleistet worden.

ZWEI WEGE IN DEN WELTRAUM

»Fünf... vier... drei... zwei... Zündung.« Noch immer beginnt jeder Raumflug, unbemannt oder bemannt, mit dem Auszählen der letzten Sekunden vor dem Abheben. Ihm folgt, zuerst langsam, dann immer schneller werdend, der Aufstieg der Rakete auf einem Strahl aus Feuer und Rauch. Im Kontrollraum läßt die Spannung erst nach, wenn der Einschuß in eine Bahn um die Erde geglückt ist oder der Übergang in eine Bahn, die zu einem außerirdischen Ziel führt. Nach über dreißig Jahren ist die Raumfahrt zur Routine geworden.

Nach dem Land, dem Wasser und der Luft hat sich der Mensch damit eine neue Arbeits- und Lebenswelt erschlossen. Das Neue ist, daß es im Weltraum keine Reibung gibt und darum auch kein Antrieb nötig ist. Schon verlassen vor Jahren gestartete Sonden unser Sonnensystem und fliegen in die Unendlichkeit des Alls mit auf Plaketten eingravierten Botschaften. Ob die Botschaften je in den Bereich einer außerirdischen Zivilisation geraten und entschlüsselt werden, ist ungewiß. Inzwischen ist der Mensch selbst zum nächsten Himmelskörper, dem Mond gelangt. Noch kehrte er, nach einer rohen Methode, in einer Kapsel am Fallschirm hängend, zurück. Jetzt fliegt man mit Raumfähren ins All, die nach Flugzeugart landen. Einen solchen zweiten Weg in den Weltraum haben Piloten in der Mojavewüste bei Los Angeles schon frühzeitig im Sinn gehabt.

Von Los Angeles in die Mojavewüste

Los Angeles, 1963: Was für ein klangvoller Name, dachte ich im Anflug auf den Internationalen Flughafen, für eine endlose monotone Ansammlung von flachen Häusern, aus der sich nur hier und da Hochhäuser erheben. Dünne, schnurgerade von Horizont zu Horizont verlaufende Linien, die sich rechtwinklig kreuzen, entpuppen sich aus der Luft erst nach und nach als Straßenzüge voller Leben. Denn der erste Anschein trügt. Los Angeles, oder einfach LA, wie seine Bewohner es liebevoll nennen, ist mit seinen zwölf Millionen Einwohnern eine höchst vitale Metropole, Superstadt und Superdorf in einem.

Was auf den ersten Blick einförmig erscheint und immerhin eine Fläche von sechzig mal fünfzig Kilometern bedeckt – nicht mitgerechnet Vororte, die das Ganze, Greater Los Angeles genannt, neunzig Kilometer lang werden lassen, besteht aus mehreren Dutzend Stadtteilen. Diese sind so selbständig, daß die örtlichen Stadtväter die Hausnummern an den unsichtbaren Grenzen immer wieder von vorn anfangen lassen. Natürlich bringt dies den Fremden – so ging es einmal meinem Fernsehteam und mir –, der eine bestimmte Hausnummer sucht, zur Verzweiflung. Das Verfahren wird sogar bei der bekanntesten aller Straßen, dem Sun Set

Boulevard, angewandt, der irgendwo in der Mitte des Häusermeers beginnt und dann am Pazifischen Ozean endet, ganz im Westen, eben da, wo die Sonne untergeht. An den Palmenalleen und Villen des eleganten Beverly Hills vorbei, wo die Superreichen wohnen, führt der »Strip« durch den berühmtesten aller Stadtteile, die Traumfabrik Hollywood, die mit ihren Boutiquen, Coffeeshops und Motels geradezu gemütlich wirkt. Dort produzierte man als Science fiction, was ein halbes Dutzend Fabriken in der Nachbarschaft längst Wirklichkeit werden ließen: den Vorstoß in den Weltraum. Durch sie wurde Los Angeles zur Hauptstadt der amerikanischen Luft- und Raumfahrtindustrie. Sie beschäftigt rund 20 000 Personen. Ein paar Namen: Lockheed in Burbank, Rockwell International, früher North American Aviation, am Flughafen. In beiden Fabriken wurden während des Zweiten Weltkrieges Flugzeuge für den Luftkrieg über Deutschland produziert. Ferner Northrop und Douglas in Huntington Beach, außerdem TRW in Redondo Beach.

In den fünfziger Jahren konstruierte North American Aviation am Flughafen das Superraketenflugzeug X15, das fast siebenfache Schallgeschwindigkeit erreichte und in 108 Kilometer Höhe bis an den Rand des Weltraums gelangte. Inzwischen baute NAA, unter dem neuen Namen Rockwell, etwas weiter weg, in Downey, das Apollomutterfahrzeug für den Flug zum Mond. Neben der Fabrikhalle ließen die Ingenieure die Weltraumkapsel von einem riesigen Freiluftgestell aus in einen Teich fallen, um zu sehen, ob sie nach der Rückkehr vom Mond den Aufschlag auf die Oberfläche des Ozeans aushalten würde. Freilich, die gewaltige Erststufe der Mondrakete entstand am Golf von Mexiko bei New Orleans. Aber die beiden oberen Stufen wurden wieder in Los Angeles gebaut, in Sichtweite von Long Beach, des großen Hafenviertels von Los Angeles, wo die Queen Mary, der alte Luxusdampfer, als Hotelschiff an der Pier liegt. Von der Q. M. mit ihren gewaltigen drei Schornsteinen sieht man hinüber nach Culver City. Sein Zentrum bildet ein Berg, auf dem eine komplette Flugzeug- und Elektronikfabrik samt eigenem Flugplatz untergebracht ist. Ihr Gründer war der legendäre Multimilliardär Howard Hughes, eine der farbigsten Erscheinungen von ganz Los Angeles, ein Mann, der es an Exzentrizität mit Liz Taylor aufnahm. In einer Person war er Flugzeugkonstrukteur, Filmproduzent und Besitzer von Fluggesellschaften gewesen. Als Filmproduzent entdeckte und förderte er den Busenstar Jane Russel. Zeitweilig gehörte ihm, in Konkurrenz zu Frank Sinatra, halb Las Vegas. Auf der anderen Seite: Zwei seiner Mitarbeiter erfanden den Laser und wurden dafür mit dem Nobelpreis ausgezeichnet. Hughes baute das seinerzeit größte Flugzeug der Welt, ein riesiges Flugboot aus Holz, das sich aber nur einmal in die Lüfte erhob und seitdem unweit der Queen Mary in einer Halle zu besichtigen ist. In einer seiner Fabriken entstand das unbemannte Raumfahrzeug Surveyor, das weich auf dem Mond landete und damit bewies, daß der Mond Menschen tragen konnte, was einige Wissenschaftler angezweifelt hatten. Allerdings hat sich Hughes den Surveyor niemals angesehen. Es gehörte zu seinen Absonderlichkeiten, seine Werke nie zu betreten. So hielt er Besprechungen mit seinen Topmanagern nachts in einem Mietwagen ab. War die Besprechung zu Ende, ließ er die Mitarbeiter an der nächsten Straßenecke aussteigen.

Im Alter litt Hughes zunehmend an Verfolgungswahn, suchte Zuflucht ausgerechnet in dem unsicheren Nicaragua Somozas und schloß sich in einem Hotel ein. Ungewöhnlich wie sein Leben war sein Tod. Er starb auf einem Flug in einem Privatflugzeug ausgerechnet in dem Augenblick, als die Maschine die amerikanisch-mexikanische Grenze überflog. Dadurch wurde unklar, ob bei der Verteilung seines Milliardenvermögens amerikanisches oder mexikanisches Recht gelten sollte.

Nimmt man den Freeway, die Autobahn, so ist es von Los Angeles nur eine Autostunde bis zur Mojavewüste. Dort war das Flugzeugtestzentrum Edwards, das größte seiner Art in der westlichen Welt, unser Ziel.

Nur ein flacher Gebirgszug trennt die beiden Welten, die den größten Gegensatz bilden, den man sich denken kann: Die geschäftige Riesenmetropole und die grandiose Öde der Wüstenlandschaft. Ausgetrocknete Salzseen, die sich als natürliche Flugplätze eigneten, hatten die Wüste zum idealen Erprobungsgelände erst für neue Raketenflugzeuge und später für die Landungen der Raumfähre Space Shuttle gemacht. Über ihr durchbrach 1947 der Hauptmann der US-Luftwaffe, Charles Yeager, die Schallmauer, wodurch er zum amerikanischen Nationalhelden avancierte. Dort sahen die Piloten der X15 am hellichten Tage unter sich die gleißende Wüste und über sich, eben schon am Rande des Weltraums, die Sterne funkeln.

Noch bevor die bemannte Raumfahrt zunächst auf eine rohe Weise mit Wegwerfraketen und am Fallschirm landenden Kapseln begann, hatten dort Flugzeugingenieure und Piloten die Vision eines eleganteren Weges in den Weltraum gehabt. Nach ihrer Meinung sollten sich die Raumfahrzeuge aus immer schneller werdenden Raketenflugzeugen entwickeln, die nach Flugzeugart landen.

1947 hieß das Testgelände noch Muroc. Später wurde es in Edwards umbenannt, nach einem der vielen dort verunglückten Piloten.

Am besten kostet man den Übergang von Los Angeles und seiner Superzivilisation in die Wüste mit ihrem Hauch von Wildwest aus, wenn man, statt den Freeway durch das San Fernandotal zu benutzen, mitten über die San Gabriele Berge fährt. Dann verläßt man Los Angeles in dem vornehmen Pasadena, das Sitz der

Auf dem Weg aus dem Stadtzentrum von Los Angeles in die Mojavewüste kommt man am Fuße der San-Gabriele-Berge am Institut für Strahlantriebe der Technischen Hochschule von Kalifornien vorbei. Das wie die Hochschule in dem Vorort Pasadena von Los Angeles gelegene Institut wurde von dem deutschen Aerodynamiker Theodore von Kármán mitgegründet. Es überwachte zahlreiche Flüge von Weltraumsonden vom Typ Ranger, Voyager und Viking zum Mond und den Nachbarplaneten der Erde.

Technischen Hochschule von Kalifornien ist, des Californian Institute of Technology, kurz Caltech. Es gehört zu den renommiertesten Forschungs- und Bildungsstätten der USA und nimmt es im Rang mit den Universitäten von Kalifornien und mit Harvard und Yale auf.

Bevor man aus Pasadena hinauskommt, hat man noch einen grandiosen Blick auf das zum Caltech gehörende JPL am Fuß der steil aufragenden San-Gabriele-Berge. JPL ist die Abkürzung für Jet Propulsion Laboratory, übersetzt: Institut für Strahlantriebe. Mitbegründet wurde es von dem berühmten ungarischen Aerodynamiker jüdischer Abstammung Professor Theodore von Kármán, der lange Zeit in Deutschland gelehrt hatte und das Land erst verließ, als der Nationalsozialismus aufkam. Das JPL war Kontrollzentrum sowohl für den weich auf dem Mond gelandeten Surveyor als auch für die Viking-Sonde gewesen, die auf dem Mars niederging – und dort kein Leben fand – und für die Voyager-Raumfahrzeuge, die an den Planeten Jupiter, Saturn und Neptun vorbeiflogen. Auf den zum JPL gefunkten Bildern sah man zur größten Überraschung der Wissenschaftler auf dem Jupitermond Io Vulkanismus und um den Saturn und Neptun herum mehr Ringe, als man vorher entdeckt hatte.

Die Straße, die in unzähligen Kurven über die zerklüfteten San Gabriele Berge führt, kennt der Leser vom Kino her. Wann immer der Regisseur eines Hollywoodfilms eine wild bergab führende Straße braucht, benutzt er diesen Highway Nr. 2, um den Zuschauer an den schrecklichen Momenten teilhaben zu lassen, wenn das Auto nur noch um Zentimeter an der Felswand auf der rechten und den Abgründen in die Tiefe auf der linken Seite vorbeirast, und dies möglichst mit vorher durchgesägter Bremsleitung. Etwa auf der Höhe zweigt nach rechts eine schmale Straße zum Mount Wilson Observatorium ab. Das ist ein weiterer bedeutender Punkt im Umkreis von Los Angeles.

Hier verbrachte der amerikanische Astronom Edwin Hubble in den zwanziger Jahren seine Nächte mit dem 2,5-Meter-Teleskop, dem damals größten der Welt. Zwei der bedeutendsten astronomischen Entdeckungen des Jahrhunderts gelangen ihm: Erstens die Feststellung, daß der große Nebel im Sternbild Andromeda eine selbständige Galaxis ist, gleich unserer eigenen Milchstraße, und zweitens die Feststellung, daß sich alle Galaxien im großen und ganzen voneinander entfernen, das Universum sich also ausdehnt. Inzwischen wurde aus dieser Entdeckung die heute von den meisten Kosmologen geteilte Hypothese, daß das Universum in einem Urknall begann. Weil die Lichter des nahen Los Angeles auf dem Mt. Wilson die Sterne im Laufe der Zeit immer stärker überstrahlten, wurde ein größeres, mit einem 5-Meter-Spiegel ausgestattetes Teleskop zweihundert Kilometer weiter südlich, auf dem Mount Palomar, errichtet.

Gleich nach der Abbiegung zum Mt. Wilson lohnt sich eine Pause in einem kleinen unscheinbaren Coffeeshop. Dessen etwas ramschige Inneneinrichtung vermittelt einen ersten Eindruck von der erwarteten Wildwestatmosphäre der Mojavewüste auf der anderen Seite der Berge. Die Theke hat für kaum mehr als vier bis fünf Leute Platz, und dreht man sich etwas um, so hat man vor sich ein paar auf Holz aufgezogene Häute von Klapperschlangen. Ein Signal, bei Spaziergängen im Freien gut aufzupassen. Nicht weit von dem Coffeeshop wohnte eine Zeitlang Neil Armstrong, der erste Mann auf dem Mond. In Edwards, wo er unter anderen Maschinen die X 15 flog, hatte er kein Quartier finden können. Die Lebensverhältnisse waren hier draußen so primitiv, daß die Armstrongs noch nicht einmal fließend heißes Wasser hatten. Um das Badewasser für den kleinen Sohn Eric zu erwärmen, mußte Joan Armstrong die Plastikwanne mit dem Wasser in die Sonne stellen, während sie die Flüge ihres Mannes am Himmel verfolgte. Am Tage war Neils Beruf die Hochtechnologie.

Die gleich hinter den San-Gabriele-Bergen beginnende Mojave-wüste stellt eine von steinigen Gebirgsketten durchzogene Ebene dar, die bis tief in den Nachbarstaat Nevada reicht und zweihundertfünfzig mal einhundertfünfzig Kilometer mißt. Der erste Ort auf dem Weg nach Edwards in Richtung Norden heißt Palm-dale. Zwischen Wüste und Straße verläuft dort die Bahnstrecke der Southern Pacific Railrod, deren endlose, von bis zu acht Lokomotiven gezogenen Güterzüge von Zeit zu Zeit mit ungeheurem Getöse aus der Wüste angedonnert kommen. Das Hornsignal, das die Lokomotiven an den Bahnübergängen und bei den Ortsdurchfahrten ausstoßen, übertönt dann noch den Lärm des Zuges.

Wer in Palmdale lebt, darf keine Angst vor der Zukunft haben. Jährlich hebt sich der Boden der Wüstenstadt um einige Zentimeter: Örtlicher Vorbote eines ganz Kalifornien bedrohenden Erdbebens.

Als ich 1963 Palmdale zum ersten Mal mit einem ZDF-Fernsehteam, Kameramann und Assistenten, passierte, war rechts von der

Bahnlinie nur Wüste. Später hat dort Rockwell eine riesige Halle für den Bau der Raumfähre Space Shuttle errichtet. Der nächste Ort ist Lancaster, das dem Besucher als eine einzige Reihe von Motels und Schnellrestaurants erscheint, deren grelle Lichtreklamen am Abend übergangslos in den tiefschwarzen Himmel über der Wüste strahlen. Wir wohnten im Antelope Valley Inn, so benannt nach den zahllosen Antelopen, die es früher in dieser Gegend gegeben hat. Jetzt drehte sich eine einzige Antelope aus lackiertem Blech über dem Reklamegestell am Eingang. Man hatte uns das Motel wegen der Hollywoodschauspieler empfohlen, die dort zu wohnen pflegen, wenn sie am Tage in der Wüste Western drehen. Es waren fleißige Leute, die am Abend, angetan mit ihrer Filmkostümierung und unter breitkrempigen Hüten, an der Bar saßen. Morgens um sieben wurden sie mit Bussen abgeholt und zum Drehort gefahren. Nur die Stars und der Regisseur fuhren in Personenwagen.

Das Flugforschungszentrum Edwards

Am nächsten Morgen brauchten wir noch eine halbe Autostunde bis Edwards. Die Straße führte zunächst am Rosemond-Trockensee und dann am Anfang des benachbarten Rogers-See vorbei. Durch ihre hell leuchtenden Oberflächen hoben sich beide ehemaligen Salzseen von dem Hintergrund ab, der schon jetzt, in der Hitze der Vormittagssonne, in den Farben Braun und Grün und vereinzelt auch rötlich bis lila flimmerte. Unterwegs hatte man auf der rechten Seite einen Blick auf ein Randgebirge der Mulde, die die Mojavewüste hier bildet. Aus ihm ragten mehrere, in der Entfernung nur schwach wahrnehmbare Zacken hervor. Wie man uns später sagte, waren dort Raketenprüfstände errichtet. Der letzte in der Reihe war zum Testen des gewaltigen F1-Raketentriebwerks gebaut worden. Jeweils fünf Exemplare davon waren dazu bestimmt gewesen, Ende des Jahrzehnts die riesige Mondrakete Saturn 5 vom Boden abzuheben und auf ihre kosmische Reise zu schicken. Es war eindeutig: Das Apollo-Mondprogramm war, wie an vielen anderen Stellen der USA auch, hier bereits angelaufen.
Noch bevor wir in Edwards ankamen, sahen wir auf eine Entfernung von mehreren Kilometern Hallen und andere Gebäude des Testzentrums vor uns liegen. Obwohl es sich offenbar um große

Gebäude handelte, sahen sie in der Weite der Wüstenlandschaft wie Spielzeughäuschen aus. Aus einem Plan, den wir dabei hatten, war ersichtlich, daß der rechte, umfangreichere Gebäudekomplex der Air Force gehörte, der linke, kleinere der amerikanischen Weltraumbehörde NASA.

Beim Näherkommen sahen wir in dessen Zufahrt ein spitznasiges Flugzeug von der Größe eines Sportflugzeuges. Auf einem Schild der Name des Museumstücks: X 1E. Es gehörtc zu der Familie jener ersten experimentellen Überschallflugzeuge, mit denen nach dem Zweiten Weltkrieg in dieser Gegend waghalsige Piloten Luftfahrtgeschichte gemacht haben.

Verglichen mit den riesigen NASA-Forschungszentren Ames in der Nähe von San Francisco, Langley bei Hampton, Virginia und

Am Rande von ausgetrockneten Salzseen entstand nach dem Kriege in der Mojavewüste ein Flugforschungszentrum, das anfangs Muroc hieß und jetzt Edwards heißt. Über dem idealen Fluggelände durchstieß am 14. Oktober 1947 Chuck Yeager als erster Mensch die Schallmauer.

Ein zweites wichtiges Datum in der Geschichte von Edwards ist der 12. April 1981, als zum ersten Mal ein amerikanisches Raumfahrzeug, die Raumfähre Shuttle, aus dem Weltraum kommend, dort nach Flugzeugart landete.

Lewis in Cleveland, Ohio, nahm sich das bedeutendste Flugforschungszentrum der westlichen Welt eher bescheiden aus. Sein eigentliches Kapital war die Grenzenlosigkeit der Mojavewüste mit ihren Trockenseen sowie der fast immer blaue Himmel über ihr, womit ideale Flugbedingungen das ganze Jahr über gegeben waren. Der NASA-Komplex bestand in der Hauptsache aus einem Bürogebäude, das links und rechts von einer Halle flankiert war.

Wir wurden zu dem Presseoffizier des Testzentrums, Ralph Jackson, geführt. Er sprach gleich von zwei Wegen, die in den Weltraum geführt hätten. Der eine, den man zunächst beschritten hätte, führte zu Wegwerfraketen und Wegwerf-Raumkapseln. Hier in Edwards hätte man von Anfang an Raumflugzeuge im Sinn gehabt, die wie Flugzeuge zur Erde zurückkehren. Gerade jetzt experimentierte man mit Flugkörpern, die so geformt wären, daß sie zunächst einen Wiedereintritt in die Erdatmosphäre überstehen und anschließend auf Rädern landen könnten und wiederverwendbar wären. Für den Wiedereintritt müßten sie allerdings einen Hitzeschutzschild besitzen, den sie noch nicht hätten. Im Augenblick käme es auf die günstigste Form für den Landeanflug an. Als Ralph Jackson uns dies erzählte, konnte keiner von uns wissen, daß es noch achtzehn Jahre dauern würde, bis Millionen von Fernsehzuschauern es erleben würden, daß Jahre nach der Mondlandung ein aus dem Weltraum kommendes Fahrzeug, die rund achtzig Tonnen schwere Raumfähre Space Shuttle, wie ein Flugzeug auf Rogers-Trockensee aufsetzen würde.

»Chuck« Yeager und die X 1

Schon vor Beginn der Luft- und Raumfahrtforschung hatte man die ausgetrockneten Salzseen der Mojavewüste, die auf Amerikanisch dry lakes, Trockenseen, heißen, genutzt. Während des Zweiten Weltkrieges stellte die Marine hier die Attrappe eines Schlachtschiffes auf. Sie diente als Übungsziel für Bombenabwürfe.

Nach dem Zweiten Weltkrieg ließen sich Außenstellen von zwei Institutionen in Muroc, einem Ort in der Mojavewüste, nieder. Die eine Institution war die Heeresluftwaffe – die US Air Force gab es damals noch nicht –, deren Versuchsabteilung am Wright Field an der Ostküste ein paar Piloten und Mechaniker nach Muroc entsandt hatte. Die andere Institution war die NACA, das National Advisory Board of Areonautics, übersetzt: Bundes-Beratungs-Komitee für Luftfahrt, aus der später die amerikanische Luft- und Raumfahrtbehörde NASA hervorging. Experten beider Institutionen hatten sich Gedanken über die Zukunft des Flugzeuges gemacht. Auf jeden Fall, so sagten sie sich, würden die Flugzeuge schneller werden, und dies hieß, früher oder später die Schallgeschwindigkeit erreichen und überschreiten. Die Frage, was passiert, wenn ein Flugzeug schneller wird, war sehr komplex. Dem Schnellerfliegen stand der Luftwiderstand gegenüber. Dem konnte man auf zweierlei Weise begegnen. Durch stärkere Triebwerke und durch ein Ausweichen in größere Flughöhen, in denen die Luft dünner ist als in Bodennähe. Schließlich wird das Flugzeug aufhören, ein Flugzeug zu sein. Denn bei der Umfliegung der Erde folgt es der Erdkrümmung und erfährt dadurch eine vom Erdmittelpunkt weggerichtete Fliehkraft, die sich als Auftrieb auswirkt.

Bei niedrigen Geschwindigkeiten spielt dieser Fliehkraftauftrieb allerdings keine Rolle. Er nimmt jedoch mit dem Quadrat der Geschwindigkeit zu. Bei einer Geschwindigkeit von 28 000 Kilometer pro Stunde, das konnte man leicht ausrechnen, wird die Fliehkraft schließlich so groß wie das Gewicht des Flugzeuges. Dann ersetzt die Fliehkraft den Auftrieb durch den Flügel und aus dem Flugzeug wird ein Satellit, ein Raumfahrzeug. Ein Übergang vom Flugzeug zum Raumfahrzeug ist nur in großen Höhen möglich, wo die Erdatmosphäre in den Weltraum übergeht. Darunter wäre die Aufheizung des Flugzeuges durch Reibungshitze so stark, daß ihr kein Material widerstehen könnte.

Der Übergang erfolgt in etwa hundert Kilometer. Dann verschwindet mit dem Luftantrieb auch der Luftwiderstand, und man erhält einen Satelliten, der ohne jeden Antrieb die Erde umfliegt.

Wenn ein Flugzeug zum Satelliten wird, tritt die für alle Raumflüge typische Schwerelosigkeit auf. Man kann sie am Boden demonstrieren, wenn man ein paar Murmeln in die Luft wirft. Dann trägt keine Murmel mehr die andere. In diesem Sinne sind alle Weltraumbahnen, gleich welcher Richtung, ob um die Erde oder zum oder vom Mond, Wurfbahnen, auf denen alle Körper frei schweben.

Steigert man die Geschwindigkeit in einer Raketenbrennphase um vierzig Prozent über die Satellitengeschwindigkeit, so erhält man einen Körper, der ohne weiteren Antrieb bis zum Mond und über ihn hinaus fliegen kann. Das waren revolutionäre Perspektiven.

Die Mojavewüste erschien für die Erprobung von Überschallflugzeugen aus mehreren Gründen als ideal. Zunächst einmal versprach das trockene Wüstenklima mehr als dreihundert Flugtage im Jahr bei gutem Wetter. Sodann mußte man bei Überschallflugzeugen im Versuchsstadium mit Triebwerkausfällen und sonstigen kritischen Situationen rechnen, die ein sicheres Landen auf einer eng begrenzten Landefläche ausschließen würden.

Die NACA kam 1946, ein Jahr nach der Luftwaffe, nach Muroc. In ihrem Langley-Forschungszentrum hatte sich nämlich bei Windkanalversuchen an Flugzeugmodellen herausgestellt, daß es bei der Annäherung an die Schallgeschwindigkeit zu bisher unbekannt gewesenen Strömungserscheinungen kommt, die offensichtlich mit hohen Belastungen an den Flügeln und sonstigen Flugzeugteilen verbunden waren.

Schallgeschwindigkeit, das hieß – physikalisch gesehen – ungefähr 1 000 Kilometer in der Stunde, in Bodennähe und in Höhen etwas weniger. Zur Klärung der aufgetretenen Probleme würden Modellversuche nicht ausreichen. Man ließ daher die Bell Aircraft Company in Buffalo bei New York ein richtig bemanntes Flugzeug bauen, um es im Flug zu testen. Das Raketen-Flugzeug erhielt die Bezeichnung X1, wobei X für experimentell stand.

Es gab ein Problem. Als die X1 konzipiert wurde, gab es keine Düsen- oder wie man technisch besser sagt, Strahltriebwerke, die genügend Schub gehabt hätten, um die X1 in der Luft auf Überschall zu bringen. Um den erforderlichen Schub zu erhalten, mußte ein Raketentriebwerk gewählt werden.

Zwischen den beiden Triebwerksarten besteht ein wesentlicher Unterschied. Während ein Strahltriebwerk den Sauerstoff zum Verbrennen des Kraftstoffes der Umgebungsluft entnimmt, verbrennt ein Raketentriebwerk Sauerstoff, der im Flugzeug in flüssiger Form mitgeführt wird.

Solche Raketentriebwerke haben den Nachteil, daß sie zwar hohen Schub liefern, dafür aber ihre Treibstoffe, also Kraftstoff und Sauerstoff, sehr schnell verbrauchen. Im Falle der X1 hieß dies, daß die Maschine nach einem Start am Boden nicht mehr genügend Treibstoff an Bord gehabt hätte, um anschließend in der Luft auf Überschallgeschwindigkeit gebracht werden zu können. Die

Chuck Yeager auf dem Raketenflug-   hatte, erreichte er mit der weiterent-
zeug X 1 A. Nachdem Chuck mit der   wickelten X 1 A 2,4 Mach.
X 1 die Schallmauer durchbrochen

X 1 mußte daher von einem Mutterflugzeug – dafür standen Bom-
ber aus dem Zweiten Weltkrieg zur Verfügung – auf eine Aus-
gangshöhe geschleppt und fallen gelassen werden. Das Raketentriebwerk hatte dann die Aufgabe, das Flugzeug in kürzester Zeit
auf Überschallgeschwindigkeit zu bringen.
Der berühmteste Pilot in Muroc hieß Charles (genannt »Chuck«)
Yeager. Nachdem er mit der X 1 die Schallmauer durchbrochen

hatte, schrieb er zusammen mit einem Berufsautor ein Buch über sein bewegtes Leben (Yeager, An autobiography. Bantam Books, New York). Es liest sich ganz nach amerikanischem Geschmack. Seine Eltern waren hart arbeitende einfache Leute aus Virginia, wo die Familie in einer Kleinstadt lebte. Die Vorfahren stammten aus Holland und Deutschland. Der Großvater schrieb sich Jäger. Gut war Chuck in Rechnen und Sport. Eine große Rolle spielte die Schule allerdings nicht. Zum Besuch eines Colleges, einer Universitätsvorstufe, hat er es nie gebracht. Mangelnde Schulkenntnisse mußte er stets mit besonderen fliegerischen Leistungen ausgleichen. Immerhin brachte er es am Ende seiner Laufbahn bis zum General und zum Chef der Luftwaffenschule für Luft- und Raumfahrtpiloten. Die Institution, durch die viele der späteren NASA-Astronauten gegangen waren, wurde in den sechziger Jahren in Edwards gegründet.

Mit achtzehn Jahren ging Chuck zur Heeresluftwaffe, die wegen des Eintritts der USA in den Zweiten Weltkrieg Nachwuchs suchte. Dort lernte er fliegen. Ersten Ruhm erntete Yeager, nachdem er vom Piloten einer deutschen Focke-Wulf 190 über besetztem französischem Gebiet abgeschossen worden war. Nachdem er Suchtrupps entgangen war, wurde er von Mitgliedern des Maquis, französischen Widerstandskämpfern, versteckt. Anschließend rettete er sich und einen schwerverletzten, halbbewußtlosen Kameraden über die spanische Grenze. Die Bestimmungen lauteten, daß über besetztem Gebiet abgeschossene Piloten nicht zurück an die Front durften. Man wollte vermeiden, daß sie im Falle einer erneuten Gefangennahme von Deutschen vielleicht zu Aussagen über den Maquis erpreßt würden. Weil Chuck aber erst acht Einsätze hatte und er der erste Pilot war, dem es gelungen war, sich über Spanien zu retten, schaffte er es, bis zu General Eisenhower vorgelassen zu werden. Er erhielt eine Sondergenehmigung, an die Front zurückzukehren. Bei Kriegsende kam Yeager als Testpilot nach Muroc. An sich hätte er dafür eine Ingenieurausbildung haben müssen. Da halfen dem Kriegshelden eben seine überragenden fliegerischen Leistungen. In Muroc bekam er die heißesten, noch in der Entwicklung befindlichen Vögel zu fliegen. Dazu zählte der erste einsatzbereite amerikanische Düsenjäger, die Shooting Star P 80 von Lockheed. P stand für pursuit, Verfolgung. Was Chuck am liebsten tat, war, andere Piloten, die sich gerade in der Luft befanden, in simulierte Luftkämpfe zu verwickeln. Aber das war in Muroc nicht gefragt. Bei Testflügen ging es darum, ganz bestimmte Flugdatenprogramme zu realisieren. Zum Beispiel nacheinander bei vorgegebenen Geschwindigkeiten bestimmte Steigflugwinkel einzuhalten.

Aus den Meßwerten mußte der Pilot dann selbst eine Kurve zeichnen und ablesen, bei welcher Geschwindigkeit und welchem Steigwinkel die Maschine am schnellsten Höhe gewann, was auch noch von der Höhe selbst abhing. Das erforderte in der Luft mehr Disziplin als Bravour und am Boden Geduld. Aber es war auch die einzige Chance, die neuesten Flugzeugtypen zu fliegen. Die Theoretiker saßen bei der NACA in Langley.
Noch bevor versucht wurde, mit der noch in der Entwicklung stehenden X1 die Schallmauer zu durchbrechen, wollten die Experten wissen, wie sich gerade noch unterschallschnelle Flugzeuge bei der Annäherung an die Schallgeschwindigkeit verhielten, zum Beispiel sich zu schütteln begannen. Die Flugergebnisse wurden dann mit Windkanalmessungen an Modellen verglichen und auf diese Weise auch festgestellt, wie weit sich Windkanalergebnisse auf die Eigenschaften von »Großausführungen«, von richtigen Flugzeugen also, übertragen ließen. Die ganz große Frage lautete aber damals, was würde erst passieren, wenn man versuchen sollte, die Schallmauer, die in Seehöhe bei 1219 Kilometer pro Stunde und in zwölf Kilometer Höhe bei 1035 Kilometer pro Stunde lag, zu durchstoßen?
Chuck Yeagers große Stunde schlug, als das Forschungsflugzeug X1, das erste amerikanische, für den Überschallflug bestimmte Flugzeug nach Muroc kam. Nach dem üblichen Verfahren war die Maschine bereits vom Werkspiloten des Erbauers, der Bell Aircraft Gesellschaft in Buffalo bei New York, eingeflogen worden. Er hieß »Slick« Goodlin und war, wie alle Werkspiloten, Zivilist, flog also, anders als die Militärpiloten, für Geld. Da sein Vertrag nur bis 0,8 Mach ging, verlangte er nun für Mach 1 die runde Summe von einhundertfünfzigtausend Dollar. Die Luftwaffe fand, daß dies zu viel Geld wäre. Darum bot Oberst Boyd, der Chef der Luftwaffentestpiloten, die X1 Yaeger mit den Worten an: »Wer mit dieser Maschine M1 fliegt, geht in die Geschichte ein, wie die Gebrüder Wright«, sie hatten 1904 an der Ostküste der USA, bei Kitty Hawk, als erste ein Motorflugzeug geflogen. Es war nicht nur eine Chance für Chuck, sondern auch für die Luftwaffe, in die eigentliche Forschungsfliegerei hineinzukommen, die bis dahin ausschließlich Sache der NACA gewesen war. Im Gegensatz zum

bloßen Testfliegen hieß Forschungsfliegen an der Front der Flugzeugentwicklung zu stehen. Bevor Boyd sich endgültig entschloß, die X1 Chuck anzuvertrauen, unterzog er ihn einem psychologischen Test. Er ließ ihn zu sich kommen und dann, in Gegenwart mehrerer anderer Offiziere, eine volle Stunde lang im »Stillgestanden« verharren. Er wollte wissen, warum er, Chuck, die gefährliche Aufgabe, die X1 durch die Schallmauer zu bringen, übernehmen wolle, obgleich er doch keine Ingenieurcollegeausbildung hätte, anders als alle übrigen Testpiloten? Warum er sich ausersehen fühlte? Chucks Antwort, mit der Boyd zufrieden war, lautete lapidar: »Ich glaube, ich kann es, und das Fliegerkorps des Heeres kann es auch.« Selbstverständlich waren Yeager und Bob Hoover, der als Chucks Ersatzmann nominiert wurde, auch körperlich getestet worden. In noch primitiven Druckanzügen hatte man sie in Muroc in einer Unterdruckkammer innerhalb von nur zwei Sekunden von normalem Bodenluftdruck auf eine simulierte Druckhöhe von über zwanzig Kilometern gebracht. In der Zentrifuge hatte man sie dann noch ohne Druckanzüge stehend und liegend Beschleunigungen vom Vierfachen der Erdbeschleunigung, also ihrem vierfachen Gewicht, ausgesetzt.

Als Chuck Yeager die X1 an ihrem Platz in der NACA-Halle zum ersten Mal zu sehen bekam, kam sie ihm wie eine Gewehrkugel vor. In Wirklichkeit war sie eine hochkomplizierte Maschine, nur daß sie eben, wie alle späteren Überschallflugzeuge auch, eine spitze Nase hatte. Das war das Neue. Bis zum Übergang auf Überschall hatten Windkanalversuche stets ergeben, daß der Luftwiderstand am geringsten ist, wenn angeströmte Körper vorne rund und hinten spitz sind. Und so hatten auch alle Flugzeuge vor der X1 und alle ihre Teile ausgesehen. Spätere Windkanalversuche hatten dann ergeben, daß es im Überschallbereich günstig ist, alle angeströmten Bauteile vorne spitz zu bauen. Wie es dahinter aussah, war weniger wichtig, da dort die Strömung abgerissen war. Was Chuck besonders auffiel – er war ja kein Theoretiker – war, daß bei der X1 die Flügelvorderkanten geradezu messerscharf, oder, wie er sagte, rasierklingenscharf waren. Die Vorstellung, eine solche Maschine im Notfall mit Schleudersitz und Fallschirm verlassen zu müssen, gefiel ihm nicht.

Mit einer Spannweite von 8,2 Metern war die X1 ein eher kleines Flugzeug mit einem gedrungenen Rumpf und trapezförmigen Flügeln. Heute haben alle Überschallflugzeuge Pfeilflügel. Im Anschluß an das einsitzige Cockpit kamen im Rumpfinnern die

Raketenflugzeug X 1. Das war das Flugzeug, mit dem Chuck Yeager am 14. Oktober 1947 die Schallmauer durchbrach. Kennzeichen des Flugzeugs waren eine spitze Nase und messerscharfe Vorderkanten des Trapezflügels. Heute haben alle für den Überschallflug bestimmten Flugzeuge gepfeilte Flügel. Im Anschluß an das einsitzige Cockpit waren im Rumpfinneren Tanks für ein Alkohol-Wasser-Gemisch als Kraftstoff und zu dessen Verbrennung für flüssigen Sauerstoff untergebracht. Zum Start wurde die X 1 von einer B 29 abgeworfen.

Tanks für ein Alkohol-Wasser-Gemisch als Kraftstoff und, zu dessen Verbrennung, für flüssigen Sauerstoff bei einer Temperatur von minus 183 Grad. Schon am Boden verlangte der Umgang mit diesen hochbrisanten Treibstoffen von den Monteuren äußerste Vorsicht. Im Fluge war das Cockpit wegen der Brandgefahr mit Stickstoffgas gefüllt. Der Pilot atmete dann Sauerstoff aus dem Helm seines Druckanzuges. Der Druckanzug war nötig für den Fall, daß der normale Kabinendruck verlorenging, zum Beispiel durch eine Beschädigung der Außenhaut. Vier Raketentriebwerke, die zusammen einen Schub von 2700 Kilogramm ergaben, saßen im Heck der Maschine.

Wegen der fehlenden Ingenieurkenntnisse von Chuck kam man auf eine ausgefallene Idee. Man teilte ihm einen ausgezeichneten

Ingenieur, Jack Ridley, Schüler des berühmten Theodore von Kármán, zu. Auf den Konferenzen, die jeder Flugplanung vorausgingen, sollte Ridley dann das, was in der Fachsprache erörtert wurde, in allgemeinverständliches Englisch übersetzen und ihn mit den technischen Problemen bekannt machen, um die es ging. Chuck fügte sich dieser Anordnung um so bereitwilliger, als Ridley selbst ein ausgezeichneter Pilot war. Damit war die menschliche Basis für eine gute Zusammenarbeit gegeben. Chuck war auch sehr zufrieden damit, daß als sein Ersatzmann Bob Hoover von der NACA ernannt wurde, mit dem ihn noch aus der Zeit der gemeinsamen Stuntflüge eine enge fliegerische Kameradschaft verband. Wegen der Ungewißheit, was bereits bei der bloßen Annäherung an die Schallgeschwindigkeit passieren würde, ordnete Boyd an, daß diese in kleinen Schritten, sozusagen Zoll für Zoll, erfolgen sollte. Dazu wurde die NACA ermächtigt, die bei jedem Flug zu erreichenden Geschwindigkeiten und Höhen im voraus festzulegen. Mehrmals erklärte Boyd Yeager, einige Leute wären der Meinung, daß die Kräfte beim Übergang in den Überschallflug gegen Unendlich gehen würden, was physikalisch gesehen natürlich Unsinn war. Andere sagten, es würde so sein, als ob man gegen eine Ziegelmauer flöge. Immerhin war das Raketenflugzeug X 1 für eine achtzehnfache Überlast gebaut worden.

Für den ersten Flug wurde die X 1, wie auch für die nachfolgenden Flüge, in den Bauch einer B 29, eines Bombertyps aus der Zeit des Zweiten Weltkriegs, gehängt. Die X 1 war unbetankt, denn nach dem Abwurf vom Mutterflugzeug sollte Chuck zunächst einmal nur die Gleit- und Landeeigenschaften der Maschine kennenlernen. Dazu kletterte Chuck erst kurz vor dem Abwurf über eine kleine Leiter in die X 1. Dann bestand seine Aufgabe darin, sich von der B 29 zu lösen und mit der X 1 nach Segelflugzeugart, also antriebslos, auf Rogers Trockensee zuzufliegen und dort zu landen. Mit einem Unterschied: Während sich Segelflugzeuge, um weite Strecken ohne Antrieb zurücklegen zu können, durch sehr flache Gleitwinkel zwischen mindestens eins zu zehn bis eins zu dreißig und besser auszeichnen, besaß die X 1 einen Gleitwinkel von eins zu drei. »Die fliegende Bombe fiel also«, um es mit den Worten von Chuck zu sagen, »wie ein Ziegelstein zur Erde.« Der Abwurf erfolgte in 7,5 Kilometer Höhe und bei einer Geschwindigkeit von 385 Kilometern pro Stunde. Wie in Muroc bei allen kritischen Versuchsflügen üblich, flogen zwei andere einsitzige Maschinen neben Chuck. Sie waren mit ihm über Funk verbunden und sollten ihm notfalls bei der Landung über Sprechfunk mit Geschwindigkeits- und Höhenangaben helfen. Der erste Probeflug verlief ohne Probleme. Nicht so der nächste, bei dem Chuck in der dann betankten Maschine die Raketen zünden und bis 0,8 Mach gehen sollte. Der Abwurf vom Mutterflugzeug erfolgte bei einer zu niedrigen Geschwindigkeit. Folge: Weil Chuck zu langsam war, sackte er durch und konnte sich erst dreihundert Meter unter der B 29 fangen und horizontal weiterfliegen.

Nun zündet er, so seine Schilderung, die erste Raketenkammer und verspürt einen Stoß in den Rücken. Jedoch hört er kaum ein Geräusch. Er überholt Hoover, der diesmal einer der Verfolgerpiloten ist, und steigt dann mit 0,7 Mach. Die Kraft, die ihn vorwärts schiebt, erscheint ihm enorm. In einer Höhe von 13 700 Metern zündet er die letzte Rakete bei halbem verbliebenen Treibstoffvorrat. Nachdem alle vier Raketentriebwerke brennen, hat er Schwierigkeiten, alle Instrumente gleichzeitig im Auge zu behalten. Um den Flugplan einzuhalten und nicht zu schnell zu werden, zieht er die Maschine hoch, wobei er darauf achten muß, nicht in ein Hochgeschwindigkeitstrudeln zu geraten. Nun befiehlt der Flugplan: Abwerfen des restlichen Treibstoffs und Gleiten zur Landung. Aber Chuck ist nun so erregt, daß er den Flugplan vergißt. »Der Jagdflieger in dir gewinnt die Oberhand über den vorsichtigen Testpiloten«, bemerkt er selbst. Er ist noch nicht so weit, in der phantastischsten Maschine, die es gibt, heimzukehren. Er rollt die Maschine um hundertachtzig Grad und gerät in Schwerelosigkeit, was bedeutet, daß kein Treibstoff mehr fließt. Die Maschine hätte explodieren können. Er rollt zurück in die Normallage und erreicht 0,8 Mach. Damit ist er schneller als alle Düsenflugzeuge der Luftwaffe. »Zeige ihnen die X 1«, sagt er zu sich selbst und stürzt flach auf Muroc zu. Um ausreichend Höhe für das Landemanöver zu behalten, müßte er sich an die Gefahrengrenze von 3048 Metern über Grund halten, aber er ist schon auf 1500 Meter herunter und noch im Sturz, rast in hundert Meter Höhe über den Boden. Also betätigt er den Hauptraketenschalter und schaltet alle vier Triebwerke wieder ein und wird, indem er die Nase hochnimmt, zur Himmelsrakete. »Ich fliege nicht mehr, ich halte den Tiger am Schwanz«, sagt er zu sich selbst. Er erreicht wieder 0,75 Mach, dann in zehn Kilometer Höhe 0,85 Mach. Er ist so aufgeregt, daß er den ganzen Tag kein Wort mehr hervorbringen wird, fühlt er. Unten am Boden denken die Leute von der NACA, Chuck sei verrückt geworden.

Nachdem er glücklich gelandet ist, soll er berichten, warum er 0,82 Mach überschritten habe? Seine schriftliche Antwort an Boyd: »Das Flugzeug flog so gut und fühlte sich so gut an, daß ich dachte, es würde kein Problem sein, entgegen Ihrem Befehl, etwas über die vereinbarte Geschwindigkeit zu gehen. Es lag an meinem erregten Zustand und wird nicht wieder vorkommen.« Er habe Befehlen zu gehorchen, wird ihm erklärt. Danach war Chuck gehorsam.

An sich wollten Yeager, Ridley und der Mechaniker der Maschine, Frost, immer schneller fliegen, als die NACA-Wissenschaftler es vorschrieben. Yeager wollte zwar vorsichtig sein, aber das Ganze auch hinter sich bringen. Oberst Boyd war auf der Seite der NACA, die eine Steigerung der Geschwindigkeit von einem Hundertstel Mach je Flug forderte.

Beim sechsten angetriebenen Flug traten bei 0,86 Mach Schockwellen auf, ähnlich denen, die man im Windkanal an Modellen beobachtet hatte. Das ging so bis 0,88 Mach. Der Flügel gab etwas nach, die Querruder flatterten. Beim siebten Flug hatte Chuck bei 0,9 Mach und in einer Höhe von zwölf Kilometern keine Reaktion mehr am Höhenruder. Chuck dachte, es wäre sein letzter Flug. Schaltete ab. Nach der Landung traf er am Boden Ridley ratlos an. Später sagte Boyd zu Yeager: »Spiel nicht den Helden, Chuck.« Dann schlug Ridley vor, daß man zur Unterstützung des Höhenruders die Höhenflosse benutzt, an deren Ende das bewegliche Höhenruder gelagert ist. Die Höhenflosse läßt sich im Flug verstellen. Beim nächsten Flug war bei 0,9 Mach alles in Ordnung und Mach 1 vielleicht schon erreicht worden.

Die Schallmauer wird durchbrochen

Dann kam am 14. Oktober 1947 der eigentliche Flug »gegen die Mauer«. Chuck zündete eine Rakete nach der anderen. Die Höhenflossentrimmung funktionierte. Je schneller, desto ruhiger flog die X1. Schließlich ist der Zeiger am Anschlag. Mach 1. »Großmutter hätte dasitzen und Limonade trinken können«, schrieb Chuck in sein Buch. Der Durchbruch durch die Schallmauer war offenbar eine perfekt gepflasterte Straße gewesen. Nach der Landung sagten die NACA-Leute, sie hätten in der Ferne einen Überschallknall gehört, den ersten in der Geschichte der Luftfahrt, die in ein neues Zeitalter eintrat. Wahrscheinlich war die X1 für

Mach 1 geeignet. Die spätere Auswertung der Flugdaten ergab, daß Mach 1,07 erreicht worden war. »Die Barriere war nicht im Himmel«, lautete der Kommentar, »sie lag in unserem beschränkten Wissen und der fehlenden Erfahrung im Überschallbereich.« Aber im Innern hätte doch die Angst in ihm gesessen, bekannte Chuck. »Es ist wie im Luftkampf, wo man auch nie weiß, wie es ausgeht. Der Held im Testfluggeschäft ist der Pilot, der es fertigbringt, zu überleben.« So war Chuck der Held des Tages. Aber es durfte nicht gefeiert werden. Der Flug wurde zur Geheimsache erklärt. Es gab keine Feier in der Bar von Pancho Barns, die in der Nähe von Muroc lag. Pancho war selbst Fliegerin und ein spezieller Fan von Chuck. Chuck fuhr dann mit seiner Frau zu Freunden, wo im engsten Kreis doch gefeiert wurde, so fröhlich, daß Chucks Frau erriet, daß er »es geschafft hatte«. Auf der Heimfahrt wurde er beinahe das Opfer eines Motorradunfalls, aber alles ging gut. Weil die Sowjets nichts erfahren sollten, blieb der Durchbruch der Schallmauer offiziell acht Monate lang geheim. Und es gab keine Beförderung und keinen erhöhten Sold. Auch an den Wohnverhältnissen änderte sich nichts für die Yeagers, trotz der Bedeutung seines Erfolges. Sie hatten zwar immerhin zwei Schlafzimmer, aber das Wasser kam aus einer Windmühle, und bis zum nächsten Nachbarn waren es fünfundzwanzig Kilometer. Bis zum nächsten Laden waren es zweieinhalb Autostunden, ebenso bis zur Dienststelle auf Muroc.

Beim nächsten Flug mit der X 1 kam es fast zur Katastrophe. Als Chuck nach dem Abwurf von der B 29 die Raketen zünden wollte, zeigte sich, daß die X 1 ohne Strom war. Damit war auch die Funkverbindung zu den Begleitfahrzeugen unterbrochen. So hörte niemand Chucks Meldungen. Er fiel wie eine Bombe. Mit noch zweieinhalb Tonnen Treibstoff würde die X 1 unten am Boden in sechs Kilometer Tiefe in einem Krater enden. Denn mit so viel Treibstoff konnte man die X 1 nicht landen. Das Bugrad würde einknicken, einen Graben ziehen, Explosion. Wegen der hohen Landegeschwindigkeit der schweren Maschine würde auch ein Ausstieg mit dem Fallschirm äußerst riskant sein. Also betete Chuck, wie er später erzählte. Dann fiel ihm ein Notventil für langsamen Treibstoffausfluß ein. Er versucht es, ohne zu wissen, ob es funktionieren würde. Die einzige Chance, die blieb, bestand darin, nun schnell und hoch über Rogers-Trockensee zu kommen. Also die Nase hochnehmen und die Maschine aushungern, um soviel Zeit wie möglich zum Loswerden des Treibstoffs zu gewinnen. Chuck hatte Glück. Er landete kurz vor dem Überziehen der Maschine und war gerettet. Ohne Funkkontakt zu den Begleitflugzeugen hatte er noch nicht einmal gewußt, ob seine Räder draußen waren.

Über Mach 1 hinaus

Nach dem ersten Schallmauerdurchbruch war eine weitere Steigerung der Geschwindigkeit nur noch eine Frage der Zeit. Damals war aus der Heeresluftwaffe die US-Air Force geworden und Muroc in Edwards umbenannt worden, nach einem tödlich verunglückten Piloten. Zunächst ging es um das Erreichen großer Höhen. Knapp zwei Jahre nach Yeagers M 1-Flug erzielte der Luftwaffenpilot Pete Everest mit der X 1 eine Höhe von 21,9 Kilometern.

Damals spielten Rivalitäten hauptsächlich zwischen der Luftwaffe und der Marine eine große Rolle. Die wissenschaftlich orientierte NACA dagegen zeigte kein Interesse an Rekorden. Um sich neben der Luftwaffe profilieren zu können, hatte die Marine von Douglas eine eigene Maschine entwickeln lassen, die D-Skyrocket. Mit ihr schaffte Bridgemann, der Werkpilot von Douglas, M 1,89 und 23,7 Kilometer Höhe. Beides wurde als Triumph für die Navy gewertet. 1951 kam es zu einem Zwischenfall. In letzter Minute konnte sich Pete Everest retten, als er in einer X 1 D, einer Weiterentwicklung der X 1, im Bauch einer B 29 saß. Das Experimentalflugzeug geriet in Brand. Everest kletterte in die B 29 zurück, gerade rechtzeitig, bevor die X 1 D mitsamt ihrem Treibstoff abgeworfen wurde. Dann erreichte der NACA-Pilot Scott Crossfield in der Navy-D 558-II Mach 2. Das war 1953. Im gleichen Jahr machte Chuck wieder von sich reden, als er in einer X 1 A auf Mach 2,5 kam und damit den Marine-Rekord wieder für die Luftwaffe brach. Es wurde sein letzter Flug in einer experimentellen Maschine, bei dem er nur dank seiner überragenden fliegerischen Qualitäten dem Tode entrann. Zu dem Rekordflug war es gekommen, weil die Luftwaffe den Crossfield-Flug mit Mach 2 schlagen wollte. Anlaß war das fünfzigjährige Jubiläum des Fluges der Gebrüder Wright, denen ja 1904 der erste Flug mit einem Motorflugzeug gelungen war.

Die Erbauerfirma der X 1, Bell Air Craft, hatte Yeager für den Flug, der als äußerst riskant eingeschätzt wurde, mit fünfzigtausend

Dollar versichern wollen. Wegen Yeagers Zugehörigkeit zur Luftwaffe war dies allerdings gar nicht zulässig. Der Flug begann
routinemäßig. Nach dem Abwurf aus einer B 50 und dem Zünden
der vierten Rakete erreichte Chuck zunächst 0.9 Mach. Dann
wurde die Maschine, wie er später erzählte, vorübergehend unru-
hig wie ein Leichtflugzeug. Er durchbrach die Schallmauer und
sah, nachdem er in einer Höhe von vierundzwanzig Kilometer
gelangt war, am tiefblauen Himmel erstmals am hellichten Tage
über sich die Sterne. Bei 2,4 Mach, die er noch glatt erreichte,
verlor er plötzlich die Kontrolle über die total instabil gewordene
Maschine. Die X 1A geriet so heftig ins Trudeln, daß Chuck keinen
Gedanken mehr fassen konnte. Er wurde so heftig hin- und
hergeworfen, daß sein Helm am Kabinendach zerbrach, worauf
sich der Druckanzug zwar ordnungsgemäß aufblähte und Chuck
vor dem in der Druckkabine eingetretenen Beinahevakuum
schützte. Doch füllte sich die Kabine infolge des Druckverlusts
mit Nebel. Chuck fragte sich, wo in der Mojavewüste er wohl ein
Loch in die Erde bohren würde. Am Boden wurde die Situation
wieder einmal mit Entsetzen verfolgt. Crossfield hat in seinem
Buch »Testpilot der X 15«[*] erzählt, wie die beiden Verfolgerpiloten Murray und Ridley über das Radio nach Chuck riefen:
»Chuck, Chuck, Yeager, wo bist du?« – Dann war Yeager zu hören,
heiser raspelnd, kaum zu verstehen: »Ich bin unten in 7500 Meter,
über Tehachapi.... Ich weiß nicht, ob ich zum Flughafen zurück
kann.« Unten in Edwards rasten die Rettungsfahrzeuge zur Landefläche. Hubschrauber starteten in Richtung der von Chuck angegebenen Stelle, über der er sich befunden hatte. Crossfield schrieb:
»Wettstreit war eine Sache, aber jetzt war das Leben eines Piloten,
eines großen Piloten, in Gefahr. Ich fühlte mich hilflos – beinahe
krank.« Als Chuck noch für eine Minute Treibstoff hatte, geriet er
nach einer Änderung der Trimmung aus einem Zustand von
steilem Abwärtstrudeln in normales Trudeln. Das war sein Glück,
denn wie er da rauskommen konnte, aus 10 000 Meter Höhe,
wußte er. In den kritischen Momenten, als er sich trudelnd über-
schlug, hatte man Chuck schluchzen hören. Nun wurde seine
Stimme wieder klar und deutlich. Er meldete, daß er die Treibstofftanks entleerte und die Leitungen absperrte. »Ich werde landen, in einer Minute«, rief er. Dann sagte er noch, als wäre nichts
weiter gewesen, daß es hübsch wäre, wenn man unten heraus-

[*] Albert Müller Verlag, Rüschlikon, Schweiz.

käme, »um das Ding abzuholen«. Ein anderer Pilot, Everest, beschrieb die Situation, in der sich Chuck befunden hätte, mit den Worten: »In der dünnen Luft hatte sich das Flugzeug bei einer Geschwindigkeit, für die es nicht bestimmt war, ›entkorkt‹. Wild, wie ein Blatt im Sturm, ein Korken in einer Strömung, wurde die X 1 A umhergeschleudert.«

Yeagers Flug war der bisher schnellste und gefährlichste Flug in der Geschichte der Fliegerei gewesen. Yeager erinnerte sich später: »Dein Geist ist halbleer, dein Körper plötzlich zwecklos, wenn die X 1 A durch den Himmel zu trudeln beginnt... die ganze Auskleidung der Druckkabine wird zerschlagen, während du herumgehauen wirst, und wo du die Wandung berührst, ist sie heiß wie eine Flamme (durch die Reibungshitze)«. Während der Erinnerungsfeier für die Gebrüder Wright wurde der Rekord von der Luftwaffe triumphierend verkündet. Chuck erhielt mehrere neue Auszeichnungen, aber er hat danach auch nie wieder ein Raketenflugzeug geflogen.

Vor seinem Mach-2,5-Flug hatte die Navy einmal erklärt, die Rekorde der Air Force wären insofern nicht echt, als deren Maschinen nur durch Abwurf in der Luft gestartet werden könnten. Sie hätten dagegen Flugzeuge, die außer Raketentriebwerken auch luftatmende Strahltriebwerke besäßen. Mit diesen könnten sie vom Boden abheben und dann trotzdem noch in der Luft Überschall erreichen. Was hatte Chuck daraufhin gemacht? Er hatte die X 1, um sie leichter als normal zu bekommen, nur halbvoll tanken lassen und war dann mit ihr vom Boden gestartet. In der Luft brachte er sie dann immerhin noch auf 1,07 Mach. So schlug er der Navy ein Schnippchen. Es gab Rivalitäten nicht nur zwischen den Institutionen. Es gab sie auch zwischen den Piloten, deren Verhältnis zueinander durch eine Mischung von fliegerischer Kameradschaft und Konkurrenzgefühlen gekennzeichnet war. Yeager mißfiel bei den zivilen Werkspiloten, daß sie für Geld flogen, viel Geld. Eine Zeitlang hatten einige von ihnen zweitausend Dollar für jede Minute Flug über zwölf Kilometer Höhe verlangt. Yeager fand auch manche der NACA-Piloten, die ja auch Zivilisten waren, arrogant. Er warf ihnen vor, von Militärpiloten keine Ratschläge annehmen zu wollen. Nach einem Routineflug hatte Crossfield einmal nicht gewartet, bis er von der Bodenmannschaft abgeholt wurde. Statt dessen rollte er mit eigenem Schwung Richtung Hangartor. Er hatte nicht bedacht, daß bei stehenden Triebwerken die Bremsen nicht funktionierten, und war daher gegen die Hangarmauer gerollt, wobei es zu etwas Schaden kam. »Ich«, so triumphierte Chuck, »habe die Schallmauer durchbrochen, Scotty die Hangarmauer.« Einmal hatte er Armstrong, der damals Testpilot bei der NACA war, vergeblich von einer Außenlandung in einem außerhalb von Edwards gelegenen Trokkensee abhalten wollen. Der See war aber in der gerade herrschenden Regenperiode gar nicht trocken, sondern voller Mud. Obwohl Neil nur eine kurze Bodenberührung probieren und dann durchstarten wollte, sackte die Maschine an der Landestelle ein. Chuck und Armstrong mußten zum Rand des Sees gehen und wurden dort von einer DC 3, einem Transportflugzeug, aufgefischt. Die Maschine war losgeschickt worden, um die beiden zu suchen.

Die eigentliche Nachfolgemaschine der X 1 war die X 2, gleichfalls von Bell. Sie war erst nach langen Verzögerungen nach Edwards gekommen, führte dann aber zu großen Erfolgen. Mit ihr flog Everest im Juli 1956 2,93 Mach. Ein anderer Pilot, Kincheloe, brachte die X 2 auf eine Höhe von 37,9 Kilometern. Kincheloe starb später bei einer Bruchlandung mit einem F 104-Starfighter. Schließlich flog Apt die X 2 mit über 3 Mach. Der Flug endete mit einer Bruchlandung. Apt, dem es nicht gelungen war, die Maschine rechtzeitig zu verlassen, starb.

Obgleich es immer wieder zu tödlichen Unfällen kam, haben die Piloten von Muroc und später von Edwards doch die fünfziger Jahre als die goldene Zeit ihres Fliegerlebens bezeichnet. Durch den Tod von Apt wurde Everest schnellster »lebender« Mann. Als solcher war er eine Zeitlang Kommandant des NATO-Flugfeldes Hahn im Hunsrück, in der Bundesrepublik. Yeager wurde im Anschluß an seinen Mach-2,5-Flug 1953 zum Kriegsschauplatz in Korea versetzt. Später war auch er dann, noch vor Everest, Kommandant von Hahn.

Amerikaner und Sowjets
im Weltraum

Da man in Edwards vom bemannten Flugzeug ausgegangen war, konnte man sich dort eine zukünftige Raumfahrt auch immer nur mit bemannten Raumfahrzeugen, die zwar als Rakete starten, aber nach Flugzeugart landen und damit auch wiederverwendbar sind, vorstellen. In dieser Hinsicht war die X1 ein Vorläufer des späteren experimentellen Raketenflugzeugs X15, das für eine siebenfache Schallgeschwindigkeit ausgelegt war, und der Raumfähre Space Shuttle, die 1981 erstmals aus dem Weltraum kommend, nach Flugzeugart in Edwards landen sollte. Daß sich die tatsächliche Entwicklung der Raumfahrt dann zunächst zu am Fallschirm zur Erde zurückkehrenden nicht wiederverwendbaren Kapseln, also auf einem zweiten Weg entwickelte, hatte viel mit dem Wettlauf zu tun, zu dem es Ende der fünfziger Jahre zwischen der Sowjetunion und den USA auf dem neuen technischen Gebiet gekommen war. Dieser Wettlauf war ein Teil des Kalten Krieges, der bis Ende der achtziger Jahre dauern sollte. In diesem hatte, was die bemannte Raumfahrt anging, der Raumflug in Kapseln mit Rückkehr am Fallschirm den roheren aber auch schnelleren Weg bedeutet. Lassen wir die Ereignisse (in einer Tabelle) Revue passieren.

Nachdem die Raumfahrt mit den ersten unbemannten Satellitenstarts der Sowjets und Amerikaner ihren Anfang genommen hatte und die beiden sowjetischen Kosmonauten Gagarin und Titow die Erde umrundet hatten, entwickelte sich die Raumfahrt zur Routine. 1963 konnte man eine Bilanz ziehen: Bis dahin hatte es sich bei den meisten Flügen um unbemannte Satelliten gehandelt. Davon hatten die Amerikaner die größere Zahl gestartet, nämlich 68 geheime militärische, 59 Versuchs- und Forschungssatelliten und neunzehn Satelliten zur Erprobung technischer Anwendungen wie Wetterbeobachtung, Navigation und Nachrichtenübermittlung, also Telefon und Fernsehen. Die Sowjetunion hatte sechs militärische Satelliten und 35 Satelliten zu Versuchs- und Forschungszwecken in Orbit gebracht. Satelliten für technische Anwendungen hatten die Sowjets nicht gestartet. Zwei wissenschaftliche Flüge erbrachten überragende Ergebnisse: Die Entdeckung des Strahlengürtels der Erde durch den amerikanischen

Explorer I im Jahre 1958 und Aufnahmen von der Rückseite des Mondes durch die sowjetische Sonde Luna 3 im Oktober 1959.

Das meiste Aufsehen hatten die bemannten Flüge der Russen und Amerikaner erregt, wobei die Sowjets bis 1963 sämtliche Erstleistungen vollbrachten und die längsten Flugzeiten erzielten. In sechs Flügen waren ihre Kosmonauten, darunter eine Frau, insge-

Der amerikanische Astronaut John Glenn hat in einer Merkurkapsel Platz genommen und bereitet sich darauf vor, als erster Amerikaner die Erde in einem Raumfahrzeug zu umrunden. Nachdem der Sowjetrusse Yuri Gagarin rund zehn Monate vorher die Erde einmal umrundet hatte, flog John Glenn nun dreimal um sie herum.

ZWEI WEGE IN DEN WELTRAUM

Zeit	Ereignis	Bewertung
Oktober 1955	USA und UdSSR verkünden Absicht, 1957/58 künstliche Erdsatelliten zu starten.	Die Ankündigungen verhallen ohne Echo, da sich kein Laie etwas unter einem Erdsatelliten vorstellen kann, der in neunzig Minuten um die Erde fliegt.
4. Oktober 1957	Die UdSSR startet den Erdsatelliten Sputnik 1 mit einer unbemannten Rakete. Gewicht 85 Kilogramm.	Daß die Erstleistung den damals für technologisch rückständig geltenden UdSSR gelingt, erstaunt die Welt und löst in den USA einen Schock aus, der die Nation zu höheren Leistungen anspornt.
3. November 1957	UdSSR starten den eine halbe Tonne schweren Sputnik 2, in dem die Hündin Laika mitfliegt. Sie überlebt sieben Tage in Schwerelosigkeit.	Das Ereignis weist auf sowjetische Absicht hin, später Menschen in den Weltraum zu schicken.
6. Dezember 1957	Ein amerikanischer Versuch, einen nur zwei Kilogramm schweren Satelliten Vanguard zu starten, mißlingt.	UdSSR-Ministerpräsident Chruschtschow spricht von Unfähigkeit der USA, »Pampelmuse« in Orbit zu bringen, und verkündet das Versagen des Kapitalismus im Vergleich zum fortschrittlichen Sozialismus.
31. Januar 1958	Mit einer unter der Leitung des Deutsch-Amerikaners Wernher von Braun gebauten militärischen Redstone-Rakete gelingt der Start des ersten amerikanischen Satelliten Explorer I. Gewicht 24 Kilogramm.	Amerika atmet auf. Wernher von Braun wird in den USA gefeiert. Explorer I entdeckt Strahlengürtel um Erde. Erstes wissenschaftliches Ergebnis der Raumfahrt.
März 1958	Dr. Max Faget von der amerikanischen NASA schlägt am Fallschirm landende Kapsel für Raumflug vor.	Pläne, eine bemannte Raumfahrt mit nach Flugzeugart landenden Raumflugzeugen zu verwirklichen, geraten, da als verfrüht erkannt, ins Hintertreffen.

Zeit	Ereignis	Bewertung
Januar 1961	Die Amerikaner bringen den Schimpansen Ham auf eine viertelstündige ballistische Bahn.	Amerikas Vorversuch für bemannte Raumfahrt. Die USA holen gegenüber der Sowjetunion auf.
12. April 1961	Der Sowjetrusse Juri Gagarin umrundet die Erde einmal in einer Vostokkapsel.	Großer Triumph der Sowjets. Gagarin ist der erste Mensch im Weltraum.
5. Mai 1961	Der amerikanische Astronaut Alan Shephard geht in eine viertelstündige ballistische Bahn.	Erster Amerikaner im Weltraum.
25. Mai 1961	US-Präsident John F. Kennedy verkündet das Apolloprogramm einer Landung eines Astronauten auf dem Mond vor Ende des Jahrzehnts.	Präsident Kennedys Initiative ist um so bemerkenswerter, als die NASA sich noch nicht entschieden hat, nach was für einem astronautischen Verfahren der Mondflug ablaufen soll.
6. August 1961	Als zweiter sowjetischer Kosmonaut umrundet German Titow die Erde siebzehn Male.	Erster sowjetischer Dauerflug weist darauf hin, daß der Mensch offenbar Schwerelosigkeit tagelang aushalten kann.
20. Februar 1962	Als erster Amerikaner umrundet John Glenn die Erde dreimal in einer Merkurkapsel.	Nach diesem Erfolg wird John Glenn zum Nationalhelden. Freilich liegen die Sowjets noch vorn.

Vier Jahre nachdem der Sowjetrusse Yuri Gagarin als erster Mensch die Erde umrundet hatte, zeigten die Sowjets auf dem Pariser Aero Salon 1965 erstmals ein Exemplar des von ihm benutzten Raumfahrzeuges. Die nicht manövrierfähige Vostok hing von der Decke einer der Hallen und wurde von Scharen von Salonbesuchern bestaunt. Ihr Gewicht wurde mit 4731 Kilogramm angegeben. Technisch hatten die Amerikaner damals die Sowjets mit ihrem zweisitzigen manövrierfähigen Geminifahrzeug überholt.

samt 382 Stunden im Weltraum gewesen. Dagegen hatten es die Amerikaner in vier Flügen auf 53 Stunden gebracht. 1963 schien es noch als sicher, daß auch die Sowjets, wie die Amerikaner, zum Mond wollten. Erst viel später, 1989, haben die Sowjets dies zugegeben und die Welt wissen lassen, daß sie das Projekt einer Mondlandung Ende der sechziger Jahre aufgegeben hatten.

Ein Flügel aus Stoff

Damit nun zurück zu Ralph Jackson. Am zweiten Tag unseres Aufenthalts in der Mojavewüste führte er uns auf das Vorfeld des Testzentrums. Dort stand vor einer geöffneten Halle ein merkwürdiges Fahrzeug. Es bestand aus einem offenen Rumpf mit einem freistehenden Cockpit vorne, einem Sitz dahinter und einem Motor mit einem Propeller am Heck. Über dem Rumpf wölbte sich, von einem Gestell gestützt, ein aus zwei aneinander gesetzten Hälften bestehender Dreiecksflügel aus Stoff. Man erklärte uns, daß die Flügel aus zwei Stofflagen bestanden, zwischen die Luft gepumpt worden war. Diesen aufblasbaren Flügel hatte sich ein Ingenieur namens Rogallo ausgedacht. An ihm sollten, das war die ursprüngliche Idee, beispielsweise bei einem Raketenaufstieg leer gewordene Treibstofftanks zur Erde gleiten und dann zur Wiederverwendung geborgen werden können. Als eine Nutzlast für den Flügel sah man in Edwards der Ankunft einer sogenannten »Boilerplate«, übersetzt: einer Kesselplatte, entgegen. So nennt man rohe Modelle von Raumfahrzeugen, die man vor allem für die Erprobung von Landeeigenschaften auf dem Wasser oder auf dem Lande oder auch für unbemannte Rettungsversuche benutzt. Erwartet wurde die Boilerplate eines neuen, in Entwicklung befindlichen zweisitzigen Raumfahrzeugs. Es hieß Gemini, also Zwilling.

Erste unbemannte Flüge waren für Anfang 1964 geplant. Gemini stellte die direkte Nachfolge des Merkurfahrzeuges dar. Mit ihm sollten in der Frühphase des Apollo-Mondlandeprogramms zwei wichtige Fragen geklärt werden. Erstens die Frage, wie lange Menschen in Schwerelosigkeit arbeitsfähig sein würden. Dabei ging es nicht mehr wie zu Anfang der Raumfahrt um einen Tag oder gar nur einen Orbit, sondern um vierzehn Tage. Das war ungefähr die Dauer einer Mondmission. Um mit Gemini probeweise vierzehn Tage lang in einer Umlaufbahn um die Erde bleiben zu können, und zwei Astronauten bequem Platz nebeneinander zu bieten, war das Geminifahrzeug gegenüber der Merkurkapsel vergrößert worden. Während bei Merkur sämtliche Vorräte an Atemsauerstoff für die Besatzung und an Treibstoffen für die Lageregulierungsdüsen im Innern der Kapsel aufbewahrt worden waren, hatte man diese bei Gemini in einem Adapter untergebracht, der außen an die eigentliche Pilotenkapsel angesetzt war.

Der Flügel dieses merkwürdigen in Edwards erprobten Fahrzeugs bestand aus zwei Dreiecksflügeln, die aus je zwei Stofflagen zusammengenäht waren, zwischen die Luft gepumpt wurde. So konnte ein kompletter Flügel aufgeblasen werden.

Die Idee war, ausgebrannte Raketenstufen, die einen Rogalloflügel zusammengefaltet mitführten, an diesem zur Erde zurückgleiten zu lassen. Es war auch daran gedacht worden, Geminikapseln auf diese Weise zu bergen.

In dem Adapter waren außer den Sauerstoffvorräten für die Besatzung Brennstoffzellen samt den für sie erforderlichen Vorräten an Sauerstoff und Wasserstoff untergebracht. Die Brennstoffzellen lieferten Strom und Trinkwasser. Die für den Wiedereintritt in die Erdatmosphäre benötigten Bremsraketen saßen in der Mitte des Hitzeschutzschildes und ragten nach hinten in den Adapter hinein. Die Rückkehr aus der Umlaufbahn zur Erde sollte bei Gemini so aussehen: Erst Abwerfen des Adapters, Zünden der Bremsraketen zur Einleitung des Wiedereintauchens in die Erdatmosphäre und schließlich Abtrennen der Bremsraketen. Nach dem

Wiedereintritt, bei dem die Kapsel vom Hitzeschutzschild geschützt wird, werden die Fallschirme entfaltet. Mit dem Adapter war das Geminifahrzeug 5,8 Meter lang bei einem maximalen Durchmesser des Adapters von drei Metern. Beim Start saß der Adapter unmittelbar auf der Startrakete, einer zweistufigen Titan, deren erste Stufe einen Schub von 195 Tonnen entwickelte. Das war genug, um das 3,8 Tonnen schwere Raumfahrzeug von der Rampe abzuheben und so lange zu beschleunigen, bis die erste Stufe abgetrennt wurde und die leichter gewordene Rakete mit ihrer Nutzlast von der zweiten schwächeren Stufe in Erdumlauf gebracht werden konnte.

Die zweite Aufgabe, die mit Gemini gelöst werden sollte, betraf das Üben von Rendezvous- und Anlegemanövern zwischen zwei

Eine Geminikapsel in einer Halle des NASA-Langley-Forschungszentrums in Hampton, Virginia. Darunter Heinrich Schiemann (2. v. r.) mit seinem Fernsehteam. Mit den zweisitzigen Geminikapseln sollten Mitte der sechziger Jahre Erfahrungen für das angelaufene Apollo-Mondlandeprogramm gesammelt **werden. Für diese würde man die Technik des Rendezvous und Anlegens von einem Raumfahrzeug an ein anderes beherrschen müssen. Die von der Decke hängende Kapsel konnte auf ein anderes Fahrzeug zufahren und so ein Rendezvous im Weltraum simulieren.**

Raumfahrzeugen, einem aktiven und einem passiven. Solche Manöver waren für eine Mondmission sowohl in Erdnähe als auch in Umlaufbahnen um den Mond zwischen dem Apollomutterfahrzeug und dem eigentlichen Mondlandefahrzeug geplant. Für diese Aufgabe war Gemini geeignet, weil es zweisitzig war – auch bei Apollo würden für Rendezvous und Anlegen zwei Astronauten zur Verfügung stehen – und weil es mit den für solche Manöver erforderlichen Navigationsinstrumenten ausgerüstet war.

Bevor wir in die Mojavewüste reisten, hatten wir 1963 bereits ein Modell der Geminikapsel ohne Adapter im Langley-Zentrum der NASA in Hampton, Virginia, an der Ostküste gesehen. Für die Simulation von Rendezvous- und Anlegemanövern war dort die Kapsel in einem senkrecht von der Decke einer Halle hängenden Ring so gelagert gewesen, daß die Längsachse in die Waagerechte wies und die Astronauten die Sitze mit ihrem irdischen Gewicht belasten konnten. Später, im Weltraum, würden sie schwerelos sein. Die Aufhängung der Kapsel erinnerte an die kardanische Aufhängung eines Bootskompasses. Einige Meter von der Gemini hing die Nachbildung einer Agena-Oberstufe der Atlasrakete. Diese Stufe diente als Zielkörper für die Gemini, die auf die Agena zugesteuert werden sollte. Dazu war die Aufhängevorrichtung der Kapsel an der Decke nach allen Richtungen, nach links und rechts, nach oben und unten, konisch ausgebildet. Außerdem konnte die Besatzung die Kapsel, da sie »kardanisch« aufgehängt war, nach oben und unten, links und rechts schwenken und so in die Öffnung eines an der Agena angebrachten Trichters einfahren. Das Verfahren ermöglichte eine sehr vollkommene Simulation der Rendezvous- und Anlegemanöver, die mit Gemini im Weltraum geplant wurden. Dazu sollten dann außer einer bemannten Gemini jeweils auch eine unbemannte Agena in Orbit gebracht werden.

Da zur Zeit unseres Aufenthalts in Edwards die »Boilerplate« von Gemini noch nicht da war, konnten simulierte Geminilandungen am Rogalloflügel erst später beginnen. Die Versuche, für die sich Wernher von Braun eingesetzt hatte, erbrachten wertvolle Erfahrungen, führten aber doch nicht dazu, daß man für Gemini Landungen auf dem Erdboden vorsah. Zur Aufnahme eines Rogalloflügels war Gemini zu eng. Sämtliche sehr erfolgreichen Geminiflüge wurden später, in den Jahren 1965 und 1966, mit Wasserlandungen beendet, die freilich mit einem gewaltigen Aufwand an

Bergungsschiffen verbunden waren. Die Schiffe hatte die US-Marine gestellt.

Vorläufer der Raumfähre Space Shuttle

Nachdem wir den aufblasbaren Flügel gefilmt hatten, zeigte uns Ralph Jackson ein Fahrzeug aus einer in Entwicklung befindlichen Familie von sogenannten Auftriebskörpern, auf Englisch: *lifting bodies*, mit denen weit in die Zukunft weisende Versuche geplant waren. Der erste Typ eines solchen Körpers, den uns Ralph Jackson zeigte, trug die Bezeichnung M2/F1. Er stellte eine Kreuzung zwischen einer Raumkapsel mit einem Raumflugzeug dar und hatte das Aussehen eines kurzen, sich nach hinten verbreiternden Bootes mit einem flachen Deck als oberem Abschluß und einem gewölbten Boden. Das einsitzige Cockpit ragte nach oben heraus und lag hinter einem abgerundeten Bug. Der Körper besaß auf jeder Seite am Heck eine Seitenflosse mit Ruder, aber keinen Flügel. Dennoch erfuhr er im Schlepp eines Flugzeuges vom Typ DC-3 und nach erfolgter Trennung von der Schleppmaschine im Freiflug einen aerodynamischen Auftrieb. Dieser reichte aus, um das Eigengewicht des Auftriebskörpers und seiner Zuladung zu tragen. Am Ende eines Landeanfluges ließ sich der M2/F1 auch wie ein Flugzeug abfangen und auf drei fest eingebauten Rädern landen. Das Geheimnis eines ausreichenden Auftriebs lag darin, daß der auf Grund von Windkanalversuchen entwickelte Flugkörper ein im Vergleich zu seinem Gewicht großes Volumen besaß, so daß die Belastung je Quadratmeter Grundfläche relativ klein war. Das Wesentliche am M2/F1 war, daß ein wie er geformter Körper nicht nur in der Atmosphäre flugfähig war und nach Flugzeugart gelandet werden konnte, sondern, käme er aus dem Weltraum, wegen seiner allseits abgerundeten Form einen Wiedereintritt in die Erdatmosphäre überstehen würde. Dazu würde er allerdings mit einem Hitzeschutz ausgerüstet sein müssen. Für die Versuche in Edwards wurde auf einen solchen verzichtet, denn ihr einziger Zweck war das Studium der Flugeigenschaften vor der Landung in der Erdatmosphäre. Freilich hat ein derartiger flügelloser Flugkörper einen steilen Gleitwinkel von etwa drei zu eins. Das heißt, daß bei ihm die Vorwärtsgeschwindigkeit nur dreimal so hoch war wie die Sinkgeschwindigkeit. An einen solchen Gleitwinkel waren die Piloten von

Edwards von den Flügen mit der Familie der experimentellen Raketenflugzeuge gewöhnt. Bei ausgefallenem Triebwerk hat auch ein Jagdflugzeug wie der Starfighter F 104 keinen besseren Gleitwinkel als drei zu eins, was allerdings schon manchem Piloten zum Verhängnis geworden ist, der nicht über die fliegerischen Qualitäten eines Testpiloten verfügte. Der M 2/F 1 war der Vorläufer von mehreren lifting bodies, die ich erst bei späteren Besuchen in Edwards zu sehen bekam. Immerhin, durch die Versuche mit dem aufblasbaren Flügel und mit dem M 2/F 1 war Edwards im Jahre 1963 an beiden Entwicklungen der Raumfahrt beteiligt, an der Verwendung von Kapseln, die am Fallschirm zur Erde zurückkehren – der aufblasbare Flügel war eine Art von Fallschirm – und an der Verwendung von Flugkörpern, die nach Flugzeugart landen.

Was allerdings die Piloten in Edwards betraf, so war ihnen nach den Erfolgen der Merkurflüge und der Verkündung des Apolloprogramms klar geworden, daß vorläufig wenigstens das Kapselprinzip das Rennen gemacht hatte. Denn auch die Apollo-Mondfahrer würden mit einer am Fallschirm baumelnden Kapsel zur Erde zurückkehren.

Großen Einfluß besonders auf die Air Force-Piloten übte Chuck Yeager aus. Im Range eines Obersts war er 1960 nach Edwards zurückgekehrt und Chef der dortigen Schule für Luft- und Raumfahrt-Forschungspiloten der Luftwaffe geworden. Damals war das Dynasoar-Projekt, das den Raketenstart eines nach Flugzeugart landenden Raumflugzeuges vorsah, noch aktuell gewesen. Es wurde 1961 gestrichen. Chuck zeigte großes Verständnis für die Piloten, die keine Lust hatten, mit Kapseln ins All zu fliegen. Für einen hochqualifizierten Piloten war das, was sie in dem damaligen frühen Typ eines Raumfahrzeuges zu tun gehabt hätten, wenig verlockend. Es handelte sich im wesentlichen nur darum, auf Befehl vom Boden aus Schalter zu bedienen. Dabei war noch nicht einmal von präzisen Landungen die Rede. Oft genug kamen Merkurpiloten Hunderte von Kilometern vom geplanten Zielpunkt im Wasser an. Chucks Piloten fühlten sich überqualifiziert. Denn alles, was sie tun sollten, war nicht mehr als den Platz eines Schimpansen einzunehmen. »Damit wollen wir nichts zu tun haben«, sagten sie. »Letztlich wird alles vom Boden kontrolliert, und es gibt gar nichts zu fliegen.« Yeager gab ihnen recht. »Zum Teufel«, schimpfte er. »Ich kann es euch nicht übelnehmen, denn ich hätte auch keine Lust, die Sch... vom Schim-

pansen wegzuwischen, bevor ich mich in die Kapsel hineinsetzen
würde.«

Das Raketenflugzeug X 15

Zum Abschluß unseres Besuchs ließ uns Ralph Jackson ein Exemplar eines experimentellen Raketenflugzeuges filmen, das zusammen mit zwei weiteren Exemplaren schon 1958, also vor fünf Jahren, nach Edwards gekommen war. Das war um die Zeit, als Faget
seine Vorschläge für die Entwicklung einer Raumkapsel, die am
Fallschirm landen sollte, vorgelegt hatte. Die bei North American
Aviation in Los Angeles konstruierte Maschine hatte die Typen-
bezeichnung X 15 und stellte das bedeutendste Projekt dar, mit
dem man jemals in Edwards einen zweiten Weg in den Weltraum
als Alternative zur Technik des bemannten Weltraumfluges mit
Wegwerfkapseln beschritten hatte. Ging es beim Auftriebskörper
um das Studium von Landeeigenschaften, also um Versuche im
unteren Geschwindigkeitsbereich, so fanden die Versuche mit der
X 15 im Bereich hoher Geschwindigkeiten statt, da wo das Flugzeug in das Raumflugzeug übergeht. Beide Versuche lieferten
wertvolle Erkenntnisse für die Konstruktion der Raumfähre Space
Shuttle, die 1981, achtzehn Jahre später, als erstes bemanntes
wiederverwendbares Raumfahrzeug nach Flugzeugart in Edwards
landete. Gleich bei der Anlieferung hieß es, die X 15 würde
Geschwindigkeiten von Mach 7 und Höhen von über achtzig Kilometern erreichen. Daraufhin wurde sie mit Vorschußlorbeeren
bedacht. Vizepräsident Nixon erklärte, mit der Maschine würden
die USA mit der Sowjetunion gleichziehen und die Führung im
Weltraum erlangen. Das war freilich zu weit in die Zukunft
gegriffen. Denn noch Anfang der sechziger Jahre stand bevor, daß
die USA zunächst einmal die Sowjetunion auf dem Gebiet der
Raumfahrt mit Kapseln überholen sollten.
Die X 15, an die unser Kameramann so nahe herankommen durfte,
wie er wollte, bot einen hinreißenden Anblick. Sie hatte eine
spitze Nase wie die X 1 und X 2, aber einen längeren, in der Mitte
abgeflachten Rumpf von fünfzehn Meter Länge. Aus ihm ragte auf
jeder Seite, vor dem Seitenleitwerk, der Flügel um 2,3 Meter
hervor. Die Spannweite betrug 6,7 Meter. Das senkrecht stehende
Seitenleitwerk war zweiteilig. Die eine Hälfte war über dem Heck,
die andere darunter angeordnet. Dabei waren beide Seitenleit-

werksteile hinten stumpf abgeschnitten, was ihnen eine unge- wöhnliche Keilform verlieh. Im Heck saß ein Raketentriebwerk vom Typ XLR-99. Es entwickelte einen Schub von 27 Tonnen, der fast doppelt so hoch war wie das Gewicht der Maschine von vierzehn Tonnen. Theoretisch hätte die X 15 senkrecht in den Himmel steigen können. Die Maschine war einsitzig und sollte wie ihre Vorgängerinnen zur Treibstofferparnis nicht mit eigener Kraft starten. Der Treibstoff sollte vielmehr jeweils zur Erreichung hoher Geschwindigkeiten ausgenutzt werden. Genau wie alle früheren experimentellen Raketenflugzeuge mußte die X 15 also von einem anderen Flugzeug, in ihrem Falle einer achtstrahligen B 52, in die Luft gehoben und auf eine Anfangsgeschwindigkeit gebracht werden, die bei diesem Typ 800 Kilometer in der Stunde betrug.

Daß sich mit der X 15 der Übergang zum Raumflugzeug vollzogen hatte, kam darin zum Ausdruck, daß die Maschine in der dünnen Luft großer Höhen nicht mehr durch Luftruder gesteuert werden konnte. Für diesen Zweck waren kleine Raketentriebwerke einge- baut. In der X 15 erreichten die Piloten durch Steuern eines bestimmten Bahnverlaufs bis zu fünf Minuten lang den für die Raumfahrt typischen Zustand der Schwerelosigkeit. Das hieß, daß ihr Gewicht und ebenso das ihrer Maschine nicht mehr von der Luft, sondern wie alle Teile des Mensch-Maschine-Systems von der Fliehkraft getragen wurde, die bei hohen Geschwindigkeiten in einer über der Erde gewölbten Flugbahn und damit einer Wurfbahn auftritt.

Im Jahre der Anlieferung der X 15 in Edwards, 1958, war aus der alten NACA eine neue Mammutbehörde gebildet worden, die NASA, was für National Aeronautics and Space Administration stand, auf Deutsch Nationale Behörde für Luft- und Raumfahrt. Die X 15 erhielt daraufhin gleich die Insignien sowohl der Luft- waffe als auch der NASA. Obgleich die Projektverantwortung für die X 15 der NASA übertragen wurde, sollten sowohl Luftwaffen- als auch NASA-Piloten die Maschine fliegen.

Für die Forschungsflüge mit der X 15 hatte die NASA einen achtzig Kilometer breiten und 780 Kilometer langen Luftkorridor gewählt, der sich von Wendover in der Nähe von Bonne Ville Salt Flats im Staate Utah bis nach Edwards erstreckte.

Insgesamt wurden im Zeitraum von Juni 1959 bis Oktober 1968, also über neun Jahre hinweg, 199 Flüge registriert. Von ihnen unternahm Neil Armstrong, der spätere erste Mann auf dem

Mond, in der Zeit von November 1960 bis Juli 1962 als Angehöriger der NASA sieben Flüge. Auf seinem sechsten Flug erreichte er eine maximale Höhe von 63,3 Kilometern und auf seinem letzten Flug eine Geschwindigkeit von 6398 Kilometern in der Stunde, entsprechend 5,74 Mach. Diese Werte wurden später, im August 1963, von Joe Walker von der NASA mit einer Höhe von 108 Kilometern und von William Knight, von der Air Force, im März 1967, mit einer Geschwindigkeit von 7250 Kilo-

Neil Armstrong, der später als erster Mensch seinen Fuß auf den Mond setzte, vor dem Raketenflugzeug X 15 in Edwards. Bevor Armstrong Astronaut wurde, war er mehrere Jahre ziviler Testpilot. Die X 15 war ein fünfzehn Meter langes Raketenflugzeug mit einem Gewicht von 14 Tonnen. Sein einziger Raketenmotor lieferte einen Schub von 27 Tonnen, der die Maschine auf eine Höhe bis 108 Kilometer und eine Geschwindigkeit von 6,7 Mach bringen konnte. Gestartet wurde die X 15 durch Abwurf von einem Flugzeug vom Typ B 52. Armstrong flog die X 15 siebenmal.

metern in der Stunde, entsprechend Mach 6,7 überboten. Da die Machzahl außer von der Höhe auch von der Geschwindigkeit abhängt, ist das Verhältnis Machzahl zu Geschwindigkeit nicht konstant.

Auch wurden für Flüge, bei denen es auf hohe Geschwindigkeit ankam, andere Bahnprofile geflogen als für Flüge, bei denen man eine möglichst große Höhe erzielen wollte. Walker kam 1966 um, als er in einem Starfighter mit dem experimentellen Mach 3-Superbomber XB70 in der Luft zusammenstieß, wobei beide Flugzeuge abstürzten.

Das Ende der X 15

Im gesamten X 15-Programm gab es bis zum hunderteinundneunzigsten Flug keinen einzigen Unfall mit tödlichen Folgen. Um so entsetzter war man in Edwards und bei North American Aviation, als dieser Flug mit einem Absturz endete, bei dem der Pilot Mike Adams von der Air Force ums Leben kam. Das Unglück ereignete sich am 15. November 1967. Zufälligerweise war ich an diesem schwarzen Tag wieder einmal mit einem Fernsehteam in Edwards. Wir waren zwei Tage vor dem geplanten Flug dort eingetroffen und hatten zunächst am ersten Tag unseres Aufenthaltes die Flugvorbereitungen gefilmt. Wieder mal hieß Vorbereiten eines Fluges das minutiöse Durchprüfen aller lebenswichtigen Bauteile und Systeme der X 15. Am zweiten Tag filmten wir das Einhängen der Maschine unter die achtstrahlige B 52 zwischen ihren Rumpf und die rechte innere Triebwerksgondel. Schließlich waren wir mit der Kamera dabei, als am nächsten Tag der Pilot, Mike Adams, in die X 15 einstieg. Wie bei allen vorhergehenden Flügen hatten auch bei diesem Forschungsflug die üblichen Sanitäts- und Feuerwehrwagen am Rande der Piste Aufstellung genommen, in deren Verlängerung sich das Bett von Rogers-Trockensee erstreckte. Der Start verlief normal. Anschließend donnerte die B 52 mit der im Verhältnis zu ihren gewaltigen Ausmaßen zierlichen X 15 über unsere Köpfe hinweg. Zwei Verfolgerflugzeuge befanden sich auch schon in der Luft. Dann ging die B 52 auf ihre normale Strecke in Richtung des Nachbarstaates Nevada. Wir warteten unten auf die Rückkehr der X 15, mit der ungefähr eine halbe Stunde später gerechnet wurde. Plötzlich hörten wir Lautsprecherdurchsagen und sahen zu unserem Erstaunen, daß die Rettungsfahrzeuge, statt weiter auf die Landung der X15 zu warten, zur Basis zurückfuhren. Zunächst hieß es dann lediglich, die X15 würde nicht nach Edwards zurückkehren, sondern woanders landen. Dann traf die Schreckensnachricht ein, Mike Adams war aus großer Höhe abgestürzt, was nur seinen Tod bedeuten konnte. Die letzten Worte, die man von ihm aufgefangen hatte, lauteten: »I am in a spin« – »Ich trudele.« Wir spürten fast körperlich den Schock, der innerhalb weniger Augenblicke das ganze Zentrum erfaßte. Jeder war wie gelähmt. Alle Arbeiten in den Büros und Werkstätten und auf dem Vorfeld vor den Hallen kamen zum Stillstand. Also war nach neun Jahren eines Versuchsprogramms doch das eingetreten, womit man hatte immer rechnen müssen. Wir merkten sofort, daß niemand mehr ansprechbar war und sich niemand mehr für uns interessierte. Nachdem wir unser Beileid ausgesprochen hatten, reisten wir sofort ab.

Die Absturzstelle lag in größerer Entfernung von Edwards, in der Nähe von Johannesburg in Kalifornien. Abends im Motel sahen wir dann die Aufnahmen, die ein Fernsehteam, das sofort mit einem Hubschrauber zur Absturzstelle entsandt worden war, gemacht hatte. Alles, was zu sehen war, war ein Haufen zerbeulten Blechs im Sand. In der Nähe das massive Triebwerk. Eine Auswertung der am Boden empfangenen Flugdaten ergab, daß es während des Steigflugs zu einer Störung im elektrischen System der X15 gekommen war. Sie hatte sich negativ auf die Qualität der zum Boden übermittelten Meßwerte ausgewirkt. Es war zu einer Abweichung der Richtung der Flugzeuglängsachse von der Richtung der Flugbahn gekommen, die aus nicht ganz geklärten Gründen, vielleicht wegen einer falschen Ablesung von Instrumenten durch Adams, durch ein Überreiten der Steuerautomatik noch verstärkt worden war.

Dreißig Sekunden nach Erreichen der maximalen Flughöhe von achtzig Kilometern und nach Beginn des Eintauchens in die dichteren Schichten der Erdatmosphäre hatte der Winkel zwischen Flugzeuglängsachse und der Richtung der noch überwiegend ballistischen Flugbahn – Luftkräfte spielten in der Höhe noch keine große Rolle – einen Wert von neunzig Grad angenommen. Bei Mach 5 und in einer Höhe von siebzig Kilometern geriet die X15 dann in einen 43 Sekunden dauernden Trudelzustand, der in eine Auf- und Abbewegung der Flugzeugnase überging. Als Folge der übermäßigen Massenkräfte, denen die Maschine ausgesetzt war, brach diese schließlich noch in der Luft auseinander.

Soweit in Kürze das Ergebnis der Untersuchungskommission, die sich bis ins letzte noch erfaßbare Detail mit dem Absturz der Maschine befaßt hatte.

Neil Armstrong

Einer der Testpiloten von Edwards erlangte Weltruhm: Neil Armstrong. Unvergessen die Worte, die er beim Betreten des Mondes sprach: »Ein kleiner Schritt für einen Mann, ein großer Sprung für die Menschheit.« Der erste Teil des Satzes war die Untertreibung des Abends. Das heißt, Abend war es in Houston. In Europa waren Millionen die Nacht aufgeblieben, um den großen Moment, in dem zum ersten Mal ein Mensch die Oberfläche des Mondes — und damit eines fremden Himmelskörpers — betreten würde, nicht zu verpassen. Dort war es fünf Uhr morgens, am 20. Juli 1969, fünf Monate vor dem Termin, den Präsident Kennedy gesetzt hatte. Um diesen kleinen Schritt tun zu können, hatte Armstrong noch einmal sein ganzes Können, das er in vielen Jahren seines fliegerischen Lebens erworben hatte, gebraucht. In letzter Minute hatte er die Landefähre, während Edwin Aldrin, sein Kopilot, den Funkkontakt mit Houston aufrechterhielt, um einen riesigen Gesteinsbrocken herumsteuern müssen, an dem die ganze Mission hätte scheitern können. Unmittelbar danach setzte er, mit nur noch ein paar Tropfen Treibstoff im Tank, auf. Aber fliegen konnte Neil Armstrong eben.

Geboren wurde Neil Armstrong am 5. August 1930 in Wapakoneta, Ohio, wo er auch große Teile seiner Kindheit verbrachte. Dort habe ich seine Eltern besucht. Wapa, so geht die Sage, hieß ein Indianerhäuptling und Koneta eine Prinzessin. Daraus hat man dann den Namen für den Ort gebildet. Er hat siebentausend Einwohner und ist ringsum von endlosen Kornfeldern umgeben, zwischen denen riesige Scheunen stehen. Es wird dort zu Neils Zeiten nicht anders ausgesehen haben als jetzt. Tiefste amerikanische Provinz. Allerdings hat Wapakoneta, als ich es besuche, inzwischen einen eigenen Flughafen, der Neil-Armstrong-Airport heißt. An seinem Eingang ist ein kleines Luft- und Raumfahrtmuseum aufgebaut. Auf den Straßenschildern am Ortsrand steht, daß hier der erste zivile Astronaut geboren sei. Auch heißt die Straße, in der sich Neils Eltern vor ein paar Jahren ein neues Haus gebaut haben, Neil-Armstrong-Drive. Die Eltern sind sehr liebenswerte, einfache Leute, die – ganz klar – auf ihren Sohn sehr stolz sind. Es gefällt ihnen, daß er die Fliegerei als Beruf aufgegeben hat und nun Professor an einer Universität ist, wo er an einem künstlichen Herzen arbeitet.

Neil ist das älteste von drei Kindern. Er hat eine Schwester und einen Bruder. Armstrongs Vater erzählt, daß er, als Neil noch ein Kind war, als Bücherrevisor durch den Bezirk reiste, und die Familie, weil das Prüfen der Bücher manchmal ein Jahr gedauert hat, sechzehnmal umgezogen ist. Dadurch hat Neil viele Schulen besucht, aber den Abschluß, bevor er ins College kam, doch in Wapakoneta gemacht.

Die Armstrongs sind eine typische Mittelstandsfamilie. Als Neil aufwuchs, war die Zeit der großen Wirtschaftskrise und es war allgemein üblich, sparsam zu leben. Um sich neben der Schule Geld zu verdienen, hat Neil nacheinander beim Kaufmann, beim Eisenkrämer und in der Apotheke gearbeitet. Beim Bäcker Neumeister machte er eine Zeitlang jede Nacht hundertzehn Doughnuts, ein Gebäck ähnlich wie Berliner, aber mit einem Loch in der Mitte. Der Junge eignete sich für die Arbeit, weil er klein war und nachts in die Mischtrommeln hineinkriechen konnte, um sie von innen sauber zu machen.

Neil war gerade zwei oder drei Jahre alt, als ihn der Vater nach Cleveland mitnahm, um ein Luftrennen mit anzusehen. »Als Neil sechs war«, erzählt der Vater, »nahm ich ihn auf einen Flug mit der Ford Trimotor mit, die mit Passagieren aufstieg, die sich die Gegend von oben ansehen wollten. Vielleicht erwachte damals in unserem Sohn die Flugbegeisterung. Jedenfalls baute er mit neun Jahren Flugzeugmodelle. Ich brauchte dazu nicht viel zu kaufen. Er nahm einfach alles, was er kriegen konnte für die Bastelei. Stücke Holz und Papier, dazu Bindfaden, und für den Antrieb Gummibänder. Wie alle Jungs, spielte Neil mit anderen Fußball und Baseball, aber nach einer gewissen Zeit pflegte er sich dann abzusondern und sich zu Hause in seine Bücher zu vertiefen. Neil las viel über Luftfahrt und legte sich ein Archiv an. Er neigte früh dazu, systematisch vorzugehen.«

Mit fünfzehn fing Neil Armstrong an, Flugstunden zu nehmen. Jede Stunde kostete neun Dollar. Um so viel Geld zu verdienen, arbeitete Neil beinahe in seiner ganzen Freizeit. Er war Lagerjunge, und für den Apotheker in der Mainstreet trug er

Medikamente aus, nachdem er dort morgens schon ausgefegt hatte. Dann hat er die Regale aufgepackt und bei den schriftlichen Arbeiten geholfen. Für vierzig Cents die Stunde mußte er schon lange arbeiten, bis er die nächste Flugstunde zusammen hatte.

Sein erster Fluglehrer hieß Kundegaard, bei dem er auch seinen ersten Alleinflug machte. Mit sechzehn bekam er den Schülerflugschein. Einen Führerschein für Autos hatte er noch nicht. Als einer seiner Mitschüler mit dem Flugzeug abstürzte und ums Leben kam, schloß sich Neil zwei Tage ein, aber er gab das Fliegen nicht auf.

Da das Geld für ein technisches Studium fehlte, bewarb sich Neil mit Erfolg bei der Marine, die ihren Angehörigen Stipendien für den Besuch einer Universität gewährte. 1947 wurde er angenommen. Für die Familie war dies ein großes Ereignis, erinnern sich die Eltern. Neil kam auf die nahegelegene Purdue Universität. Dann ließ die Marine Neil in Pensacola, Florida, die militärische Flugausbildung aufnehmen. Nach der 1950 abgelegten Flugzeugführerprüfung brach bald der Krieg in Korea aus. 1952 schied Neil nach der Rückkehr in die USA aus der Marine aus, bei der er sich ausgezeichnet hatte, und wurde Reserveoffizier. Als Zivilist nahm Neil Armstrong sein Ingenieurstudium an der Purdue Universität wieder auf und legte 1955 seine Abschlußprüfung ab. Er bewarb sich dann bei der NACA um eine Stelle in Edwards. Da dort keine Stelle frei war, kam er zuerst zum Langley-Zentrum in Hampton, Virginia, und erst etwas später nach Edwards. Ein Jahr später heiratete er.

Soweit Meilensteine im Leben des Mannes, der es schaffte, als erster Mensch seinen Fuß auf den Boden eines außerirdischen Himmelskörpers zu setzen.

»Die Jahre in Edwards waren die schönsten...«

Als Armstrong nach der Mondlandung einmal von deutschen Segelfliegern auf die Wasserkuppe eingeladen worden war, hatte ich Gelegenheit zu einem Interview mit ihm. Er wirkte so zurückhaltend und bescheiden, daß ihm niemand den Star ansah. Er taute auf, als ich ihm ein kleines mitgebrachtes Modell der X15 zeigte.

Schiemann: Man hat mir in Edwards erzählt, daß Sie die X 15 siebenmal geflogen haben und dabei auf über Mach 5 gekommen sind. Wie fliegt sich eine solche Maschine?

Armstrong: Nun, wenn man eine bestimmte Höhe erreicht hat, ist eine solche Maschine eben kein Flugzeug mehr. Sie benimmt sich wie ein geworfener Stein. (Armstrong saß bei dem Interview in einem Segelflugzeug und bewegte den Steuerknüppel hin und her.) Mit dem Steuerknüppel bewirkt man keine Kräfte mehr an den Steuerflächen, sondern löst kurze Raketenimpulse aus, die das Flugzeug in die gewünschte Richtung bringen. Immerhin ist die Luft beispielsweise in einer Höhe von sechzig Kilometern nur noch vier Tausendstel so

Neil Armstrong im Segelflugzeug auf der Wasserkuppe, im Interview mit Heinrich Schiemann. Nach seinem Mondflug war Armstrong von einer Segelfliegergruppe zu ein paar Segelflügen über der Rhön eingeladen worden. Im Interview sprach Armstrong über seine Zeit in Edwards und seine Flüge mit der X 15.

Er sagte, daß er ursprünglich kein Astronaut werden wollte. Wie viele seiner Kollegen sah er als künftige Raumfahrzeuge keine am Fallschirm landenden Kapseln, sondern Fahrzeuge voraus, die sich aus Flugzeugen entwickeln und auf Rädern landen würden.

dicht wie am Boden. Die aerodynamischen Ruder werden erst wieder wirksam, wenn man in die dichteren Schichten der Atmosphäre zurücktaucht, was man wie bei der Rückkehr in einem Raumfahrzeug an dem erhöhten Andruck spürt. So erlebt man in wenigen Minuten den Bogen, den man erst in der Luft und dann für vielleicht zwei oder drei Minuten im beinahe freien Weltraum zurücklegt. Die Landung ist natürlich auch anders als bei einem normalen Flugzeug. Weil man allen Treibstoff verbraucht hat, muß man die Landung so ansetzen, daß man auf einem der Trockenseen in Edwards und um Edwards herum aufsetzt.

Schiemann: Warum sind Sie 1962 von Edwards weggegangen?

Armstrong: Die Jahre in Edwards waren die schönsten meines Lebens, außer der X15 flog ich die F190, die F101 und die F104, alles, was aktuell war. Ich wollte auch zuerst gar kein Astronaut werden.

Schiemann: In einem Interview, das Sie den Reportern von Time-Life gegeben haben, heißt es, daß Sie zu jenen Piloten gehört hätten, die nichts von einer Raumfahrt in Kapseln gehalten hätten. Man hätte ja auch von den Leuten, die das vorgeschlagen haben, gesagt, sie wären vom rechten Weg abgekommen und hätten sich wie Kinder im Wald verirrt. Warum sind Sie dann weggegangen?

Armstrong: Da kam der Flug von Glenn. Da habe ich mich doch, so schwer es mir fiel, entschlossen, nach Houston zu gehen, um die Ausläufer der Atmosphäre, zu denen ich vorgedrungen war, zu verlassen und wirklich in den Raum zu kommen.

Schiemann: Stimmt es, daß Sie, als Sie in den San-Gabriele-Bergen wohnten, immer drei Autos hatten, an denen Sie bastelten?

Armstrong: Nein, ich hatte fünf, aber davon waren zu einem Zeitpunkt höchstens drei fahrbereit!

Kampf ums Prestige

Freilich bereitete das von den Sowjets und den Amerikanern gewählte Startverfahren mit Raketen und die Landung mit Kapseln am Fallschirm beiden Nationen große Schwierigkeiten. Bei Fehlstarts mußte man damit rechnen, daß abstürzende Raketenstufen womöglich Tausende von Kilometern vom Startplatz entfernt herunterkommen und die unter der Flugbahn lebende Bevölkerung gefährden könnten. Auch blieb stets ungewiß, wo es am Ende eines Raumfluges zum Wiedereintritt in die Erdatmosphäre kommt und wie weit vom projektierten Landepunkt ein Raumfahrer aufsetzen wird. Auch sollte der Startplatz möglichst weit südlich liegen, um die Rotation der Erde in östlicher Richtung optimal als Starthilfe ausnützen zu können. Für die USA bot sich Florida an. Seine südliche Lage verleiht einer startenden Rakete eine Zusatzgeschwindigkeit von rund einem halben Kilometer in der Sekunde, gleich ungefähr fünf Prozent der für den Eintritt in einen Orbit notwendigen Geschwindigkeit. (Bei einem Startplatz am Äquator, wo die Rotation sich noch etwas stärker auswirkt, ist der Geschwindigkeitsgewinn entsprechend noch etwas größer.) Ein Startplatz an der Küste von Florida bedeutete bei östlicher Startrichtung auch, daß durch Fehlstarts keine Bevölkerung gefährdet wird. Und für abstürzende Raketen war ebenso wie für landende Astronauten auf Tausenden von Kilometern Platz. Andererseits mußte zur Bergung von auf See am Fallschirm in Kapseln herunterkommenden Astronauten eine Bergungsflotte über ein weites Seegebiet verteilt werden.

Für die Sowjets kamen Starts in Richtung See nicht in Betracht. Bei Starts von ihrer pazifischen Küste aus wäre Japan im Wege. Also wählten sie als Startgelände und auch als Landegebiet für ihre Kosmonauten Baikonur in der Steppe von Kasachstan. Sie eignete sich, weil für Starts in östlicher beziehungsweise nordöstlicher Richtung – und um solche ging es – ein weites und dünn besiedeltes Gebiet zur Verfügung stand, die Gefahr für Menschen durch herabfallende Raketenstufen also gering war. Allerdings lagen in größerer östlicher Entfernung von Kasachstan gebirgige Gegenden, die ein Risiko für aufsetzende Kosmonauten darstellten.

Da die USA von Anfang an ihre Startvorbereitungen und ihre Starts in aller Öffentlichkeit veranstaltet hatten, waren ihre

Raketen und Raumfahrzeuge kein Geheimnis. Das gleiche galt für das von ihnen entwickelte Landeverfahren. Die Amerikaner benutzten für den Start ihrer Merkurkapseln die aus der militärischen Produktion stammende Atlasrakete, die bei einem Abhebegewicht von 120 Tonnen einen Startschub von 166 Tonnen besaß. (Bei diesem Typ feuern drei nebeneinander angeordnete Triebwerke gleichzeitig. Zwei Minuten und zehn Sekunden nach dem Abheben werden die zwei äußeren Triebwerke abgeworfen. Dadurch wird die zu beschleunigende und in die Höhe zu hebende Masse kleiner. Sie kann dann von dem verbleibenden Motor innerhalb von zwei weiteren Minuten und fünfzig Sekunden auf Orbitalgeschwindigkeit gebracht werden.)

Bevor die Sowjets das Geheimnis wenigstens ihrer Raumfahrzeuge vom Typ Vostok lüfteten, heizten sie im Herbst 1964 die Spannung noch einmal gewaltig an. Immerhin hatte es seit Juni 1963, als sie mit einer Vostok Valerina Tereschkowa in Orbit gebracht hatten, keinen sowjetischen Raumflug mehr gegeben.

Und im Mai 1963 war zum letzten Mal ein Amerikaner, Gordon Cooper, in einer Merkurkapsel in Orbit gewesen. Nun war die Zeit reif für eine neue Sensation. Und es wurde eine sowjetische.

Der erste Weltraumspaziergang

Vermutlich auf einen ausdrücklichen Befehl Chruschtschows hin brachte die Sowjetunion im Oktober 1964 ein neues Raumfahrzeug mit dem Namen Woschod in die Umlaufbahn, das aus der Vostok entwickelt worden war, und zwar mit drei Mann. Nach allgemeiner westlicher Auffassung hatte es sich bei dem Unternehmen um eine Gewaltaktion gehandelt, denn eigentlich war die Woschod für drei Kosmonauten zu eng, was bedeutete, daß sie keine Raumanzüge tragen konnten. Das wäre in der Start- und Landephase aber wünschenswert gewesen. In kritischen Flugphasen, und Start und Landung sind solche, kann schon eine kleine, plötzlich auftretende Undichtigkeit der hochbeanspruchten Kapsel wegen der dann entweichenden Atemluft zu einer Katastrophe führen. Wegen des Einbruchs des Vakuums in die Kapsel würde das Blut zu kochen und die Haut zu platzen beginnen. Aber Chruschtschow hatte offenbar eine neue spektakuläre Erstleistung gewollt. Der starke Mann im Kreml wußte, daß die Amerikaner in Kürze ein sehr aufwendig gebautes zweisitziges Raumfahrzeug, das Gemini, also Zwilling, hieß, starten würden. Da wollte er der Sowjetunion einen Vorsprung durch die Entsendung eines Fahrzeuges mit drei Mann sichern.

Beim zweiten Woschodflug, fünf Monate später, im März 1965, erzielte die Sowjetunion eine weitere, historische Erstleistung. Zwar hatte Woschod 2 nur zwei Mann an Bord, aber die Kosmonauten hatten Raumanzüge an. Das erlaubte es einem von ihnen, Alexei Leonow, das Raumfahrzeug in seinem Raumanzug durch eine Luftschleuse zu verlassen und als lebender Satellit einen zehnminütigen Weltraumspaziergang zu unternehmen. Es war das erste Außenbordmanöver in der Geschichte der Raumfahrt, zum weiteren Ruhm der Sowjetunion und ihres Raumfahrt-Chefkonstrukteurs Sergei Korolew. Die Identität dieses bedeutenden Mannes war allerdings damals noch, auch in der Sowjetunion, unbekannt. Sie wurde erst nach seinem Tode im Januar 1966 und zehn Monate nach dem Flug mit Woschod 2 enthüllt. Seine Gesundheit war durch eine achtjährige Haft unter Stalin unterminiert worden. Wegen seiner großen Verdienste um die sowjetische Raumfahrttechnik und als Ausdruck seiner Rehabilitierung wurde seine Asche an der Kremlmauer beigesetzt. Er war nur sechzig Jahre alt geworden. Die Landung von Woschod 2 verlief allerdings nicht nach Plan, wie man später erfuhr. Am Ende des sechzehnten Umlaufs versagte das automatische Wiedereintrittsystem. Folglich mußte der Wiedereintritt von Hand gesteuert werden, was einen Orbit zu spät erfolgte. Das Ergebnis war, daß die Kapsel zweitausend Kilometer nördlich von der ursprünglich vorgesehenen Landestelle in einem waldigen Gebiet, noch dazu mitten im Schnee, erfolgte. Es dauerte zweieinhalb Stunden, bis ein Bergungshubschrauber eintraf. Die Sowjets haben die Woschod nie wieder fliegen lassen und das Raumfahrzeug auch nie in der Öffentlichkeit gezeigt.

Der Wettbewerb im All war wieder voll angelaufen. Er sollte die Amerikaner bald in Führung bringen. Allerdings fanden die amerikanischen Fortschritte ihren Ausdruck nicht so sehr in sensationellen Erstleistungen. Fünf Tage nach Leonows Weltraumspaziergang und nach zwei voraufgegangenen unbemannten Probeflügen mit dem neuen amerikanischen Raumfahrzeug Gemini umrundete Gemini 3 die Erde mit zwei Astronauten an Bord. Gemini war ein Fahrzeug von dem Typ, den wir 1963 im Langley-Forschungszentrum an der amerikanischen Ostküste gesehen hatten. Dort hatte das Fahrzeug zusammen mit einer Atlas-Agenarakete an der

Decke einer Halle gehangen. Damals wurden Rendezvous der Gemini mit der Agena und das Heranfahren der Gemini an die Agena trainiert. Jetzt sollte Gemini Rendezvous und Anlegen im Weltraum vollführen, als Vorübung für das Anlegen des Mondlandefahrzeuges an das Apollo-Mutterfahrzeug bei den späteren Mondmissionen. Solche Manöver ließen sich mit keinem der bisherigen Fahrzeuge, auch nicht mit Woschod vollführen. Als erstes Raumfahrzeug hatte Gemini zur Durchführung von Lage- und Bahnänderungen am Fahrzeug angebaute Steuerraketen und Computer zur Berechnung der notwendigen Impulse.

Den Termin zum nächsten Geminiflug legte die NASA in die Vorbereitungszeit des Pariser Aero Salons von 1965. Der Pariser Salon war jene spektakuläre international Luft- und Raumfahrtausstellung, die traditionsgemäß alle zwei Jahre auf dem Flughafen von Le Bourget, einem nördlichen Vorort von Paris, stattfand und von Ost und West beschickt wurde. Als Reaktion auf Leonows Weltraumspaziergang plante die NASA, daß einer von zwei Geminipiloten, Edward White, Gemini 4 verlassen und nun auch ein Außenbordmanöver absolvieren sollte. Ursprünglich war für diesen Flug nur ein Öffnen einer Klappe vorgesehen gewesen. Die Entscheidung für einen Ausstieg fiel auf einer extra wegen Leonows Ausstieg einberufenen NASA-Sitzung. Der Schachzug gelang. White blieb sogar 22 Minuten, also doppelt so lange wie vor ihm Leonow, außerhalb seines Fahrzeuges. Er blieb nur über eine Schlauchleitung mit der Gemini verbunden und hielt eine Rückstoßpistole in der Hand, mit der er frei im Weltraum manövrieren konnte.

Die Sowjets enthüllen das Gagarin-Fahrzeug

Freilich, Whites Erfolg wurde gleich bei der Eröffnung des Salons von einer Riesenüberraschung übertrumpft, die die Sowjets vorbereitet hatten. Von der Decke einer Halle hing ein Originalexemplar der Vostok. Vier Jahre nach Gagarins Flug hatten die Sowjets sie mitgebracht. Der propagandistische Erfolg der Sowjets war ungeheuer. Mit Riesenzeilen verkündeten die Pariser Zeitungen am Eröffnungstag die Überlegenheit der sowjetischen Technik über die amerikanische. Genaugenommen stimmte dies nicht. Denn die Vostok war gegenüber Gemini veraltet. Aber Vostok hing eben da und war eine große Überraschung, während die Amerikaner keine Gemini mitgebracht hatten. Zu Hunderttausenden strömten die Pariser nach Le Bourget, dem traditionellen Flugplatz, auf dem 38 Jahre früher Lindbergh gelandet war, nachdem er im Alleinflug als erster den Ozean von New York nach Paris überquert hatte.

In 33 Stunden hatte er, nur von einem Kanarienvogel als einzigem Lebewesen begleitet – der Vogel sollte ihn wachhalten –, die Strecke überwunden und war damals jubelnd empfangen worden. Nun ergossen sich die Pariser in die Halle, in der sie das Fahrzeug bestaunen konnten, in dem zum ersten Mal ein Mensch die Erde umrundet hatte. Mit einem Gewicht von 4731 Kilogramm war es, einschließlich einer noch dranhängenden Reststufe, dreimal so schwer wie das von Glenn benutzte Merkurfahrzeug. Das Erstaunlichste war eine vorn sitzende, allseits mit Hitzeschutzmaterial belegte Hohlkugel von etwas über zwei Metern Durchmesser. Sie stellte die eigentliche Kosmonautenkapsel dar, in der am Ende der Mission, nach Abkopplung von der Reststufe, der Wiedereintritt in die Erdatmosphäre und die Landung des Kosmonauten erfolgten. Gewicht der Kapsel allein 2200 Kilogramm. An sie schloß sich ein gewölbter Teil mit einem Kranz von Kugeln an, in denen offensichtlich Treibstoffe und Sauerstoff für Geräte und zur Versorgung des Kosmonauten während des Orbitalfluges mitgeführt wurden. Man fragte sich freilich, wie heftig wohl der Stoß sein mußte, den der Kosmonaut beim Aufsetzen auf der Erde auszuhalten hatte. An der Kapsel war keinerlei Abfederungssystem zu erkennen. Offenbar gab es auch keine Bremsraketen zur Milderung des Stoßes. Erst bei einer späteren Gelegenheit offenbarten die Sowjets, daß ihre Kosmonauten gar nicht in der Kapsel gelandet waren, sondern sich vorher mit einem Schleudersitz aus ihren Kapseln hätten herausschießen lassen. Danach hätten sie an einem Fallschirm aufgesetzt. Ein Kosmonaut war allerdings doch in der Kapsel gelandet, ausgerechnet Gagarin, der erste von ihnen. Wegen des sowjetischen Landeverfahrens waren sämtliche Kosmonauten Angehörige der Fallschirmtruppe. Und Valerina Terschkowa hatte man nehmen können, weil sie eine begeisterte Hobby-Fallschirmspringerin war.

Insgesamt brachte das Jahr des Pariser Aero Salons von 1965 und das darauffolgende Jahr 1966 noch acht Geminiflüge. Mit einem Flug von acht Tagen überboten die beiden Piloten von Gemini 5, Cooper und Conrad, den bis dahin gültig gewesenen Rekord von Vostok 5, deren Kosmonaut Bykowski etwas weniger als fünf Tage in der Umlaufbahn geblieben war. Mit Gemini 6 und 7 gelang das erste Rendezvous bis auf einen Abstand von zwei Metern. Dann blieb die Besatzung von Gemini 7 vierzehn Tage in Orbit und bewies, daß der Mensch sogar noch länger in Schwerelosigkeit arbeitsfähig bleibt, als eine Mondmission dauert. Ein wichtiges Ergebnis. Denn nun war klar: An der Schwerelosigkeit bei Flügen im Raum würde der von den Amerikanern geplante Flug zum Mond nicht scheitern.

Die Amerikaner gehen mit Gemini in Führung

Gemini 8 endete beinahe mit einer Katastrophe. Zwar gelang den beiden Astronauten Armstrong und Scott zunächst noch ein Rendezvous mit einer vorausgeschickten Agenarakete und dann auch noch das Ankoppeln der Gemini an die Agena. Dann aber fingen die beiden zusammengekoppelten Raumfahrzeuge an, wie wild umeinander zu rotieren. Dadurch wurden die beiden Astronauten schwersten körperlichen Belastungen ausgesetzt. Mit knapper Not gelang Armstrong eine Trennung der Gemini von der Agena. Ursache des Beinahedisasters, das mit dem Tod der beiden Astronauten hätte enden können, war eine defekte Steuerrakete gewesen. Gemini 8 wurde dann vorzeitig zur Landung zurückgerufen. Das geglückte Anlegemanöver brachte den USA aber doch die Führung im Weltraum und den Amerikanern die Gewißheit, daß sich das bei der Mondmission notwendige Anlegen des Mondlandefahrzeugs an das Apollo-Mutterfahrzeug würde bewerkstelligen lassen. So wie die Schwerelosigkeit würde also auch das Anlegen kein Problem darstellen. Das waren zwei wichtige Ergebnisse durch Gemini im Hinblick auf die geplante Mondlandung. Beim übernächsten Flug ließ sich Gemini 10 von einer angedockten, wiedergezündeten Agena auf eine Höhe von 761 Kilometer schieben. Das Manöver war ebenfalls eine Erstleistung. Insgesamt gelangen mit Gemini 10, 11 und 12 bis Ende 1966 weitere Rendezvous- und Anlegemanöver sowie Außenbordaktivitäten von zusammengerechnet mehreren Stunden.

Kennedy hatte den Weltraum als Neuen Ozean bezeichnet. Mit Gemini hat es der Mensch gelernt, sich frei in ihm zu bewegen. Auf dem Pariser Aero Salon, diesem größten Schauplatz der internationalen Luft- und Raumfahrt, boten die Sowjets 1967 wieder eine Sensation. Nach der Ausstellung von Gagarins Vostokkapsel war es diesmal die Rakete, die die Kapsel in Umlauf gebracht hatte.

Die Gagarin-Rakete

Wieder staunten die Pariser und mit ihnen die aus aller Welt nach Le Bourget gekommenen Besucher des Salons. Schräg nach oben gerichtet, stand die Rakete auf einem schweren Eisenbahntransportwagen und überragte alles am Boden. Auch die Fachleute aus dem Westen waren überrascht. Denn sie sahen eine Technik, die völlig von der ihnen vertrauten eigenen Technik abwich. Wegen der schweren sowjetischen Raumfahrzeuge hatte man mit Riesentriebwerken und entsprechend gewaltigen Austrittsdüsen gerechnet. Statt dessen standen aus dem sich nach hinten kegelförmig erweiternden Heck zwanzig relativ kleine Austrittsdüsen hervor. Je vier von ihnen bildeten mit einer über ihnen angeordneten Brennkammer ein komplettes Triebwerk. Vier davon waren im Kreis angeordnet, das fünfte saß in der Mitte. Beim Start wurden alle fünf Triebwerke gezündet. Den Treibstoff erhielt jedes der äußeren Triebwerke von einem darüber angeordneten, nach oben konisch zugespitzten Tank. Daher die Kegelform des unteren Teils der Rakete, aus dem der Tank des mittleren Triebwerks weit nach oben herausragte. Bei einem Abhebegewicht der Rakete von 324 Tonnen, dem vielfachen Gewicht einer Schnellzuglokomotive, betrug der Gesamtschub der fünf Triebwerke in der ersten Phase des Starts 520 Tonnen, verglichen mit einem Schub von 195 Tonnen der Rakete für Gemini. Eine gewisse Zeit nach dem Abheben – wann genau, haben die Sowjets nie veröffentlicht – wurden die vier äußeren Triebwerke samt den über ihnen angeordneten und leer gewordenen Tanks abgeworfen. Den weiteren Antrieb des auf diese Weise leichter gewordenen Fahrzeuges übernahm dann das mittlere Triebwerk, dessen Tank wegen der längeren Brenndauer einen größeren Inhalt hatte als die Tanks der inzwischen abgeworfenen Triebwerke. Auf dem mittleren Tank saß eine weitere Triebwerksstufe mit eigenem Tank und auf diesem schließlich das eigentliche Raumfahrzeug vom Typ Vostok. Wegen der Aufteilung der insgesamt sechs Triebwerke konnte man die Vostokrakete als zweieinhalbstufiges Aggregat bezeichnen. Dabei bildeten die fünf unteren Triebwerke anderthalb Stufen. Die Gesamtlänge der Vostokrakete betrug 38 Meter. Anders als vor Paris immer orakelt wurde, haben die Sowjets weder Wundertreibstoffe verwendet noch Wundertriebwerke gebaut. Ebenso wie die Amerikaner für ihre Atlasrakete verwendeten die Russen für ihre Vostokrakete als Treibstoff Kerosin, eine Art Petroleum, und flüssigen Sauerstoff.

Letztlich war das, was in Le Bourget gezeigt wurde, die Fortentwicklung einer militärischen Interkontinentalrakete. Auf sie hatte Korolew zunächst die Sputniks gesetzt. Dann hat er die Rakete einfach um eine Oberstufe verlängert und mit dieser Kombination die Vostoks in Orbit gebracht. Für Woschod und die spätere Sojus hat man die Oberstufe verstärkt.

Neue Auftriebskörper in Edwards

Sowohl Gemini als auch die Vostok- und Woschodkapseln waren Fahrzeuge, die bei der Rückkehr zur Erde am Fallschirm aufsetzten und ebensowenig wiederverwendbar waren wie die für ihren Start verwendeten Raketen. Diese Technik wird in die Geschichte der Raumfahrt als deren erste Phase eingehen. Kehren wir darum nach Edwards zurück, wo man an nach Flugzeugart landenden und wiederverwendbaren Fahrzeugen arbeitete. Dort hatte man uns 1963 einen ersten, noch einfachen Auftriebskörper mit der Bezeichnung M2/F1 gezeigt. Er wurde zum Vorläufer einer ganzen Familie von solchen Fluggeräten, die schließlich zur nach Flugzeugart landenden und damit wenigstens teilwiederverwendbaren Raumfähre Space Shuttle führten. Nach dem M2/F1 kam der M2/F2, der ebenfalls auf der Oberseite flach und auf der Unterseite bauchig war und damit einem Boot ähnlich sah. Anders als der von einem Flugzeug in die Höhe geschleppte M2/F1 wurde der M2/F2 wie die frühen Raketenflugzeuge und später auch die X15 unter ein Mutterflugzeug gehängt. Nach dem Abwurf in etwa fünfzehn Kilometer Höhe zündete der Pilot ein eingebautes Raketentriebwerk, das den Auftriebskörper auf Höhen von dreißig Kilometern und Geschwindigkeiten bis zwei Mach brachte. Die Form der M2/F2 war vom Ames-Forschungszentrum der NASA bei San Franzisko entwickelt worden. Erbauer war die Firma Northrop in Los Angeles. Bei einem der ersten Flüge kam es zu einem schweren Unfall, bei dem der Pilot ein Auge verlor. Nach dem Ausbrennen seines Triebwerks war das Fahrzeug in heftige Schaukelbewegungen geraten, die nach jeder

Seite sechzig Grad erreichten. Mit knapper Not konnte der Pilot die Bewegung dämpfen. Er setzte dann aber doch so hart auf, daß er sich mit dem Schleudersitz retten mußte. Filmaufnahmen zeigten, wie er mehr nach hinten als nach oben herausgeschleudert wurde. 1967 traf ich den Piloten in einer Werkstatt von Edwards in bester Laune. »Wie kommt es, daß er so fröhlich ist«, fragte ich einen der Mitarbeiter des Zentrums, »obgleich er doch mit seinem einen Auge nicht mehr fliegen darf.« »Er freut sich, daß er noch lebt«, lautete die Antwort. Die Maschine wurde repariert, erhielt zur Verbesserung der Stabilität eine dritte Seitenflosse und wurde dann noch jahrelang zu Versuchszwecken geflogen. Der nächste Auftriebskörper hieß HL 10. Er war 1966 nach Edwards gekommen und stellte eine Entwicklung des NASA-Zentrums Langley in Hampton, Virginia, dar. Um den Einfluß verschiedener Formen im Flugversuch und nicht nur im Windkanal zu studieren, hatte er eine schwach gewölbte Oberseite und glich mehr als die M 2/F 2, von oben gesehen, einer Kombination von einem gedrungenen Rumpf und einem schmalen dreieckigen Flügel mit nach links und nach rechts herausragenden Seitenflossen und einer Mittelflosse. Als ich Edwards im Jahre 1967 besuchte, habe ich den Einstieg eines NASA-Testpiloten in den HL 10 miterleben können. Wir filmten, wie der HL 10 unter die B 52 gehängt wurde, die als Mutterflugzeug benutzt wurde. Wir sahen deutlich das Gesicht des Piloten hinter dem glasverkleideten Bug des Fahrzeuges. Sein Ausdruck zeugte von einer starken inneren Anspannung und sogar von Besorgnis. Jeder Flug war ein Risiko und verlangte die volle Aufmerksamkeit des Piloten schon in der Phase, in der sein bereits mit hochexplosiven Treibstoffen betanktes Fahrzeug noch durchgeprüft wurde. Als das Durchprüfen beendet war, drehte die achtstrahlige B 52 ab und rollte zu der Startbahn des Trockensees, die man für diesen Flug ausgesucht hatte. Nach dem Start überflog uns die B 52 mit der unter ihr hängenden HL 10. Zwei Begleitflugzeuge vom Typ Starfighter flogen wie üblich hinter ihr her. Etwa nach einer halben Stunde sahen wir den HL 10 im Anflug auf uns. Obgleich die Maschine keine Flügel besaß, konnte sie der Pilot tadellos abfangen und auf ihren Rädern aufsetzen. Dabei war die Form des Fahrzeuges anders als die eines Flugzeuges mit Flügeln allseits so gut abgerundet, daß es, wenn es mit einem Hitzeschutzschild ausgerüstet gewesen wäre, bei einer Rückkehr aus dem Weltraum einen Wiedereintritt in die Erdatmosphäre überstanden hätte. Tatsächlich war der spätere Space Shuttle mit seinen zwar relativ zum Rumpf schmalen Flügeln flugzeugähnlicher als der HL 10. Gleich nach dem Ausstieg des Piloten habe ich ein kurzes Gespräch mit ihm geführt. Er war kaum wiederzuerkennen. Er sah um Jahre verjüngt aus, kurzum, er war glücklich, wieder am Boden zu sein, strahlte und lachte. Ob der Flug schwierig gewesen sei, fragte ich vor der Kamera: »Nein, ganz normal«, antwortete er lapidar. Nach der Landung müßten nun die im Fluge aufgezeichneten Messungen ausgewertet werden. Nach dem HL 10 wurden Ende der sechziger und Anfang der siebziger Jahre noch weitere Auftriebskörper getestet. Sie unterschieden sich voneinander durch ihre Form und sollten zur Klärung der Frage beitragen, welche Form bei ausreichender Stabilität das günstigste Verhältnis zwischen Auftrieb und Widerstand und damit den günstigsten Gleitwinkel ergäbe. Der letzte gebaute Auftriebskörper hieß X 24B und stellte ein Projekt der Luftwaffe dar. Mit einem von Rumpfunterseite und Flügel gebildeten Boden kam er mehr als die anderen Typen der Form der in Entwicklung befindlichen Raumfähre Space Shuttle nahe.

Zwischen dem Beginn der Forschungsflüge mit der X 24B und der Fertigstellung der Raumfähre sollten noch fünfzehn Jahre vergehen. So lange sollte es dauern, bis die Fähre, die dazu bestimmt war, mit Raketenkraft zu starten und nach Flugzeugart zu landen, nach ihrem ersten Flug ins All in Edwards landen würde.

Die Arbeit an der Fähre, die über das Jahr 2000 hinaus das Arbeitspferd der amerikanischen Raumfahrt werden sollte, hatte Mitte der sechziger Jahre noch gar nicht begonnen, als in den USA die Vorbereitungen für die Landung auf dem Mond auf Hochtouren liefen, die Präsident Kennedy der amerikanischen Nation zur Aufgabe gestellt hatte. Von den Vorbereitungen und dem Ablauf dieses größten Abenteuers in der Geschichte der Menschheit soll nun die Rede sein, bevor ich den Leser zum Jungfernflug der Raumfähre nach Edwards zurückführe. Denn wo anders sollte sie landen als dort?

Zur Mondmission hat Edwards nichts beitragen können, denn sie erfolgte noch nach derselben Methode, mit der die sowjetischen und die amerikanischen Raumfahrer seit 1961 geflogen waren. Das hieß Starten mit nur einmal verwendbaren Wegwerfraketen und Landen in Kapseln, die am Schluß der jeweiligen Mission am Fallschirm zur Erde zurückschweben und dann auch nicht wiederverwendbar sind. Für eine Rückkehr nach Flugzeugart war die Zeit noch nicht reif.

Die Besatzung von Apollo 11. Links Kommandant Neil Armstrong, der als erster seinen Fuß auf den Mond und damit auf einen fremden Himmelskörper setzte. Rechts sein Kopilot in der Landefähre, Edwin Aldrin. Beide flogen aus dem Mondorbit zur Mondoberfläche hinunter und unternahmen eine erste Exkursion auf dem Mond. In der Mitte Michael Collins, der während des Mondausfluges seiner Kameraden im Mutterfahrzeug blieb und dieses für die gemeinsame Rückkreise der drei Astronauten zur Erde bereithielt.

DAS GROSSE ABENTEUER DER MONDLANDUNG

Lange vor unserer Zeit haben sich Menschen Gedanken über einen Flug zum Mond gemacht. Einer von ihnen war Lucian von Samos im zweiten Jahrhundert nach Christus. Er schrieb eine Traumgeschichte von einem Menschen, der von einem Wirbelsturm zum Mond getragen wurde. In einer zweiten Geschichte fliegt sein Held mit einem selbstgebastelten Paar Flügel zum Mond. Im 17. Jahrhundert ließ der deutsche Astronom Johannes Kepler, dem wir die Gesetze über die Planetenbewegung verdanken, einen Mann mit Hilfe von Wundermenschen des Mondes zur Mondoberfläche reisen. Realistischer dachte der Franzose Cyrano de Bergerac. Bei ihm fliegen Raumfahrer bereits in einer Rakete zum Mond. Ganz wirklichkeitsnah reisen Jules Vernes Helden in einem Raumfahrzeug, das er allerdings von einer Kanone auf den Weg bringen ließ. Daß kein Mensch einen solchen Start überleben könnte, erkannte der deutsche Vater der Raumfahrt, Hermann Oberth, der das wissenschaftlich heute noch gültige Werk »Mit der Rakete zu den Planetenräumen« schrieb. Zum Flug zum Mond kam es, als dieser technisch möglich wurde.

Wernher von Braun
und das Mondlandeunternehmen

Als Ende der fünfziger Jahre auf dem kalifornischen Wüstenflugplatz Edwards die Flüge mit dem Raketenflugzeug X 15 begannen, nahmen in den USA erste Ideen für eine bemannte Mondlandung Gestalt an. Ihre Verwirklichung wurde zum größten Abenteuer in der Geschichte der Menschheit. Ich bin allerdings der Überzeugung, daß die Mondlandung und damit das technisch aufwendigste Unternehmen aller Zeiten das Ergebnis einer einmaligen Konstellation war. Ihre Faktoren waren erstens Wernher von Braun und sein aus Deutschland mitgebrachtes Team von über hundert Raketenspezialisten. Als Schüler von Hermann Oberth, dem deutschen Vater der Raumfahrt, war von Braun im jugendlichen Alter von 24 Jahren Leiter der Raketenentwicklung des Heereswaffenamts erst in Kummersdorf, dann in Peenemünde an der Ostsee geworden, wo er die legendäre Großrakete V 2 schuf, die zum Prototyp der amerikanischen und sowjetischen Raketen wurde. Keinem anderen Team als dem von Braunschen hätte man die Entwicklung der für die Landung eines Menschen auf dem Mond erforderlichen Rakete anvertrauen können, jedenfalls nicht in der gesetzten Zeit von acht Jahren, wie es der Fall war. Der zweite Faktor war die aufwendige Kriegsmaschinerie Hitlers, durch die allein die 3,9 Milliarden Reichsmark aufgebracht werden konnten, die die Entwicklung der V 2 gekostet hat. Dritter Faktor war Amerikas industrielle Kapazität, vierter Faktor die visionäre Entschlußkraft des jungen Kennedy, der in der Situation des Kalten Krieges, dem fünften Faktor der Konstellation, die damals als phantastisch anzusehende Tat einer Mondlandung aus politischen Gründen zum nationalen Ziel erhoben hatte.

Von Braun war sich über die Rolle, die er und sein Team aus Deutschland bei der Vorbereitung der Landung auf dem Mond gespielt haben, im klaren. Im Anschluß an ein Interview, das er mir nach der Landung gab, fragte er mich: »Sagen Sie mal, wie ist das eigentlich in Deutschland? Ich habe den Eindruck, als ob man sich dort« – von Braun sprach, obgleich er längst amerikanischer Staatsbürger war, ausdrücklich von seiner Heimat – »nicht recht bewußt ist, wie groß der Anteil der aus Deutschland gekommenen Mitarbeiter des Apolloprojekts am Zustandekommen der Mondlandung war.« Darüber war er offensichtlich enttäuscht. Immerhin stammte er aus einer sehr national gesinnten Familie. Sein Vater, Magnus Freiherr von Braun, vor dem Krieg in Westpreußen begütert, war Reichslandwirtschaftsminister im letzten Kabinett vor Hitler gewesen. (Mit diesem wollte er aber nichts zu tun haben.) Von Braun fragte mich ganz direkt, ob die Leistung der Deutschen gewürdigt worden wäre? Ich konnte nur antworten, daß wir im Zweiten Deutschen Fernsehen mehrmals Interviews mit ihm und Dr. Debus, als dem Chef des Raketenstartplatzes Cap Canaveral, gebracht hätten. Andererseits wäre es das Verdienst Amerikas, daß sie ihm und seinen Mitarbeitern die Aufgabe überlassen hätten, die Mondrakete zu entwickeln und ihm ein Raketenzentrum zu unterstellen, in dem sämtliche wichtigen Abteilungsleiterposten von Deutschen besetzt wären.

»Mit sechs Raketen zum Mond?«

Meine erste Begegnung mit Wernher von Braun hatte ich im Oktober 1960 in Stockholm. Im Saal eines großen Hotels fand der Eröffnungsabend des Kongresses der Internationalen Astronautischen Föderation, kurz IAF genannt, statt, zu dem über hundert Teilnehmer gekommen waren. Die IAF war eine Dachorganisation von nationalen Raumfahrtvereinigungen in Ost und West, deren Mitglieder das gemeinsame Interesse an den wissenschaftlichen und technischen Grundlagen der Weltraumfahrt zusammenhielt. Die nationalen Vereinigungen hatte es lange vor dem Sputnik, dem ersten Satelliten gegeben, und sie waren alle gleichgestellt. Das galt insbesondere für die Wahl des Kongreßorts. Er konnte ebensogut in Washington wie in Warna an der bulgarischen Schwarzmeerküste stattfinden oder wie eben diesmal in Stockholm. Nun trafen sich fortwährend alte Bekannte, das Glas in der

Hand, tauschten Erinnerungen aus und unterhielten sich über das, was sich seit dem letzten Kongreß ereignet hatte. Es waren gerade fünf Jahre vergangen, seit auf dem Kongreß in Kopenhagen erst die Amerikaner, dann die Sowjets erklärt hatten, sie würden im Internationalen Geophysikalischen Jahr 1957/58 Satelliten starten, Körper also, wie sie die Welt noch nicht gesehen hatte. Wider Erwarten war dann zwei Jahre später der erste Satellit ein sowjetischer geworden. Jetzt hatten die Russen, gerade einige Wochen vor dem Kongreß, zwei Hunde in Orbit gebracht, was ein Hinweis darauf war, daß sie offenbar eine bemannte Raumfahrt vorbereiteten.

Von Braun war der unbestrittene Star des Abends, nachdem es ihm gelungen war, das Ansehen der USA durch den Start eines amerikanischen Satelliten zu retten. Trotz des großen Gedränges, das herrschte, hatte ich keine Mühe, von Braun zu finden und ihn um ein Interview für den Hörfunk des Norddeutschen Rundfunks zu bitten. Es wurde für den nächsten Morgen noch vor Eröffnung des Kongresses vereinbart. Von Braun war es gewohnt, für Radio und Fernsehen interviewt zu werden, und er schätzte solche Gelegenheiten, um für die Idee der Raumfahrt zu werben, die von ihm geradezu fanatisch vertreten wurde. So hatte er seit seiner Ankunft in den USA regelmäßig Artikel für populärwissenschaftliche Magazine, wie »Popular Mechanics«, geschrieben und mehrere Bücher über Fahrten zum Mond und zum Mars verfaßt. Schließlich war die Raumfahrt teuer, und die Gelder für sie mußten im Parlament von Politikern bewilligt werden, die erst ebenso vom Prestigewert der Raumfahrt als auch von deren möglichen Nutzen für die Zukunft überzeugt werden mußten.

Ich lernte an diesem Abend von Braun von einer für ihn sehr typischen Seite kennen. Wir hatten uns vor ein paar Minuten getrennt, als er plötzlich auf mich zukam. »Sie wollten doch ein Interview von mir haben«, sagte er. »Sie könnten mir einen Gefallen tun. Ich würde gerne einen Whisky trinken, aber ich habe keine Lust, mich in der Reihe anzustellen. Würden Sie mir einen holen, aber ohne Soda, nur mit Wasser.« Er hatte ganz richtig taxiert, daß ich ihm gerne einen Gefallen tun würde, und er hatte mich mit seiner Bitte sozusagen zu seinem Helfer gemacht. Menschen für sich zu gewinnen, indem er Distanzen abbaute, war seine große Gabe. Sie erklärte die bei allem Respekt einmalige Anhänglichkeit seiner Teammitglieder. Er gab das Ziel an, und jeder hatte das Gefühl, als Mitstreiter willkommen zu sein.

Als ich von Braun am nächsten Morgen in seinem kleinen Hotel traf, kamen wir gleich auf die aktuelle Situation in Amerika zu sprechen, ein halbes Jahr vor der Verkündung des Mondprogramms. Personal und Anlagen der Ballistic Missile Agency – der Heeresdienststelle für ballistische Raketen mit Sitz in Huntsville, Alabama –, für die von Braun und sein Team anfangs gearbeitet hatten, war inzwischen zur neugegründeten Luft- und Raumfahrtbehörde NASA gekommen. Der neue Name war George C. Marshall Space Flight Center, also Marshall-Raumflugzentrum. Der Chef Wernher von Braun unterstand direkt dem NASA-Hauptquartier in Washington. Aufgabe des Zentrums, das bald auf sechseinhalbtausend Mitarbeiter anwachsen sollte, war vorerst die Entwicklung neuer Raketen, die es an Schubkraft mit den Raketen aufnehmen sollten, über die die Sowjets verfügten und sie zum Start ihrer schweren Satelliten befähigt hatten. Was genau die Sowjets besaßen und vor allem, was sie für die Zukunft planten, war unbekannt. Sowjetische Starts wurden in der damaligen Zeit erst nach Gelingen bekanntgegeben. Die technischen Daten der Raketen waren streng geheim und wurden auch auf IAF-Kongressen nicht veröffentlicht, ganz im Gegensatz zu den Planungen der Amerikaner, die vor allem bei ihrem eigenen Volk auf Publicity angewiesen waren.

Als ich in Stockholm bei von Braun war, hatte wenige Monate davor ein erster Testversuch von acht Sekunden mit der ersten Stufe einer neuen Rakete, die Saturn 1 hieß, stattgefunden, die mit Kerosin und flüssigem Sauerstoff arbeitete. Bei dieser Rakete, die von der US-Regierung die höchste Dringlichkeitsstufe erhalten hatte, handelte es sich um einen zwei- bis dreistufigen Typ, dessen erste, also unterste und damit stärkste Stufe für einen Schub von 680 Tonnen ausgelegt war. Mit den damals noch nicht vorhandenen Oberstufen sollte die Saturn 1 Nutzlasten von rund zehn Tonnen in niedrige Umlaufbahnen bringen können. Das war das Doppelte von dem, was die Sowjets für den Start von fünf Tonnen schweren Satelliten gebraucht haben mußten! Eine verstärkte Saturn, die IB, mit einer zweiten energiereicheren Stufe, die mit flüssigem Sauerstoff und Wasserstoff arbeiten sollte, befand sich für eine Nutzlast von siebzehn Tonnen in der Entwicklung. Der Wettbewerb um die stärkeren Raketen war zwischen den Amerikanern und Sowjets in vollem Gange.

Schiemann: Was würden Sie mit der Saturn 1 anfangen können, wenn sie einmal fertig sein wird?

Von Braun: Die Saturn 1, die ein Startgewicht von 522 Tonnen haben wird, steht auf der Rampe 56 Meter hoch. Ihre unterste Stufe besteht aus acht gebündelten Triebwerken, die sich in unserer kleinen Rakete bewährt haben. Mit einer zweistufigen ersten Version der Saturn 1 werden sich neun Tonnen in eine niedrige Satellitenbahn, 2,7 Tonnen aus dem Schwerefeld der Erde hinaus zu planetaren Zielen und 450 bis 900 Kilogramm zu einer sanften Landung auf dem Mond bringen lassen.

Schiemann: Seit langem ist bekannt, daß Ihr Fernziel der Mars ist, während für Sie der Mond sozusagen ein Nahziel darstellt. Könnte es möglich werden, mit der Saturn 1 Menschen zum Mond zu bringen?

Von Braun: Wir rechnen solche Missionen auf dem Papier durch. Für bemannte Landungen auf dem Mond rechnen wir zur Zeit an einer drei- bis vierstufigen Superrakete, die ungefähr doppelt so hoch dasteht wie die Saturn 1. Das wäre eine Rakete, die einen Startschub von 5400 Tonnen besäße und in der ersten Stufe von acht Triebwerken vom Typ F1 angetrieben würde. Dieses Triebwerk befindet sich seit 1958 bei der Rocketdyne-Abteilung der Firma North American Aviation in der Entwicklung. Es leistet in einem Stück die 680 Tonnen, für die wir bei der Saturn 1 acht Triebwerke benötigen. Eine solche Mammutrakete würde ein dreisitziges Raumschiff stufenweise bis zur Landung auf dem Mond bringen. Das unterste Modul, wie wir sagen, würden wir bei der Landung zum Abbremsen des gesamten Raumschiffes benötigen. Das mittlere Modul würden wir für den Rückstart vom Mond benutzen. Das oberste Modul mit der eigentlichen Besatzungskabine würde bei der Rückkehr zur Erde den Wiedereintritt in die Erdatmosphäre vollziehen.

Schiemann: Es wird viele Jahre dauern, bis Sie eine solche Riesenrakete zur Verfügung haben könnten. Sie werden nun hier in Stockholm einen Vortrag darüber halten, wie Sie schon mit der Saturn 1 zum Mond kommen könnten, bemannt versteht sich. Wie würde eine solche Mission aussehen?

Von Braun: Sie wäre komplizierter als die mit einem Direktstart von der Erde zum Mond. Wir gehen davon aus, daß sich der Startschub der Saturn 1 um zirka dreißig Prozent auf 900 Tonnen erhöhen ließe. Dann würden wir eine Saturn 1

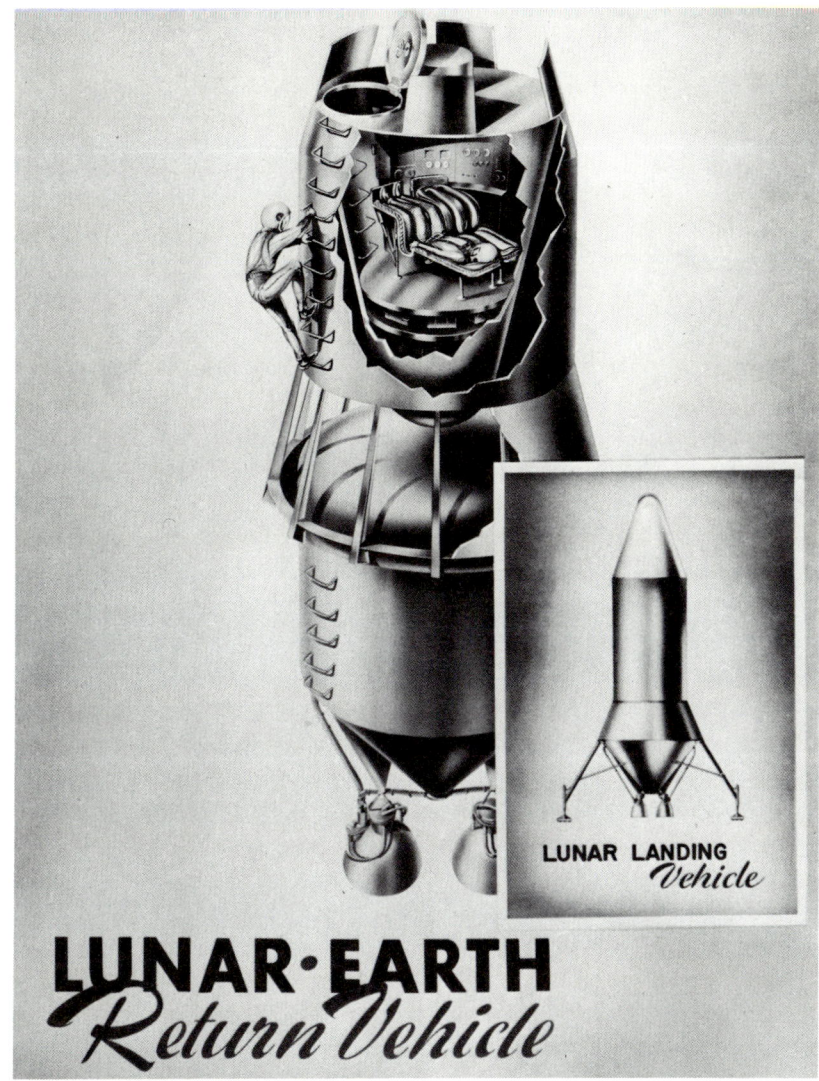

LUNAR·EARTH
Return Vehicle

Früher Entwurf eines Raumfahrzeuges für einen direkten Flug mit zwei Astronauten von der Erde zum Mond. Für den Start des gewaltigen mehrstufigen Fahrzeugs war eine Nova genannte Superrakete mit einem Startgewicht von 5400 Tonnen vorgesehen. Das Fahrzeug sollte komplett auf dem Mond landen.

Dann würden die Astronauten aussteigen und nach der Rückkehr in das Fahrzeug mit dessen Oberstufe zur Erde zurückfliegen. Das Verfahren wurde aufgegeben, als der Vorschlag gemacht wurde, für die Landung ein Landefahrzeug zu benutzen.

dazu benutzen, um ein zweisitziges Raumschiff unbetankt in eine Erdumlaufbahn zu bringen. Dann müßten wir fünfmal hintereinander eine Saturn 1 mit Treibstoffen für den Weiterflug nachstarten. Dieses Verfahren würde komplizierter und letztlich ein realisierbares Rendezvous zum Nachtanken in Orbit erfordern. Wir hätten dann also den für den Direktflug zum Mond erforderlichen Schub in gewissem Sinne auf sechs Raketen verteilt.

Schiemann: Warum soll man überhaupt zum Mond gehen? Es gibt doch soviel auf der Erde zu tun?

Von Braun: Erstens, wir bauen Raketen nicht auf dem Mond, sondern auf der Erde, was allerdings nicht ausschließt, daß wir eines Tages Raketen im Weltraum bauen werden. Zweitens, vorläufig gilt erst einmal, daß der Mensch immer dahin gegangen ist, wohin er gehen konnte. Der Höhlenbewohner verließ seine Höhle und trat ins Freie und fragte sich, was es wohl hinter den Hügeln am Horizont gäbe. Dann versuchte er, dahin zu kommen.

Das von von Braun geschilderte Verfahren wurde nie angewandt. Statt dessen konzentrierte man sich in von Brauns Zentrum ein Jahr nach Stockholm, also 1961, auf zweierlei. Erstens auf die Weiterentwicklung der Saturn 1 und dann auf Studien für eine Superrakete, wie sie von Braun in Stockholm schon für einen Direktflug zum Mond für nötig gehalten hatte. Diese Rakete erhielt den Namen Nova. Für die Saturn 1 wurden Arbeiten an der Oberstufe begonnen, die mit flüssigem Sauerstoff und flüssigem Wasserstoff arbeiten sollte, also mit Treibstoffen, die vierzig Prozent mehr Energie freisetzen als Sauerstoff und Kerosin. Freilich handelt es sich bei diesen Treibstoffen um solche, die man wegen ihrer Gefährlichkeit noch nicht für die zum Abheben benutzten Erststufen benutzen wollte. Kurz nach dem Start wären Rettungsmaßnahmen im Notfall schwierig gewesen. Tatsächlich wurde dies erst zwanzig Jahre später bei der Raumfähre Space Shuttle gewagt. Während die Saturn 1 in zwei Versionen entwickelt wurde, blieb die Nova eine Papierstudie.

Kennedys Aufruf,
zum Mond zu gehen

Nachdem der Sowjetrusse Juri Gagarin die Erde als erster Mensch umrundet hatte, war der Amerikaner Alan Shephard drei Wochen später immerhin in eine viertelstündige ballistische Bahn gegangen. Dies hatte den amerikanischen Präsidenten John F. Kennedy

US-Präsident John F. Kennedy ruft am 25. Mai 1961 beide Häuser des amerikanischen Kongresses auf, ein Programm zur Landung eines Mannes auf dem Mond zu beschließen. Die Tat sollte vor Ende der Dekade vollbracht sein. Der Aufruf war eine Reaktion auf die von den Sowjets demonstrierte Überlegenheit im Weltraum. »Kein anderes Raumflugprojekt«, sagte Kennedy, »wird die Menschheit mehr beeindrucken, für die langfristige Erforschung des Weltraums eine größere Bedeutung haben und keines wird schwieriger zu vollbringen und kostspieliger sein.«

bewogen, dem amerikanischen Kongreß ein Mondlandeprogramm vorzuschlagen. In einer groß angelegten Rede führte er aus: »Es ist jetzt an der Zeit für ein neues großes amerikanisches Unterfangen, Zeit für diese Nation, eine klare Führungsrolle bei den Fortschritten in der Weltraumtechnik einzunehmen, die auf mancherlei Weise den Schlüssel für unsere Zukunft auf der Erde darstellt. Wenn wir den Vorsprung in Betracht ziehen, den die Sowjets als Folge ihrer großen Raketentriebwerke haben und der mehrere Monate beträgt, und wenn wir außerdem annehmen, daß die Sowjets ihren Vorsprung noch für einige Zeit zur Erzielung eindrucksvoller Leistungen ausnutzen werden, so sind wir doch aufgerufen, neue Anstrengungen zu unternehmen. Denn obgleich wir nicht garantieren können, daß wir eines Tages die ersten sein werden, so können wir doch garantieren, daß wir die letzten sein werden, wenn wir bei unserem Bemühen versagen... Ich denke, diese Nation sollte sich das Ziel setzen, vor dem Ende dieses Jahrzehnts einen Mann auf dem Mond zu landen und sicher zur Erde zurückzubringen. In einem ganz realen Sinn wird es nicht ein Mann sein, der zum Mond geht, sondern eine ganze Nation.«

Erste Schritte in Richtung einer bemannten Raumfahrt hatte die NASA schon 1958, vor Kennedys Amtsantritt, unternommen, als sie sich dazu entschied, für eine solche das Prinzip von nur einmal verwendeten Raketen und von am Fallschirm im Wasser landenden Kapseln an Stelle von wiederverwendbaren Systemen und nach Flugzeugart landenden Raumfahrzeugen anzuwenden. Es erscheint im nachhinein allerdings unglaublich, daß sich die NASA zum Zeitpunkt von Kennedys Rede, im Mai 1961, noch nicht schlüssig darüber war, was für ein Mondlandeverfahren sie anwenden sollte. Sollte man mit drei Mann direkt landen und dazu ein Apollo genanntes, aber noch nicht fertig konzipiertes Raumfahrzeug mit der NOVA-Rakete, die es auf dem Papier gab, verwenden, oder sollte man sich – das war damals die Alternative – zweier Exemplare einer neu konzipierten, Saturn 5 genannten Rakete bedienen? Die NOVA wäre mit acht Triebwerken vom Typ F1, der sich in der Entwicklung befand, bestückt gewesen, die Saturn 5 mit fünf. Während die NOVA einen Schub von 5400 Tonnen gehabt hätte, hätte der Schub der Saturn 5 3400 Tonnen betragen. Für eine Verwendung der Saturn 5 wurde ein sogenanntes Erdrendezvous von zwei Saturn 5 entworfen. Eine Saturn 5 würde das Landefahrzeug in Erdorbit bringen, eine zweite die für den Schuß zum Mond aus dem Erdorbit benötigten Treibstoffe nachschießen, die im Orbit umgeladen werden sollten.

Als man noch die beiden Alternativen, zum Mond zu kommen, diskutierte, meldete sich ein Ingenieur des NASA-Langley-Zentrums in Virginia, Dr. John Houbolt, mit einem Gegenvorschlag. Er hatte ausgerechnet, wie man die Mondmission mit nur einer Saturn-5-Rakete verwirklichen könnte. Seine Idee: Man geht mit einer Saturn 5, die ein dreiteiliges Raumfahrzeug mit drei Astronauten mit sich führt, in eine Umlaufbahn um den Mond. Ein Mutterfahrzeug bleibt im Mondorbit, während ein spezielles Landefahrzeug mit zwei Astronauten zum Mond hinuntersteigt. Nachdem die beiden Astronauten ihre Aufgaben auf dem Mond erledigt haben, kehren sie im Mondlandefahrzeug zum Mutterschiff zurück, in dem der Schiffswächter mit den für den Rückstart zur Erde benötigten Treibstoffen verblieben war. Der Trick des Verfahrens lag darin, daß man die für den Rückflug benötigten Treibstoffe gar nicht erst unnötig zur Mondoberfläche und von dort zurück in den Mondorbit mitnimmt, von wo die Rückkehr zur Erde angetreten wird.

Das von Dr. Houbolt vorgeschlagene Verfahren stieß zunächst bei vielen führenden NASA-Leuten auf Ablehnung. Vor allem von Braun und ausgerechnet auch dem Wissenschaftlichen Berater des Präsidenten, Dr. Jerome B. Wiesner, erschien der Gedanke unheimlich, daß zwei Astronauten auf dem Mond stranden könnten, während der dritte Mann die Chance erhält, zur Erde zurückzukehren. Nach einiger Zeit sprachen sich alle NASA-Bosse mit Ausnahme von von Braun für das Mondrendezvousverfahren aus, und zum Schluß, im Juli 1962, willigte auch von Braun ein, die NASA-Empfehlung für den Präsidenten mit zu unterschreiben. Das war die Situation, als ich im Oktober 1963 in Huntsville zu einem Interview mit von Braun, dem Chef des dortigen NASA-Raumflugzentrums, eintraf.

Amerikas Raketenhauptstadt Huntsville (Peenemünde Süd)

Abseits von den großen Städten, wo es Ausnahmen gibt, sind alle amerikanischen Motels zum Sterben langweilig. In Huntsville hatte ich Glück. Statt eines Mietwagens hatte ich am Flugplatz ein Taxi genommen und war also auf kein Motel angewiesen. So landete ich im Stadtkern von Huntsville vor dem traditionellen Erskin-Russel-Hotel. Es war zwar etwas heruntergekommen, strahlte aber die warmherzige Atmosphäre des tiefen alten Südens der Vereinigten Staaten aus.

In den Motels stellt man für gewöhnlich den Wagen am hinteren Zimmereingang ab und trägt dann seine Koffer selbst hinein. Nicht so im Erskin-Russel. Hier hatte ich so etwas wie einen persönlichen Diener. Er war ein älterer Schwarzer mit grauem Haar, der meine Koffer zu meinem in einem oberen Stockwerk gelegenen Zimmer trug. Dort umsorgte er mich sogleich, indem er beim Auspacken der Koffer half. Dann fragte er mich, ob Wäsche gewaschen werden sollte und ähnliches. Der alte Mann war ein Überbleibsel einer Zeit, in der die weißen Baumwollplantagenbesitzer Sklaven nicht nur auf den Feldern einsetzten, sondern die Schwarzen auch im Hause arbeiten ließen, wo sie als Diener und Hausknechte und, soweit es sich um weibliche Sklaven handelte, als Amme, Kindermädchen und Zofe quasi zur Familie ihrer weißen Besitzer zählten. Untergegangen war diese Epoche oder, wie ein großer Roman aus der Zeit des blutigen Bürgerkrieges hieß, »Vom Winde verweht«.

Mein Weg führte mich an halb verfallenen Häusern vorbei, die ehemals wohlhabenden Weißen gehört hatten und nun von schwarzen Armen – und welcher Schwarze, von Ausnahmen abgesehen, war nicht arm? – bewohnt wurden, während die Weißen längst in gepflegte Vororte umgezogen waren. Nun saßen sie da, die schwarzen Männer und Frauen, Nachkommen der früheren Sklaven, und erholten sich von der Hitze des Tages auf der Terrasse, deren Vordach, ehemals Zeichen des Wohlstandes, in Anlehnung an die Architektur der Herrenhäuser auch von Säulen getragen wurde. Auch die hundertzwanzig Deutschen, die nach dem Kriege mit von Braun, oft zuerst allein, nach Huntsville gekommen waren, wohnten inzwischen mit ihren nachgekommenen Familien in ansehnlichen Eigenheimen außerhalb der Stadt. Die meisten von ihnen hatten sich Häuser auf dem Berg Monte Santo, etwas oberhalb von Huntsville, gebaut.

Nach den Kriegsjahren bedeutete für sie Huntsville in einem unzerstörten Land eine neue Heimat und eine neue Zukunft. Verbindendes Element war die Erinnerung an die gemeinsame Vergangenheit in Peenemünde, einem Ort an der Nordspitze der Insel Usedom vor der Ostseeküste des heutigen Mecklenburg-Vorpommern. Dort hatten die Männer an der Entwicklung der Vergeltungsraketenwaffe V 2 für den Krieg gegen England gearbeitet. Die Dienststelle hatte Forschungsstelle und Versuchsgelände für ferngelenkte Raketenwaffen geheißen. Noch als junger Student hatte von Braun zu einer Gruppe von Raketenbegeisterten gehört, die unter der Anleitung von Professor Hermann Oberth, dem deutschen Vater der Raumfahrt, Anfang der dreißiger Jahre, auf dem Flugplatz von Berlin-Reinickendorf an Raketen bastelten. Von Braun war damals einem Hauptmann Dr. Ing. Walter Dornberger vom Heereswaffenamt aufgefallen, der zunächst von Braun seinen Doktor der Physik machen und dann als Technischen Leiter Peenemünde aufbauen ließ. Dornberger avancierte zum General und wurde Kommandant von Peenemünde und als solcher von Brauns Chef. Auf das Gelände war das Heereswaffenamt durch einen Vorschlag der Mutter von Brauns gekommen, deren Vater, ein Gutsbesitzer, dort Enten geschossen hatte. Sie hatte erkannt, daß das rund fünfzig Quadratkilometer große Gelände für die vorgesehenen Zwecke geeignet war, weil es auf drei Seiten von Wasser umgeben und gut vor unbefugten Blicken zu schützen war. Es bot reichlich Platz für Raketenversuchsstände, Werkhallen, Lagerbaracken und eine Wohnsiedlung. Für Sicherheitsfragen war die SS zuständig. Sie verhaftete von Braun einmal. Auf einem geselligen Abend hatten nämlich er und leitende Mitarbeiter von ihm von den Möglichkeiten einer zukünftigen Raumfahrt geschwärmt. Daraufhin waren von Braun und zwei seiner Mitarbeiter von einem weiblichen Spitzel denunziert worden, sie wären gar nicht an der Schaffung einer Waffe, sondern nur einer Weltraumrakete interessiert und sabotierten insofern die Arbeit an der V 2. Von Braun wurde von dem berüchtigten »Gestapo-Müller« persönlich verhört. Nur mit großer Mühe gelang es Dornberger, durch eine Intervention beim Chef des Oberkommandos der Wehrmacht, Generalfeldmarschall Keitel, von Braun freizubekommen. Begründung: Ohne von Braun würde es keine V 2 geben. Zu den dunklen Erinnerung der alten Peenemünder gehörte der Einsatz zahlreicher KZ-Häftlinge, die erst in Peenemünde, später in unterirdischen V-2-Werken im Harz unter unmenschlichen Bedingungen gearbeitet hatten. In der ersten Zeit in den USA, zunächst in Texas, wurden die Peenemünder in amerikanischen Magazinen als ehemalige Nazi-Wissenschaftler und deren Anhang bezeichnet. Nun erklärte von Braun, der Chef von gestern und heute, als Ziel die Schaffung von Raketen, die dem Menschen den Weltraum erschließen und damit den USA eine Vormachtstellung in der Raumfahrt sichern sollten.

Die Ankunft der Peenemünder fiel mit dem Beginn eines erstaunlichen Wachstums von Huntsville zusammen. Er folgte aus der zunehmenden Zahl von Beschäftigten, die erst noch beim Heer, später bei der NASA an Aufgaben arbeiteten, an denen die Deutschen führend beteiligt waren und sämtliche Leiter von technischen Abteilungen stellten. Von 1950 bis zum Zeitpunkt meines Besuchs war die Bevölkerungszahl von 16 000 auf 100 000 angestiegen. Die Anwesenheit der Deutschen wirkte sich auf das Stadtbild von Huntsville aus. Als ich den Stadtkern durchstreifte, fielen mir Geschäfte auf, in denen deutsches Brot und deutsche Wurst angeboten wurden. Da die ehemaligen Peenemünder überwiegend im selben Siedlungsgebiet, eben auf dem Monte Santo, wohnten, bildeten sie, zumal sie meist an ihrer Sprache festhielten, eine aus der angestammten Bevölkerung abgehobene Gruppe, die jedoch gut integriert war. Das betonte Festhalten an ihrer Heimatsprache führte dazu, daß sie Englisch mit starkem Akzent sprachen. Selbst von Braun und ein so bedeutender Wissenschaftler wie Prof. Stuhlinger, Abteilungsdirektor für Forschungsprojekte, hatten sich nie besonders bemüht, die Sprache der neuen Heimat möglichst akzentfrei zu sprechen und deren Tonfall anzunehmen. Und doch, nach dem Start des ersten unter von Brauns Leitung gebauten Satelliten, des Explorer 1, war von Braun im offenen Wagen triumphal durch die Stadt gefahren worden, deren Ehrenbürger er anschließend wurde.

Das Raketenzentrum, das seit 1960 NASA Marshall Spaceflight Center, MSFC, Marshall-Raumflugzentrum heißt, liegt einige Kilometer außerhalb der Stadt auf dem Gelände des Redstone Arsenals der US Armee, aus dem es ausgegliedert wurde. Das NASA-Gelände allein umfaßt eine Fläche von über einem Quadratkilometer und ist, wie die umliegende Landschaft, flachhügelig. Die Farbe des Bodens ist rot. Daher der Name Redstone Arsenal.

Ehemalige Peenemünder Mitarbeiter von Wernher von Braun zu Besuch im Marshall-Raumflugzentrum in Huntsville, Alabama, das ihr früherer Chef leitet. Hinter der Besuchergruppe ein von den Amerikanern bei Kriegsende erbeutetes Exemplar der V 2-Rakete, die in Peenemünde für den Krieg gegen England entwickelt wurde. Die V 2 war die erste Großrakete und lieferte bei einem Startgewicht von zwölf Tonnen einen Schub von 25 Tonnen. Wie alle späteren Großraketen bis hin zur Mondrakete besaß sie ein kreiselgestütztes Steuerungssystem.

Unweit des Eingangstores steht das Hauptgebäude des Zentrums, ein achtstöckiges Hochhaus, das wegen seiner ansprechenden Architektur und weil dort der auch im Dienst stets elegant gekleidete Chef sein Büro hat, Von-Braun-Hilton genannt wird. Gleich nebenan beginnt ein Areal, auf dem, von flachen, weitgestreckten Hallen umgeben, Originalexemplare der von Braunschen Raketen stehen. Die Wasserfall und V 2 noch aus Peenemünde, dann die unter von Brauns Leitung im Redstone Arsenal entstandene Redstone und deren Abkömmlinge Jupiter und Juno. Von der neuen Saturn gab es eine liegende Erststufe, die den Größensprung von den alten Raketen zur neuen Raketengeneration veranschaulichte. Etwas weiter im Gelände standen verstreut Raketenprüfstände verschiedener Größen. Der größte von ihnen, für die Erststufe der Saturn 5 bestimmt, war noch im Bau. Wegen der Monumentalität

Überblick über mehrere Raketenprüfstände im Testgelände des Marshall-Raumflugzentrums in Huntsville, Alabama. Rechts im Vordergrund der Prüfstand für die Erststufe der Mondrakete Saturn 5. Die Stufe erzeugt einen Schub von **rund 3500 Tonnen, der von dem gewaltigen Pfeiler des Standes aufgenommen werden muß. Im Hintergrund ein vertikaler Prüfstand, in dem eine komplette Mondrakete durchgeschüttelt werden konnte.**

seiner vier je 45 Meter hohen Sockel hat man ihn die Pyramiden von Alabama genannt.

Im Zuge des Apollo-Mondlandeprogramms sollten 15 Saturn 5 gebaut werden. Für die benötigten Erststufen von je zehn Meter Durchmesser – das ist mehr als die Höhe eines zweistöckigen Hauses – wurde eine nicht benutzte Regierungsfabrik bei New Orleans am Golf von Mexiko hergerichtet. Die Stufen sollten dann auf dem Wasserweg über den Golf von Mexiko und um Florida herum zum Gelände des Cape Canaveral verschifft werden. Extra zum Testen der fertigen Stufen wurde unweit der Fabrik am Golf von Mexico ein Versuchsgelände mit gleich zwei Testständen von der Größe der Pyramiden von Alabama geschaffen.

Wie und warum zum Mond?

Im Marshall-Zentrum war ich zu einem Interview mit von Braun verabredet. Ich erinnerte von Braun an unser Gespräch vor drei Jahren in Stockholm. Er erschien wenig verändert. Freilich wirkte er noch etwas selbstbewußter und seine Bestimmtheit noch ausgeprägter. Dies kam auch in dem metallisch-preußischen Klang seiner Sprache, der mir erst jetzt auffiel, zum Ausdruck. Ich bat ihn vor der Kamera, die meine Kollegen aufgebaut hatten, das von der NASA für die Mondlandung gewählte Verfahren an Hand von Modellen zu erklären, die auf einem Tisch standen. So als ob er nie gegen das Lunar-Orbitverfahren gewesen wäre, zeichnete er mit wenigen Strichen auf einer Tafel Kreise für Erde und Mond und umfuhr deren Umrisse in einer schleifenförmigen, sich selbst kreuzenden Bahnkurve. Dann zeigte er auf ein Modell der Saturn-5-Rakete: erste Stufe fünf mit Kerosin und flüssigem Sauerstoff arbeitende F 1-Triebwerke, Gesamtschub 3400 Tonnen, Durchmesser der ersten Stufe zehn Meter, so viel wie die Höhe eines zweistöckigen Hauses. Die zweite Stufe hat den gleichen Durchmesser und wird von fünf mit flüssigem Sauerstoff und Wasserstoff arbeitenden J 2-Triebwerken mit einem Gesamtschub von 450 Tonnen angetrieben. Schließlich die dritte Stufe, Durchmesser acht Meter und ein Schub von neunzig Tonnen. Die übereinanderstehenden Stufen tragen auf ihrer Spitze das dreiteilige Raumfahrzeug Apollo, das nach der Abtrennung von der obersten Stufe auf dem Weg zum Mond eine Masse von 44,8 Tonnen hat. Dann erklärte von Braun an der Tafel: Am Cap Canaveral wird die erste

Stufe gezündet. Diese bringt das anfangs 2904 Tonnen schwere Gesamtgefährt auf eine Geschwindigkeit von 9780 Kilometer in der Stunde in einer Höhe von 67 Kilometern. Nach dem Abwerfen der ersten Stufe mit ihren schweren Triebwerken und Tanks tritt die zweite in Aktion. Sie transportiert das Restfahrzeug, das nun schon annähernd parallel zur Erdoberfläche fliegt, bis kurz in eine Umlaufbahn um die Erde. Den eigentlichen orbitalen Einschuß besorgt dann die dritte Stufe, die nach Erreichen des Orbits zunächst einmal abgeschaltet wird. »Wir haben damit«, erklärt von Braun, »eine erste Plattform erreicht, auf der wir Zeit haben, die erreichte Bahn zu kontrollieren. Ist alles in Ordnung, wird die dritte Stufe ein zweites Mal gezündet, wodurch sie sich und die auf ihrer Spitze sitzende Apollo in eine Bahn zum Mond befördert.« Die Apollo, so zeigte von Braun an einem Modell, besteht aus den drei Teilen Kommandoteil (englisch: Command Module CM), einem dahintersitzenden Geräteteil (Service Module SM), das mit einem 10-Tonnen-Triebwerk ausgerüstet ist, und dem Landefahrzeug (Lunar Module LM) das beim Abflug zunächst von den beiden anderen Teilen getrennt unter ihnen mitgeführt wird. Unterwegs trennt sich die Besatzung, nachdem eine Geschwindigkeit von 39 000 Kilometer pro Stunde erreicht ist, von der Rakete, vollführt ein Wendemanöver und fliegt dann zur Rakete zurück, um das Landefahrzeug aus ihr herauszuziehen. Dazu wird der Apollo-Kommandoteil mit einer Spitze in eine konische Vertiefung im Landefahrzeug gefahren. Nach ungefähr 72 Stunden wird die Umgebung des Mondes erreicht und Apollo in eine Bahn um den Mond abgebremst. Dann beginnen die eigentlichen, von Dr. Houbolt vorgeschlagenen Manöver. Der Kommandant der Apollo und der Pilot des Landefahrzeuges steigen in das Landefahrzeug und lassen den dritten Mann, den Piloten des Kommandoteils, als Schiffswächter im Mondorbit zurück. Unter Benutzung seines eigenen Bremsmotors steigt das Landefahrzeug dann zur Mondoberfläche hinunter. Von Braun vergaß nicht zu erwähnen, daß die Besatzung dieses besonders kritische Manöver unzählige Male im Simulator trainiert haben würde. Nach Abschluß der für die jeweilige Mission geplanten Arbeiten auf dem Mond beginnt die Rückkehr zum aus CM und SM bestehenden Mutterfahrzeug. Hierzu läßt die Besatzung die Abstiegsstufe, auf der sie gelandet ist, auf dem Boden zurück und benutzt diese als Startrampe für die eigentliche Aufstiegsstufe. Nach komplizierten Rendezvous- und Dockingmanövern, wie sie die NASA mit den

Geminiflügen entwickelt hatte, treffen sich Aufstiegsstufe und Kommandoteil, so daß schließlich die dreiköpfige Besatzung im Kommandoteil mit dem daranhängenden Geräteteil die Rückreise zur Erde antreten kann. Die Aufstiegsstufe der Landefähre ist dann vorher abgetrennt worden. Vor dem Wiedereintritt wird auch der Geräteteil abgetrennt. Von Braun erwies sich als Meister der populären Darstellung.

Als Kennedy das Mondlandeprogramm verkündet hatte, wußte man noch nicht, wie teuer es sein würde. Die Kalkulationen ergaben dann eine Summe von 24 Milliarden Dollar. Dieser Betrag wurde später sehr genau eingehalten. Nun stellte ich in Huntsville von Braun die kritische Frage, ob es sich lohnen würde, so viel Geld auszugeben, um zwei Mann auf den Mond zu bringen, ob

Wernher von Braun, rechts, wird von Heinrich Schiemann interviewt. Auf beiden Tischen stehen Modelle der Teile von Raketen und Raumfahrzeugen, mit denen von Braun soeben den Ablauf der damals projektierten Mondlandung für das ZDF erklärt hat. Auf die Frage, ob es sich lohne, 24 Milliarden Dollar für das Apolloprojekt auszugeben, antwortete von Braun, daß das Geld nicht ausgegeben würde, um eine Handvoll Staub vom Mond zu holen, sondern um die Raumfahrt durch ein energisches Programm mit einem jedermann verständlichen Ziel zu fördern.

Amerikas Raketenhauptstadt Huntsville (Peenemünde Süd)

dies gerechtfertigt wäre? Von Braun antwortete: »Ich würde sagen, wenn die zwanzig Milliarden Dollar nur dafür ausgegeben würden, eine Handvoll Staub vom Mond zurückzubringen, müßte die Antwort ein klares Nein sein. Zunächst einmal dürfen wir auch nicht vergessen, daß diese Milliarden nicht auf dem Mond, sondern auf der Erde ausgegeben werden (das alte Argument von Stockholm), so Leuten Arbeit und Brot verschaffen und auch die gesamte Technologie kolossal vorantreiben. Da ist aber noch etwas anderes dabei. Wir wollen ja im Grunde genommen bemannte Weltraumfahrt entwickeln. Man kann aber eine Entwicklung der bemannten Weltraumfahrt nur dann in ein energisches Programm übersetzen, wenn man sich eine klare Zielsetzung stellt. Da ist natürlich nichts wirkungsvoller, als wenn der Präsident der Vereinigten Staaten sagt: Wir wollen, bevor das Jahrzehnt

US-Präsident John F. Kennedy, Mitte, besucht das Marshall-Raumflugzentrum in Huntsville, Alabama. Vor ihm steht Dr. Wernher von Braun, der Chef des 6500-Mann-Zentrums. Etwas abseits der damalige US-Vizepräsident und nach der Ermordung von Kennedy im Herbst 1963 Präsident der USA, Lyndon B. Johnson. Im Hintergrund eine liegende Erststufe der in Huntsville entwickelten Saturn 1-Rakete für einen Schub von 680 Tonnen.

zu Ende ist, zwei Amerikaner auf dem Mond landen und lebendig wieder zurückbringen. Eine solche Aufgabenstellung setzt uns Techniker und Ingenieure in die Lage, ein klares industrielles Entwicklungsprogramm aufzustellen, wir können einen Preis dahinterschreiben, wir können Aufbaupläne für die notwendigen Fabriken und Versuchsanlagen entwickeln, wir können eine Atmosphäre schaffen, die es jedem der Beteiligten an diesem Projekt möglich macht, ein klares Ziel vor Augen zu sehen, was sie auch anfeuert, dem ganzen Verein die notwendige Begeisterung erhält.«

Kennedys und von Brauns Motive überschnitten sich zum Teil. Bei Kennedy stand das politische Ziel im Vordergrund, die Sowjetunion, mit der er sich im Kalten Krieg befand, zu überflügeln und damit Amerika und darüber hinaus der ganzen westlichen Welt einen ungeheuren Prestigeerfolg zu sichern. Der dabei erwartete Fortschritt der Weltraumtechnik war für von Braun das Hauptmotiv. Bemerkenswerterweise haben weder Kennedy noch von Braun ein wissenschaftliches Interesse an einer Erforschung des Mondes geäußert. Führende Wissenschaftler, hauptsächlich Astronomen und Geologen, haben sich später an das Mondprogramm angehängt und wissenschaftliche Planungen und Geräte dazu entwickelt. Kennedys Sorge war, daß die USA zu spät kommen könnten, daß die Russen vor ihnen auf dem Mond sein würden. Es gibt da eine kleine Geschichte, die von Brauns Souveränität charakterisiert. Um sich vom Fortschritt der Arbeiten an der Mondrakete zu informieren, hatte sich Kennedy zu einem Besuch in Huntsville angesagt. Von Braun erwartete ihn auf dem Flugplatz. Nach der ersten Begegnung nahm Kennedy von Braun etwas zur Seite. »Sagen Sie, Doktor«, fing Kennedy an, »können wir nicht etwas früher auf dem Mond landen? Vielleicht könnte man mehr Leute beschäftigen? Sie wissen doch, die Sowjets?« Darauf Wernher von Braun: »Mr. Präsident, das ist so, als ob Sie von neun Frauen verlangen würden, daß sie ein Kind in einem Monat bekommen. Das geht eben nicht. So ist es auch mit unseren Sachen.«

Vorbereitungen auf den Mondflug

Mitte der sechziger Jahre, als die Vorbereitungen für die Mondlandung ihren Höhepunkt erreichten, arbeiteten rund 400 000 Menschen in ganz USA an dem Apolloprojekt, davon allein 150 000 an den Saturnraketen vom Typ 1 und 5. Die Erststufen der Saturn 5 wurden in einer regierungseigenen Fabrik in Michoud am Golf von Mexiko gebaut. Hauptauftragnehmer war die in Seattle im Bundesstaat Washington im Nordwesten der USA ansässige Flugzeugfabrik Boeing. In der gleichen riesigen Fabrik baute die Autofirma Chrysler die ersten Stufen für die Saturn 1. Für den Süden der USA am Golf von Mexiko war die Arbeit in der regierungseigenen Fabrik und im benachbarten Testzentrum ein großer Gewinn. Beide Arbeitsstätten zogen hochqualifiziertes Personal an, das sonst kaum auf die Idee gekommen wäre, sich besonders in dem unterentwickelten Staat Mississippi, wo das Testzentrum lag, anzusiedeln. Die gewaltigen F1-Motoren für die Erststufe der Saturn 5 wurden in der Fabrik von Rocketdyne in Canogapark bei Los Angeles gebaut. Rocketdyne ist ein Teil des Konzerns North American Aviation, der inzwischen Rockwell International heißt. Rockwell baute bei Los Angeles auch die zweite Stufe der Saturn 5, die mit den kritischen Treibstoffen flüssiger Wasserstoff bei Temperaturen von minus 235 Grad und flüssiger Sauerstoff von minus 182 Grad arbeitete und viele Sorgen bereitet hat. Während ihrer Entwicklung ereignete sich eine Explosion auf dem Prüfstand in Mississippi. Ein Tank war gerissen. Von Braun eilte mit dem stets für ihn bereitstehenden Reiseflugzeug des Marshall-Raumflugzentrums herbei. Man befürchtete schon eine Verzögerung des Programms. Die Konstruktionsmängel, die man entdeckte, konnten aber rechtzeitig behoben werden.

Einen enormen Fortschritt erzielte man in Huntsville mit der Simulation von Raketenstarts. In Peenemünde hatte man noch mit jeder neuen Rakete rundgerechnet hundert Probeschüsse unternommen, bis der Typ für serienreif erklärt werden konnte. In Huntsville waren die deutschen Computerfachleute unter ihrem Chef Dr. Hölzer dazu übergegangen, »Raketen im Saal« zu schießen. Dazu wurden sämtliche Konstruktionseinzelheiten so in einen Computer programmiert, daß man ihr Zusammenwirken in simulierten Probestarts studieren konnte. Traten bei einem Probelauf im Saal Störungen auf, so wurden die Konstruktionsdaten, die zu den Störungen geführt hatten, geändert. Auf diese Weise näherte man sich in dem 400-Mann-Rechenzentrum einer perfekten Konstruktion. Erst diese wurde dann gebaut und tatsächlich gestartet. Das Ergebnis war, daß es bei sämtlichen zehn mit der Saturn 1 vorgenommenen Schüssen am Cape Canaveral – die ersten galten eigentlich als Probeschüsse – nicht einen einzigen Versager gab. So etwas hatte es in der Raketentechnik noch nicht gegeben.

Die Saturn 1 war eine wichtige Grundlage für die Saturn 1B, die man aus zwei Gründen brauchte: erstens, weil mit ihr das Apollo-Raumfahrzeug bemannt im Erdorbit erprobt werden sollte, und zweitens, weil die Oberstufe der Saturn 1B identisch mit der dritten Stufe der Saturn 5 war. Auch sämtliche gestarteten Saturn-1B-Raketen flogen ohne Probleme. Immerhin verlief die Erprobung der Saturn 5 nicht ganz so erfolgreich wie diejenige der beiden Saturn 1. Der erste Flug einer Saturn 5 wurde allerdings zu einem gewaltigen Triumph für Huntsville und für Dr. Hölzer. Der vollautomatische Flug trug die Bezeichnung Apollo 4 und erfolgte mit einer unbemannten Apollo auf der Spitze. Während der Start am Cape Canaveral stattfand, war ich gerade Anfang November 1967 in Los Angeles, mehrere tausend Kilometer von Cape Canaveral entfernt. Ich wohnte im Hyatt-Continental Hotel im Stadtteil Hollywood. Ich konnte den Flug von meinem Bett aus, allerdings um circa vier Uhr morgens Ortszeit, dank eines Fernsehapparats und eines nach Deutschland geschalteten Telefons für die 19-Uhr-30-Nachrichtensendung des ZDF kommentieren. Der Start wurde in Los Angeles live übertragen und gleichzeitig über Satellit nach Deutschland, wo es dreizehn Uhr mittag war, gerade recht für eine Aufzeichnung der Satellitenübertragung und meines Telefontones. Die Übertragung begann mit den letzten Startvorbereitungen:

»Noch dampft die Rakete flüssige Treibstoffe ab, die laufend ergänzt werden müssen. Jetzt das grandiose Bild vom Abheben der größten Rakete der Welt, die mit der draufsitzenden Apollo 110 Meter hoch ist, so hoch wie die Türme der Münchener Frauenkirche. 5, 4, 3, 2, 1, Lift Off und die erste Stufe zündet, genau wie es von Braun erklärt hatte. Riesige rote Flammen schießen links und rechts heraus, dann gewaltige Dampfwolken von dem Wasser, das man zur Geräuschdämpfung auf die Ablenkbleche der Startrampe gegossen hat. Jetzt erhebt sich majestätisch, erst langsam, aber schon in den nächsten Sekunden immer

schneller werdend, der Koloß aus dem Inferno unter ihm. Es folgt
eine leichte Kippbewegung, die später berühmt wird, weg vom
Startturm, und dann auch schon der Beginn eines Einschwenkens
in die Übergangsbahn zum weiteren Aufstieg. Zweieinhalb Minuten Brennzeit der ersten Stufe. Bilder, die von einem Flugzeug aus
der Luft übertragen wurden. Allein schon das tadellose Funktionieren der ersten Stufe bei ihrem erstmaligen Flug ist ein Triumph
für von Brauns Team.«

Nach dem Erreichen der Umlaufbahn und dem Abtrennen der
dritten Stufe mußte der Apollo ein zusätzlicher Schub durch
Zünden ihres eigenen 10-Tonnen-Motors über den Orbit hinaus
erteilt werden, um sie dann nach Erreichen eines höchsten Punkts
im anschließenden Abwärtsflug noch weiter zu beschleunigen, so
daß es zu einem Wiedereintritt in die Erdatmosphäre bei der
Geschwindigkeit kommen würde, die eine vom Mond zurückkehrende Apollo hätte. Das hieß, daß statt der 28 000 Kilometer pro
Stunde beim Eintauchen in die Erdatmosphäre nach der Rückkehr
aus einer Umlaufbahn nun der Wiedereintritt bei einer Geschwindigkeit von 40 000 Kilometer pro Stunde erfolgen würde. Dabei
wäre der Geräteteil jeweils abgetrennt. Die Souveränität, mit der
die Ingenieure die Theorien der Himmelsmechanik in Wirklichkeit umsetzten, war schlicht bewunderungswürdig. Mit der Erläu-
terung der Wiedereintrittssimulation nach einem Mondflug, die
man beim ZDF voraussichtlich durch eine im amerikanischen
Fernsehen angebotene Graphik veranschaulichen würde, ging
meine Reportage zu Ende. Mainz bestätigte die Bild- und Tonauf-
zeichnung. Erleichtert trat ich ans Fenster und überlegte einen
Augenblick, daß bisher der größte Erfolg der Weltraumtechnik mit
dem Betrieb von Nachrichtensatelliten zur Übertragung von Telefon, Telex und Fernsehprogrammen gegeben war. Unter mir lag
das schwach beleuchtete Los Angeles und dahinter schimmerte,
während auf dem Fernsehapparat noch die letzten Bilder von der
Atlantikküste flimmerten, wo schon Morgen war, der Pazifische
Ozean. Nachmittags wurde im amerikanischen Fernsehen eine
Reportage über den ganzen Flug von Apollo 4 gebracht. Von
Houston überwacht, war alles tadellos abgelaufen. Dies galt speziell für die Simulation des Wiedereintritts bei der Geschwindigkeit einer Rückkehr vom Mond. Eine Überprüfung der Kapsel
nach der Bergung aus dem Pazifischen Ozean ergab, daß der
Hitzeschutzschild des Kommandoteils der Reibungshitze beim
Wiedereintritt widerstanden hatte. Eigentlich hätte eine Besat-

zung mitfliegen können. Am Abend wurden dann noch Bilder vom Jubel gezeigt, der in Huntsville nach Beendigung der Mission ausgebrochen war. Jahrelange, oft von Sorgen begleitete Arbeit hatte sich ausgezahlt. Für den nächsten auch noch unbemannten gleichfalls automatischen Flug einer Apollo wurde als Startrakete eine Saturn 1B benutzt. Sie brachte das Mondlandefahrzeug im Januar 1968 in eine Umlaufbahn, in der sowohl der Abstiegsbremsmotor als auch der Aufstiegsmotor des Landefahrzeuges gezündet wurden. Dann kam ein zweiter unbemannter Test der Saturn 5 mit Apollo 6. Dieser Flug wurde zu einer großen Enttäuschung. In der ersten Stufe traten Längsschwingungen auf, POGO-Schwingungen genannt, die zu übermäßigen Vibrationen bis hinauf in die Apollokapsel führten. Für eine Besatzung wären diese Schwingungen sehr unangenehm gewesen. Auch anderes ging bei diesem zweiten Saturn-5-Flug schief. In der zweiten Stufe traten Zündstörungen auf, die zum Versagen eines Triebwerks führten. Als es abgeschaltet wurde, kam es infolge eines bei der Montage verwechselten Kabels zum Ausfall eines weiteren Triebwerks. Andere Zündstörungen beeinträchtigten die Funktion der dritten Stufe. Obwohl die Saturn ihre vorgesehene Bahn nicht erreichte, konnte die Apollokommandokabine, nach Abtrennung des Geräteteils, heil geborgen werden. So erbrachte dieser Flug immerhin das positive Ergebnis, daß in der Saturn-Apollo-Kombination einschließlich ihres Führungssystems große Reserven steckten. Die Versager führten allerdings zu einer Verschärfung der Kontrollen am Mississippi-Testzentrum und am Cape Canaveral. Später hätte man eine fehlerhafte Kabelverbindung beim Durchprüfen der Rakete vor dem Start mit Sicherheit entdeckt. Nach einer Konstruktionsänderung war man auch ohne einen neuen Probeflug sicher, daß die Pogo-Längsschwingungen nicht wieder auftreten würden. Damit wurde die Saturn 5 für den Start mit Astronauten freigegeben.

Feuer im Apollo-Raumschiff

Für noch nicht bemannbar wurde die Kombination Apollo-Kommandoteil und -Geräteteil erklärt. Zwar hatten beide Apollos bei den unbemannten Tests der Mondrakete gut funktioniert. Bei einem Test am Boden war es jedoch im Januar 1967 zu einer Explosion gekommen, bei der die drei Astronauten Grissom,

White und Chaffee ums Leben kamen. Das Unglück bedeutete einen schweren Rückschlag für das Apolloprogramm. Gewiß hatte man bei jedem Weltraumflug mit dem Tode von Astronauten rechnen müssen, auf der Spitze einer explodierenden Rakete, in einem Raumfahrzeug, das nicht wieder aus einer Umlaufbahn herauskam oder in den kritischen Augenblicken des Wiedereintritts in die Erdatmosphäre, wenn die Funkverbindung abreißt und der kleinste Steuerfehler das Raumfahrzeug zu einem glühenden Meteor machen kann.

Nun hatte sich die Katastrophe also am Boden ereignet. Die drei Astronauten hatten auf der Spitze einer Saturn 1B in den Couchen der Apollo gelegen. In den nächsten Tagen hatte die Besatzung zur Erprobung des neuen Fahrzeugtyps für den Flug zum Mond in eine Umlaufbahn um die Erde gehen sollen. Nun sollte der Flug erst einmal simuliert werden. Dazu waren die Astronauten ebenso wie die Systeme der Apollo zum einen mit dem Kontrollbunker neben der Rampe und zum anderen mit den Flugüberwachern verbunden, die im Hauptkontrollraum in Houston an ihren Konsolen und Monitoren saßen. Simuliert wurden der Countdown vor dem Start, die anschließende Aufstiegsphase und schließlich Teile des übrigen Fluges selbst. Dieser sollte nach Abschluß des Bodentrainings über elf Tage gehen. Die Katastrophe trat plötzlich ein. Ein Schrei drang noch über die Sprechleitungen zum Kontrollbunker und nach Houston. Dann war Totenstille. Die Verbindung zu den Instrumenten riß ab. Eine sofort zur Spitze der Saturn 1B geschickte Rettungsmannschaft brauchte viel zu lange, etwa eine Minute, bis sie von außen die Luke der Kapsel öffnen konnte. Im Innern fand sie nur noch die verkohlten Reste der Besatzung und ein völlig verwüstetes Kapselinneres vor. Die spätere Untersuchung der Entstehung und Ausbreitung des Feuers, die sich über Monate hinzog und an der weit über hundert Spezialisten der NASA und der Industrie beteiligt waren, ergab, daß vermutlich ein Funke in der reinen Sauerstoffatmosphäre bei vollem Bodendruck zu einem explosionsartigen Feuerausbruch in der Apollo geführt haben mußte, aus der es kein Entkommen gab. Bei meinem nächsten Besuch am Cape fragte ich Dr. Kurt Debus, den Chef des Kennedy-Raumflugzentrums am Cape, wo er gewesen war, als sich das Unglück ereignete. »Wir, das heißt sämtliche Direktoren der Raumflugzentren der NASA«, antwortete Dr. Debus, »waren in Washington zu unserer monatlichen Routinekonferenz versammelt, als ich plötzlich ans Telefon gerufen wurde. Der

Anruf kam vom Cape, und die lapidare Mitteilung lautete: ›We just lost a crew‹ – ›Wir haben gerade eine Besatzung verloren‹, dann erfuhr ich die Namen.« Das Unglück traf Debus schwer, denn es hatte sich in seinem Verantwortungsbereich ereignet. Das Gesicht von Dr. Debus war immer schon zerfurcht gewesen. Nun hatte ich den Eindruck, die Furchen wären noch tiefer geworden. Die Frage lautete: Hatte eine ununterbrochene Serie von erfolgreichen bemannten Raumflügen sowohl der Sowjets als auch der Amerikaner die amerikanischen Weltraumtechniker leichtsinnig gemacht?

Es kam zu einer Vertrauenskrise unter den Experten, wie neunzehn Jahre später in den USA nach der Katastrophe der Raumfähre Challenger. Die NASA warf dem Hersteller der Apollo, North American Rockwell, Konstruktions- und Testmängel vor, und das Werk wies auf den ständigen Termindruck hin, dem es ausgesetzt gewesen wäre. In der amerikanischen Bevölkerung rief das Feuer Entsetzen hervor. Zweifel wurden laut, ob das Mondlandeunternehmen überhaupt zu verantworten und nicht letztlich sinnlos wäre, jedenfalls keine Opfer an Menschenleben rechtfertigen würde. Im Rückblick kann man heute sagen, daß sich die Amerikaner nicht lange mit gegenseitigen Vorwürfen aufgehalten haben. Die Krise wurde durch harte Arbeit überwunden. Der Innenausbau der Kapsel wurde rigoros überprüft. Brennbares Material wurde soweit irgend möglich durch nicht brennbare Werkstoffe ersetzt. Für Leitungen, in denen brennbare Kühlflüssigkeit zirkulieren mußte, wurden neue Lötverfahren entwickelt. Von der Verwendung von einer reinen Sauerstoffatmosphäre konnte nicht abgegangen werden, die Apollo wäre zu schwer geworden. Es wurde aber für Bodentests und den ersten Teil des Aufstiegs eine Mischung aus sechzig Prozent Sauerstoff und vierzig Prozent Stickstoff eingeführt. Danach sollte bei stetig nachlassendem Druck auf einen solchen von einem Drittel Atmosphäre und auf reinen Sauerstoff übergegangen werden. Außerdem wurde für Bodentests eine Schnellausstiegsluke eingebaut, die sich in Sekunden öffnen ließ. Die Untersuchungen der Unglücksursachen und die Beseitigung der offensichtlichen Mängel am Kommandoteil der Apollo und, parallel dazu, auch am Landefahrzeug bei Grumann in Bethpage unweit New York nahmen zwanzig Monate in Anspruch. Ursprünglich hatte der erste bemannte Flug mit dem Apolloraumfahrzeug lange vor der erstmaligen noch unbemannten Erprobung der Saturn 5 im November 1967 stattfinden sollen.

Nun konnte der Flug einer Apollo mit Besatzung erst fast ein Jahr nach der Saturn-Erprobung mit Apollo 4 im Oktober 1968 erfolgen. Der in diesem Monat nachgeholte Flug erhielt die Bezeichnung Apollo 7 und wurde ein voller Erfolg. Sämtliche geplanten Manöver gelangen, so daß man im Herbst 1968 endlich sowohl eine Rakete als auch ein Raumfahrzeug für bemannte Missionen zur Verfügung hatte. Aber der Termin für die Mondlandung Ende des Jahrzehnts rückte auch näher.

Die Apollo-Fabrik

Ich war mehrmals mit einem Fernsehteam in Downey, einem Stadtteil von Los Angeles, wo die Fabrik von North American Rockwell stand, die den Auftrag zum Bau des Kommandoteils und des Geräteteils der Apollo erhalten hatte. Der Stadtteil ist von trostloser Eintönigkeit. Straße für Straße reihen sich in Nord-Süd- und Ost-West-Richtung Einfamilienhäuser aneinander. Eingeschössig stehen sie in kleinen Gärten, die kaum mehr als ein Stück Rasen sind. Hier wohnen Arbeiter und Angestellte von NAR, die in der Nähe der Fabrik wohnen wollten. Das Stammwerk von NAR liegt direkt am Internationalen Flughafen von LA. Dort waren die drei Exemplare der X 15 entstanden, die der Raumfähre den Weg bereiteten. Hier in Downey dagegen hatte man nach dem Krieg in mehreren Hallen das Jagdflugzeug F 100 in großen Serien gebaut. Insgesamt hatte NAR von der NASA den Auftrag zum Bau von 49 Apollo-Kommandokapseln und -Geräteteilen erhalten, dazu dreißig Testexemplare und zehn Modelle im Maßstab 1:1. Gesamtwert des Auftrages 3,3 Milliarden Dollar. Die große Zahl von bestellten Exemplaren rührte daher, daß man viele davon für reine Tests, unbemannte und bemannte, und schließlich für die Flüge zum Mond brauchte. Tatsächlich blieben einige Exemplare für die spätere Bemannung der Skylab-Raumstation und für die mit den Sowjets unternommene gemeinsame Apollo-Sojus-Misson 1975 übrig.

Da die Zeit gedrängt hatte, war der Auftrag schon 1961 vergeben worden, als zwar der Entschluß, zum Mond zu gehen, bereits gefallen war, aber man noch nicht wußte, ob man die beiden Bausteine, wie inzwischen beschlossen, als Mutterfahrzeug in Verbindung mit einem separaten Landefahrzeug verwenden würde oder ob man eine Mondlandestufe ansetzen und dann mit drei Teilen zusammen auf dem Mond aufsetzen sollte. Wir filmten die Fertigmontage der Kommandokapseln und Geräteteile, die in langen Reihen in einer Halle standen. Bei NAR waren jeweils drei Personen, in der Mehrzahl Frauen, mit dem Ausbau der Inneneinrichtung bei noch herausgenommenen Couchen beschäftigt. Die Ausstattung mußte sämtlichen Erfordernissen einer langen Weltraumreise genügen. Der Raum war, bei einem Durchmesser von vier Metern, für die Besatzung gemeinsamer Wohn- und Schlafraum mit einer kleinen Kochnische, in der fertige Mahlzeiten angerichtet werden konnten. Für alle Dinge des täglichen Bedarfs gab es Schränke und Klappfächer. Zugleich war der Raum, um ein paar Begriffe aus der traditionellen Nautik zu verwenden, Maschinenleitstand zur Überwachung und Bedienung der Antriebsaggregate, Kommandobrücke zur Führung des Fahrzeuges, Navigationsstand, Kartenzimmer und Betriebsbüro. Schließlich war in einer Ecke eine Toilette mit einem raffinierten sterilen System vorgesehen. Während unserer Filmaufnahmen waren zwei Frauen mit dem Einbau des Führungs- und Navigationssystems befaßt, dessen Computer das Teuerste der gesamten Einrichtung war. Ein Mann befestigte am Boden Kabelschächte. Da die technischen Apparaturen an Bord zumeist verkleidet waren, herrschte in der Apollo eine wohnliche Atmosphäre, vergleichbar der in einer kleinen, aber luxuriös eingerichteten Jacht. Nach dem Aufsetzen auf dem Wasser am Schluß einer Mission wurde die Apollo tatsächlich zu einem schwimmenden Fahrzeug, das außer einem Schlauchboot auch Bergungsgerät an Bord hatte. Nicht zu erkennen war bei der fertigen Apollo-Kommandokabine deren mehrschichtiger äußerer Hitzeschutz, der beim Wiedereintritt vor übermäßiger Erwärmung des Kabineninnern schützen mußte.

Amerikas Weltraumhafen Cap Canaveral

Man kann sich kaum einen größeren Gegensatz denken als den zwischen dem Klima von Edwards in der Mojavewüste und dem am Cap Canaveral in Florida herrschenden. Dort die klare, trockene Wüstenluft, die im Sommer tags heiß, abends kühl und im Winter nachts sogar kalt ist, und hier an der atlantischen Küste ein das ganze Jahr vom Seewind gemäßigtes, feuchtes, subtropisches Klima. Gewiß kann es in Florida im Sommer sehr heiß sein, aber dann gibt es auch die plötzlichen heftigen Regengüsse, wenn das

Wasser in dicken, warmen Tropfen nur so vom Himmel fällt und
in Minuten eine Luft wie in einer Waschküche erzeugt, die sich
aber schnell wieder verzieht und freundlich milder Luft weicht.
Kein Wunder, daß die Halbinsel ein Paradies für Pensionäre ist,
die sich hauptsächlich um Miami im Süden herum in Eigenheimen oder Condominiums, großen, palmenumstandenen Wohn-
blocks, niederlassen, die allen Komfort einschließlich Swimmingpool aufweisen. Sodann kommen in Scharen die Touristen herbei,
um an der Küste Urlaub zu machen. Für den Europäer verwunder-
lich ist nur, daß die meisten Gäste gar nicht im Atlantik baden,
sondern es vorziehen, sich um die riesigen blauen Schwimmbek-
ken der Hotels zu lagern, um dann und wann ins Wasser zu
steigen.

So erfreulich das reizvolle Klima Floridas auch für die Raketen-

**Cape Canaveral, Florida. Eine zwei-
stufige Titanrakete startet mit einer
zweisitzigen Geminikapsel auf der
Spitze. Am Cape Canaveral sind die
Startrampen entlang einer Land-
zunge aufgereiht. Montiert wird die
Rakete jeweils in einem Startturm,** **der vor dem Abheben der Rakete
weggeschoben wird. Zu jeder
Rampe gehört ein halbunterirdi-
scher Startbunker, in dem die Startmannschaft sitzt, die den Flug bis
zum Erreichen einer Umlaufbahn
um die Erde über Funk kontrolliert.**

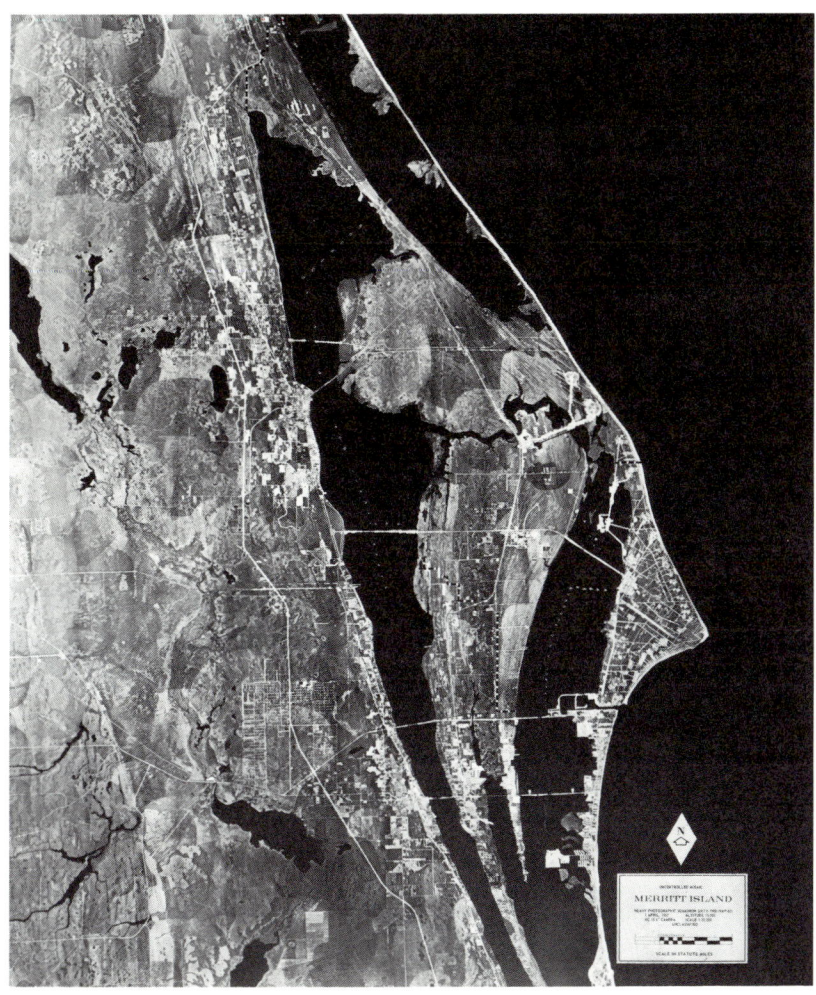

Luftaufnahme des amerikanischen
Raketenstartgeländes am Cape

Canaveral. Der Landvorsprung ist
das eigentliche Kap.

leute des Weltraumbahnhofs Cap Canaveral war, so ging es ihnen
doch um anderes. Sie wollten ihre Raketen über See schießen und
nicht über besiedeltes Land. Zudem bot die südliche Lage die
Möglichkeit, bei Schüssen in Satellitenbahnen ein gutes Teil der
West-Ost-Rotation der Erde auszunutzen. (Voll ausnutzen kann
man sie nur am Äquator.) Im Gebiet vom Cape, wie das Gelände,
eine Autostunde nördlich von Miami, abgekürzt heißt, sind der
Küste Floridas zwei von Norden nach Süden verlaufende

schmale, aber lange Streifen Land vorgelagert. Die Landstreifen bilden zwei Lagunen. Die innere heißt Indian River, die äußere Bananariver, obgleich beide keine Flüsse, sondern stehende Gewässer sind. Das eigentliche Cape stellt die Spitze eines acht Kilometer in den Ozean reichenden Vorsprungs dar, dessen zwanzig Kilometer breite Basis rückwärts an den Bananariver grenzt. Im Süden schließt sich an den Landvorsprung ein Port Canaveral genannter Hafen an, in dem Fischerboote und Jachten liegen, aber auch Unterseeboote der Marine Atomraketen übernehmen.

Gleich am Ausgang des Hafens steht die erste Raketenrampe. Die übrigen sind entlang den Seiten des Landvorsprungs angeordnet, jeweils einen Steinwurf von der Küste entfernt. An der Spitze des Vorsprungs steht noch aus der Zeit vor dem Raketenzeitalter ein Leuchtturm, der den vorüberfahrenden Schiffen den Weg vorbei am Cape oder zum Hafen weist. Um es nicht zu vergessen: Im Hafen kann man vorzüglich frisch geangelten Fisch essen. Ein paar Kilometer weiter südlich, immer noch auf dem äußeren Landstreifen, liegt, zwischen der See und dem Bananariver, das nach seinen Kokospalmen benannte Cocoa Beach. In seinen Motels – natürlich hat jedes seinen Swimmingpool – wohnen die Leute, die, wie Firmenvertreter oder Journalisten, nur wenige Tage auf dem Raketengelände zu tun haben. Die meisten Motels haben ihren Namen dem Raketenzeitalter entlehnt und heißen also Starlite-, Polaris-, Satellite- und-so-weiter-Motel. Die Motels laden auch zum Urlaubmachen ein und bieten dann gegenüber den Etablissements von Miami den Vorteil größerer Ruhe.

Noch ein paar Kilometer weiter südlich liegt dann die Luftwaffenbasis Patrick Airforce Base, dessen Kommandant Hausherr des Raketengeländes und für dessen Sicherheit zuständig ist. Auf dem Raketengelände selbst sind zwei Institutionen mit Raketenabschußrampen zu Hause: das Air Force Missile Test Center (Luftwaffenraketentestzentrum) und die NASA. Der wichtigste Mann im Gelände ist der Range Safety Officer, der Sicherheitsoffizier für das Gelände und den anschließenden Testbereich über See, kurz die range genannt. Weicht eine Rakete des Militärs oder der NASA vom Kurs ab und droht über bewohntem Gelände abzustürzen, dann drückt der Range Safety Officer auf einen Knopf, wodurch über Funk ein Sprengsatz in der Rakete zur Explosion gebracht wird und sie zerstört.

In der frühen Zeit der Raketentechnik sind zahlreiche Raketen vom Typ Atlas und andere, die sich noch in der Erprobung befanden, noch auf der Rampe oder kurz nach dem Abheben in der Luft explodiert. Die Luftwaffenleute haben meinem Team und mir einen ganzen Film mit Aufnahmen vorgeführt, auf dem reihenweise explodierende Raketen und ihre im Herabfallen brennenden Teile zu sehen waren. »Die Raketen sind inzwischen«, sagten uns die Herren, »zuverlässiger geworden, warum sollen wir Ihnen da nicht den Spaß machen, zu sehen, wie schön es aussieht, wenn so ein bird (Vogel) explodiert.« Jede Rampe ist einem bestimmten Raketentyp zugeordnet.

Am Cape gibt es nur zwei Zugänge, einen im Süden am Hafen und einen am nördlichen Rand des Geländes. Wer mit dem Flugzeug zum Cape kommt, landet entweder in Melbourne etwas südlich von Cocoa Beach am Indian River an der eigentlichen Küste Floridas – der Bananariver hat etwas weiter nördlich aufgehört –

Blick in den Kontrollbunker für Saturn 1-Raketen, die Vorläuferinnen der Mondrakete Saturn 5. Im Vordergrund rechts Dr. Wernher von Braun, links neben ihm Dr. Kurt Debus, der Chef des NASA-Kennedy-Raumflugzentrums am Cape. In Peenemünde war Dr. Debus als Chef der dortigen Startoperationen von Braun unterstellt. Am Cape ist er von von Braun unabhängig und nur dem NASA-Hauptquartier in Washington gegenüber verantwortlich.

oder in Orlando, das etwas nördlich vom Raketengelände und etwas landeinwärts liegt und das neuerdings durch einen riesigen Disneyland-Vergnügungspark bekannt geworden ist. Am besten nimmt sich der Besucher, wo immer er ankommt, am Flughafen einen Mietwagen und gelangt dann von der Küste über sogenannte causeways zum Raketengelände. Causeways sind kilometerlange Straßen, die in flachem Gelände über aufgeschüttete Dämme und, im Bereich der Lagunen, übergangslos über niedrige Brücken führen, die auf Betonpfeilern im flachen Wasser stehen. In der Mitte jeder Brücke gibt es einen Durchlaß für Boote und kleine Schiffe. Über jedem Durchlaß macht die Straße einen Buckel. Im Bereich des Cape führen gleich mehrere solcher causeways, die mit ihrer großzügigen Linienführung das Landschaftsbild nicht stören, vom Festland über den Indian- und Bananariver hinweg zu einer Küstenstraße. Als ich 1963 zum ersten Mal mit einem Fernsehteam am Cape war, hatte man am nördlichen Ausgang des Raketengeländes eine Saturn 1 auf einer Rampe aufgestellt, die die Nr. 34 erhalten hatte. Eine zweite Saturn-1-Rampe befand sich im Bau. Die Saturn 1 stand auf der Rampe in einem zwanzigstöckigen Montageturm, an dem Klappen mit Fenstern angeordnet waren. Die Klappen umschlossen die Rakete und schützten sie vor der salzhaltigen Luft von Florida. Über unterirdische Kabel war die Rakete mit ihrem etwas abseits gelegenen Kontrollbunker verbunden, in dem die Kabel in unzähligen Kontrollpulten und Monitoren endeten. Die Bunker waren halb unterirdisch in den Boden eingebaut und durch ein dickes Gewölbe vor einer explodierenden Rakete geschützt. Vor dem Start wurden die Klappen im Montageturm zurückgezogen und dieser auf Schienen ein Stück weggefahren. Die alleinstehende Rakete war dann nur noch über einen neben ihr stehenden schmalen Kabelturm mit dem Kontrollbunker verbunden, zu dem die Verbindung erst unmittelbar vor dem Start unterbrochen wurde. Bis zuletzt konnten dann noch Kommandos an die in der Rakete eingebauten Steuergeräte eingegeben werden. Als wir die gerade nur zum Teil aus ihrem Montageturm herausragende Rakete filmten, kamen Männer, die eine soeben erschlagene Klapperschlange an ihrem Schwanz herbeitrugen. Die Schlange war so lang, daß einer der Arbeiter den Schwanz in Kopfhöhe halten mußte, damit der Kopf des Tieres, aus dem helles Blut tropfte, nicht auf den Boden stieß. Es hieß, daß durchschnittlich einmal die Woche eine Klapperschlange am Cape eingefangen wurde. Zur Zeit unseres Besuchs wurde ein Startgelände für die Riesenrakete vom Typ Saturn 5 erschlossen. Für sie war auf dem bisherigen Gelände kein Platz mehr gewesen, so daß man nach Norden auswich, wo der Bananariver sich im Osten bis auf einige hundert Meter der offenen See näherte und sich gleichzeitig nach Westen verzweigte, wodurch mehrere Lagunen gebildet wurden. Nördlich dieser Lagunen lag ein großes, Merriett Island genanntes Gelände, auf dem sich eine Apfelsinenplantage befand, die sich im Osten bis zum Indianriver erstreckte. Auf Meriett Island fand die NASA neben der Küste reichlich Platz für zwei Rampen, ferner, landeinwärts, für ein gewaltiges Vertical Assembly Building, kurz VAB, genanntes Gebäude, das für eine senkrechte Montage von jeweils vier Saturn-5-Raketen bestimmt war. Außerdem war Platz für ein industrielles Gelände, zu dem Testhallen, ein Bürogebäude und Einrichtungen zur Bereitstellung von Treibstoffen, also Kerosin, flüssigen Wasserstoff und flüssigen Sauerstoff, bei den Starts zählten.

Für die Verbindung zwischen den Rampen und dem fünf Kilometer landeinwärts geplanten VAB war eine breite, mit grobkörnigem Kies bedeckte Straße geplant. Parallel zu der Straße war ein Stichkanal für den Antransport von Raketenstufen vorgesehen, die man vom Mississippitestzentrum auf dem Wasserweg um Florida herum und über den Bananariver erwarten würde.
Die Presseleute der NASA erwiesen sich als äußerst hilfsbereit. Ausdrücklich hatte Präsident Kennedy von der NASA verlangt, daß die ganze Welt Gelegenheit erhalten sollte, zuzusehen, wie sich die USA auf den Flug zum Mond vorbereiteten. So wurden wir mit einem Hubschrauber zuerst zum Bauplatz des VAB geflogen. Dort lagen rund fünftausend dicke Stahlröhren, die später vertikal eingerammt werden und in fünfzig Meter Tiefe auf Felsen stoßen und das Fundament für das VAB bilden sollten. Das Gebäude sollte eine Höhe von hundertsechzig Metern erhalten. Das war höher als der Kölner Dom. In jeder Ecke des VAB würde eine Saturn 5 montiert und nach der Montage durch ein über hundert Meter hohes Tor nach außen gefahren werden.
Nach den Dreharbeiten an dieser Baustelle wurden wir dann zum Bauplatz für die zwei Rampen, nahe der Atlantikküste, geflogen. Vorläufig bestand die erste Rampe 39A nur aus Sand, den man nach Art einer Stufenpyramide aufgeschüttet hatte. Wegen ihres Aussehens hatte man die Baustelle die Pyramiden von Florida getauft. Als wir dort ein Stück in Richtung eines Gebüschs gehen

wollten, wurden wir sofort mit der Bemerkung zurückgerufen, überall gäbe es Alligatoren und Klapperschlangen. Außerdem wäre das sumpfige Gelände am Rande der Ausuferungen des Bananarivers von Moskitos verseucht. Wieder einmal präsentierte sich Amerika, wo es nicht bewohnt ist, als ein wildes Land, das nun allerdings entschlossen war, mit höchster Technologie zum Mond zu fliegen. Anschließend wurden wir dann zum Startkomplex 34 für die Saturn 1 geflogen, der am Ende des alten Raketengeländes lag. Dort erwartete uns Dr. Debus, der Chef des NASA-Zentrums am Cape. In Peenemünde war Dr. Debus bei von Braun für sämtliche Raketenstarts verantwortlich gewesen. In den USA wurden dann unter seiner Leitung, erst in New Mexiko, später am Cape, sämtliche vom von Braunschen Team entwickelten Nachfolgetypen der V 2, wie die Redstone und die Jupiter, gestartet. Als Direktor des Zentrums am Cape war Dr. Debus nun von Braun als dem Direktor des Zentrums in Huntsville gleichgestellt. Im Kontrollbunker der Rampe 34 für die Saturn 1 erklärte er uns das von ihm geschaffene Verfahren für den Start der Mondrakete Saturn 5. »Anders als die bisherigen Raketen«, so Dr. Debus, »wollen wir die Saturn 5 nicht mehr auf der Startrampe aus ihren Stufen zusammenbauen. Die Montage dauert nämlich einschließlich des Durchprüfens aller Teile der Rakete ungefähr drei Monate. Da wäre es nicht gut, die Rakete während dieser ganzen Zeit, auch wenn sie in einem Montageturm zum Teil geschützt wäre, unnötig dem Klima von Florida auszusetzen. Wir werden die Saturn 5 statt dessen in dem klimatisierten Vertical Assembly Building, dem VAB, dessen Baustelle Sie gesehen haben, montieren und durchprüfen. Erst wenn die Rakete für die letzte Überprüfung vor dem Start bereit ist, werden wir sie zur Startrampe fahren und von dort starten.« Vor der Kamera erläuterte Dr. Debus dann an Hand von Schautafeln das von ihm entwickelte System zum Überprüfen der Rakete. Da sah man neben dem VAB ein langgestrecktes Gebäude, das spätere Startkontrollzentrum, das vier sogenannte Feuerräume beherbergen sollte. Über unterirdische Kabelleitungen sollten die Feuerräume mit dem VAB und der Rampe verbunden werden, so daß die Rakete vom Beginn der Montage bis zum Start von dem für sie zuständigen Feuerraum aus überwacht werden könnte. Weil der Abstand zwischen dem Kontrollzentrum bis zu den Rampen fünf Kilometer betrug, brauchte es nicht mehr unterirdisch zu sein wie die Kontrollbunker der bisherigen Rampen.

Fast drei Jahre später habe ich, wieder mit einem Fersehteam, die inzwischen fertiggestellten Startanlagen am Cape zu sehen bekommen. Wir waren am 25. Mai 1966 dort, zufälligerweise genau fünf Jahre nachdem Präsident Kennedy Amerika aufgerufen hatte, zum Mond zu fliegen. An diesem Tage wurde ein Testexemplar der Saturn 5 zur Probe aus dem VAB heraus und zur Rampe 39A gefahren. Das Testexemplar, genannt Saturn 5 F 500, stimmte nur insofern nicht mit der Originalversion überein, als ihm Triebwerke fehlten. Auch saß auf ihm keine Apollo.

Es war einer der großen Tage in der Geschichte des Cape. Aus Huntsville war von Braun gekommen und nahm auf einer kleinen Festtribüne neben Dr. Debus Platz. Nach einigen Ansprachen kam dann die Saturn 5, die man nun zum ersten Mal auf einer mobilen Startplattform in ihrer ganzen Größe zu sehen bekam, aus der Halle heraus. Neben ihr stand der Kabelturm. Getragen wurde die Last von einem 2500 Tonnen schweren Raupenschlepper, der extra für den Transport der Saturn 5 konstruiert worden war. Worauf es ankam, war, daß die Rakete auf dem fünf Kilometer langen, mit schwerem Kies belegten Weg zur Rampe auf ein Grad genau in der Vertikalen blieb, und zwar auch am Schluß ihrer kurzen irdischen Reise, wenn der Raupenschlepper eine schräge Auffahrt hinauffahren mußte. Für die vertikale Lage sorgten hydraulische Pumpen. Die Leistung des Schleppers betrug 2500 PS. Jedes seiner Kettenglieder wog eine Tonne. Fünf Stunden lang fuhren wir im Auto mit aufgebauter Kamera neben der Saturn her bis zur Rampe. Die ganze Zeit kamen wir uns wie Zwerge in einer Welt von Riesen vor, so gewaltig erschien uns das langsam zurückbleibende VAB und die Rakete, die sich neben ihrem Kabelturm majestätisch langsam vorwärts bewegte.

Bei meinem nächsten Besuch am Cape konnten wir die inzwischen betriebsfertig gewordenen Feuerräume filmen. Wieder war Dr. Debus zu Stelle, um uns nun das eigentliche Prüfverfahren für die Saturn 5 zu erklären. Was wir erfuhren, sollte im Prinzip – so stellte sich später heraus – über die Zeit der Mondmissionen hinaus auch noch für den Umgang mit der Raumfähre Space Shuttle gültig bleiben, die ihren Jungfernflug im April 1981 erlebte. Jeder der Feuerräume war nach Art eines Zuschauerraums im Theater angelegt – mit einem Parkett und einem ansteigenden Rang. Die Test- und Startmannschaft saß mit dem Rücken zur Rampe. Auf dem Rang hatten die leitenden Männer des Zentrums ihren Platz, die ihre Sitze vor Konsolen und Monitoren erst im Verlaufe des Countdown einnahmen. Ganz hinten und damit auch oben war der Sitz von Dr. Debus, links neben ihm saß der Direktor der Startoperationen, Rocco Petrone, vor diesem der Testleiter. Im Saal unten waren die Firmeningenieure verteilt: zunächst links Boeing für die erste Stufe und rechts vom Mittelgang North American für die zweite Stufe. Weiter in den Saal hinein saßen dann links die Spezialisten von IBM für das Führungssystem der Rakete und rechts die von McDonnel Douglas für die dritte Stufe. Die Durchführung geschah halbautomatisch. Ein Großcomputer befand sich hierzu im Startraum, ein zweiter im Startkontrollzentrum. Die Testingenieure lösten an ihren Konsolen vorprogrammierte Prüfprogramme aus, die von Teilsystemen zu übergeordneten Systemen und dann über das System einer ganzen Stufe zur kompletten Rakete fortschritten. So fragt etwa Computer 2 den ersten Computer: »Was für Impulse zum Schwenken der Triebwerke erteilt das Führungssystem, wenn es eine Kursabweichung gemessen hat, und wie führt die gerade arbeitende Stufe die Befehle aus?« Computer 1 prüfte nach, ob die Fragen sinnvoll waren, leitete sie dann an die Raketensysteme weiter und verglich die in den Signalleitungen auftretenden Impulse mit den Sollwerten. Lagen die Impulse innerhalb der vorprogrammierten Toleranzen, so blieb das positive Ergebnis für spätere Nachfragen gespeichert. Versager wurden Computer 1 gemeldet. Hatte er keine nachfassende Frage bereit, dann leuchtete am Pult des Testingenieurs ein Lichtsignal zur Bestätigung der erledigten Tests auf. In Blickrichtung des Ranges waren etwas erhöht Lichtkästen und Projektionswände angebracht. Die Anzeigen der Lichtkästen sollten in der Schlußphase eines Countdown Dr. Debus und seinen Kollegen auf dem Rang melden, in welchem Bereitschaftszustand sich die Hauptsysteme der Rakete befanden. Auf den Projektionswänden erschienen Bilder, die von sechzig umschaltbaren Kameras von der Rakete eingefangen wurden.

Bevor es zu einem Countdown kam, fanden bereits mit der Rakete auf der Rampe drei abschließende Überprüfungen statt. Die erste war der Flugbereitschaftstest, bei dem insbesondere das Zusammenwirken der Stufen überprüft werden mußte. Ich fragte einmal Dr. Debus, warum wohl Europa in den sechziger Jahren und Anfang der siebziger Jahre mit der Europarakete gescheitert sei. »Sie haben den Fehler gemacht«, antwortete Debus, »daß sie das

Geld für einen Flugbereitschaftstest sparen wollten.« So wußten sie nie, wie weit die Teile ihrer in mehreren Ländern gebauten Rakete, zum Beispiel bei der Trennung einer Stufe von der nächsten, zusammenpaßten. Nach dem Flugbereitschaftstest folgte bei der Saturn 5 – nach vollständigem Betanken der Rakete – ein »nasser« Test, der ohne Besatzung bis zu dem Punkt führte, welcher der Situation »9,8 Sekunden vor Abheben« entsprach. Bei nur simulierter Betankung wird der Test »trocken« mit der Besatzung in der Apollo wiederholt. War es zu keinen Störungen gekommen, galten Saturn und Apollo für startbereit.

Das Gehirn der Saturn

Das Führungssystem der Saturn-Raketen war das komplexeste von allen Systemen. Bei der Saturn 1 saß es auf der zweiten, bei der Saturn 5 auf der dritten Stufe, die mit der zweiten der Saturn 1 identisch ist. Die Instrumente waren ringförmig angeordnet. Zwischen ihnen hatten die eingeklappten Beine des Mondlandefahrzeugs Platz. Auf englisch heißt das Führungssystem Instrument Unit, abgekürzt IU. Es überprüfte und steuerte sämtliche Funktionen der Rakete. Dazu maß es an Hunderten von Stellen Temperaturen, Drucke, Durchflußmengen von Treibstoffen sowie die Lage der Rakete relativ zu einer kreiselstabilisierten Plattform, deren Ausrichtung zur Horizontalen unmittelbar vor dem Start erfolgte. Im Fluge maß das IU mittels Federpendeln die in den drei Raumachsen auftretenden Beschleunigungen, die vom Computer des IU zu Geschwindigkeiten und Wegen addiert wurden. Wich die Rakete von der vorprogrammierten Bahn und Lage ab, so rechnete der Computer sofort eine neue optimale Bahn und Lage aus und erteilte den Triebwerken Steuerimpulse, die ein Schwenken der Triebwerke und damit eine Kurskorrektur bewirkten. Das IU veranlaßte auch das rechtzeitige Abtrennen der Stufen und das Zünden der jeweils nächsten. Das IU wurde vom Marshall-Raumflugzentrum in Huntsville entwickelt und von IBM gebaut. Obgleich alle Teile so klein und leicht wie möglich gehalten wurden, wog das IU immerhin 2,2 Tonnen.

Das Apollo-System sah vor, daß parallel mit der Überprüfung der Saturn auch eine Überprüfung des Raumfahrzeugs selbst erfolgte. Dazu war das Raumfahrzeug auf der Spitze der Saturn 5 mit dem Hauptkontrollraum in Houston, dem Mission Operation Control

Room, kurz MOCR, über Kabelleitungen verbunden. Im Fluge erfolgte die Verbindung zwischen Houston und dem Raumfahrzeug selbstverständlich über Funk.

Das Kontrollzentrum in Houston

Das Klima in Houston ist in der warmen Jahreszeit unangenehm schwül. Dies liegt an der Nähe des Golf von Mexiko, der nur zwanzig Kilometer entfernt ist. Anders als am Cape in Florida fehlt der Wind. Einigermaßen erträglich ist es daher außer in den Wintermonaten in Houston nur in klimatisierten Räumen. Allerdings ist dann für den Europäer meistens der Wechsel von draußen nach drinnen unangenehm. Hat man draußen geschwitzt, friert es einen innen. Die Amerikaner sind zu bewundern. Sie haben sich an ihre Klimaanlagen gewöhnt. Das Gelände der NASA, des Manned Spacecraft Center (Zentrum für bemannte Raumfahrzeuge) wie es noch hieß, als ich 1963 das erste Mal hinkam, ist vierzig Kilometer von down town, von der Innenstadt von Houston, entfernt. Anders als das Gelände am Cape und das Raketengelände in Huntsville ist das Zentrum in Houston wie das umliegende Wohn- und Geschäftsgebiet erst mit dem Mondprogramm entstanden. Wo jetzt viele tausend Menschen arbeiten und wohnen, gab es bei meinem ersten Besuch 1963 nur Baustellen und vereinzelte Pumpanlagen, in denen Erdöl gefördert wurde. Die Büros des Zentrums waren damals über ein Dutzend Gebäude in der Stadt verteilt.

Daß die NASA in Houston bei Null anfing, hatte später den Vorteil, daß das auf dem Reißbrett entstandene Zentrum von einheitlich gefälliger Architektur ist. Das Grundstück war billig, so daß es nun zwischen den Gebäuden großzügig angelegte Grünflächen mit einigen Ententeichen gibt. Eigentlich wirkt die Anlage wie der Campus einer amerikanischen Universität, es fehlt nur der Fußballplatz.

Im Missionskontrollraum, dem Mission Operation Control Room, kurz MOCR, sitzen die Männer, die die gesamte Mission vom Start bis zur Landung der Besatzung überprüfen. Der MOCR ist kleiner als es die Feuerräume am Cape sind. Jeder der rund zwanzig Plätze ist mit einem Nebenraum verbunden. über den die vom Raumfahrzeug kommenden Daten laufen und weiterverarbeitet werden können, falls dies notwendig ist. Die Kontrollpulte und

Monitore des MOCR sind in vier langen Reihen untergebracht. Für alle im Raum sichtbar sind an der gegenüberliegenden Wand in voller Breite mehrere Schautafeln und Projektionswände angebracht. Auf einer mittleren Projektionswand erschien bei Mondmissionen bis zum Erreichen einer Umlaufbahn um den Mond eine Weltkarte mit der Bahn des Raumfahrzeuges. Nach Erreichen der Umgebung des Mondes erschien statt der Weltkarte eine Karte des Mondes. Auf eine Wand rechts neben der Karte kann bei Fernsehübertragungen ein Blick in das Raumfahrzeug projiziert werden. Seit den Flügen der Raumfähre ist dies dann ein Blick in das Innere der Kommandokabine oder auch in die Ladebucht des Shuttle. Auf anderen Projektionswänden können verschiedene Daten, wie medizinische oder technische, die gerade allgemein interessieren, erscheinen.

Es herrscht im MOCR stets eine Atmosphäre großer Konzentration, besonders in kritischen Phasen des Fluges. Dazu trägt bei,

Blick in den Missions-Kontrollraum in Houston, Texas, nach der Landung von Apollo 11 auf dem Mond. Im Hintergrund rechts ein Fernsehbild von der Landefähre. Links danebeneine Karte der Landestelle. Anschließend eine Panoramakarte der Mondoberfläche mit der Bahn des Mutterfahrzeugs.

daß der Raum mit Rücksicht auf die Projektionen im Halbdunkeln liegt. Gesprochen wird nur leise. Alle Flugkontrolleure haben Kopfhörer auf und Mikrophone vor dem Mund, über die sie miteinander reden können. Es sind ausgesuchte Männer, von denen man weiß, daß sie in Augenblicken, in denen eine Mission in Gefahr ist, die Ruhe bewahren. Ganz vorne sitzt der Flugkontrolleur, der in der Anfangsphase des Fluges bis zum Einschuß der Rakete in ihre Bahn zuständig ist. Parallel mit seinen Kollegen am Cape überwacht er das Funktionieren der Raketenstufen, ohne sich freilich mit deren Untersystemen zu befassen. Das ist allein Sache des Cape. Zu Zeiten, in denen eine Bergung des Raumfahrzeuges in Betracht kommen kann, sei es nach Eintreten einer Notsituation, sei es bei der planmäßigen Rückkehr von seiner

Das NASA-Johnson-Kontrollzentrum in Houston, Texas. Dieses Zentrum wurde 1963 konzipiert und dann gleich gebaut. Seine einheitliche Architektur erinnert an den Campus einer amerikanischen Universität. Das fensterlose Gebäude im Zentrum beherbergt den Hauptkontrollraum für bemannte Missionen. In anderen Gebäuden sind Trainings- und Simulationsanlagen untergebracht. Im Vordergrund ist das Hauptverwaltungsgebäude erkennbar. Die meisten Astronauten wohnen in einer Siedlung in der Nähe.

Mission, hat ganz vorne ein Vertreter der US-Marine seinen Platz, von dem aus er mit den für die Bergung des Raumfahrzeuges bereitgestellten Schiffen in Verbindung steht. Gleichfalls vorne sitzt der Flugkontrolleur, der ständig die Optionen für einen notwendig werdenden Abbruch der Mission überprüft. In seiner Nähe sitzt der Kontrolleur für Flugdynamik, der fortlaufend die Flugbahn und sämtliche Flugmanöver überwacht. Dieser ist auch zuständig für die Überwachung der für Bahnänderungen notwendigen Antriebssysteme. An ihm hängen gleich mehrere Nebenstellen im MOCR-Gebäude, so die Computer für Bahnberechnungen, den Empfang der Daten der Antriebssysteme und so fort. Der Kontrolleur nebenan überwacht die Funktion der Fluglenkungs- und Navigationssysteme im Kommando- und Geräteteil einer Apollo oder dieser Systeme im Shuttle. Bei Mondflügen war er auch für diese Systeme in der Landefähre zuständig. Seine in einem Nebenraum untergebrachten Computer arbeiten parallel zu den Bordcomputern des Raumfahrzeuges. In der zweiten Reihe von vorne ist der Sitz des Arztes, der den Gesundheitszustand der Besatzung kontrolliert. Es versteht sich, daß sämtliche Kontrolleure bei Bodentests über Kabel, bei Missionen über Funk mit dem Raumfahrzeug in Kontakt sind. Einer der Kontrolleure ist dafür verantwortlich, daß die Geräte an Bord, einschließlich der Navigations- und Führungsgeräte, der elektrischen Lebenserhaltungs- und Kommunikationsgeräte, richtig funktionieren. In der Mitte des MOCR hinten ist der Platz des Flugdirektors. Chef des Teams im MOCR ist der Koordinator für die Zusammenarbeit der Teammitglieder. Ein Kontrolleur ist für das weltweite Kommunikationssystem über Kabel und Satelliten zuständig. Ein weiterer Kontrolleur kümmert sich um die Aktivitäten der Besatzungsmitglieder, die sich nach dem Flugplan richten und für die die am Boden verstrichene Zeit maßgebend ist, die vom Augenblick des Abhebens gilt. Zum Team zählen außerdem der Direktor für Flugoperationen, der Missionsdirektor vom NASA-Hauptquartier in Washington und der Verbindungsmann zum Verteidigungsministerium. Die zuletzt Genannten befanden sich im MOCR während der Apolloaktivitäten auf dem Mond. In der zweiten Reihe sitzt der Capsule Communicator, kurz Capcom, ein Astronaut, der während der Mission die Verbindung zur Besatzung im Raum aufrechterhält und Weisungen des Flugdirektors weitergibt. Während der Mondflüge gibt der Flugkontrolleur für die Experimente auf dem Mond die Wünsche des Mondwissenschaftlerteams in einem Nebenraum des MOCR über den Capcom an die Besatzung weiter. Da die Flugüberwachung rund um die Uhr erfolgen muß, gibt es vier Flugdirektoren mit je einem kompletten Team von Flugkontrolleuren. Sie sind nach den Farben Weiß, Schwarz, Rot und Braun benannt. Eine wesentliche Basis für das Überwachen einer Mission bildet das weltweite Nachrichtennetz der NASA mit seinen Stationen am Boden, auf See und zum Teil in Flugzeugen. Selbstverständlich handelt es sich bei vielen Übertragungen von Sprache oder Daten um solche über Satelliten. Auch über Erde-Mond-Distanzen wurden bei den Mondmissionen sämtliche im Raumfahrzeug anfallenden Daten von der Pulsfrequenz der Besatzungsmitglieder bis zur regelmäßigen Überprüfung technischer Systeme nach Houston weitergeleitet. Dabei

Blick in das Fernsehstudio der Universität von Tucson, Arizona. Rechts am Tisch der Mondforscher Professor Gerard Kuiper im Gespräch mit Heinrich Schiemann. Auf dem Tisch ein Stück Lava aus Hawaii, wie man sie auch auf dem Mond gefunden hat. Prof. Kuiper hatte immer die These vertreten, der Mond wäre fest genug, um Astronauten zu tragen. Andere Forscher hatten gemeint, der Mensch würde auf dem Mond in Staub versinken. Im Hintergrund Regisseur Horst Gotzmer, vorne Kameramann Werner Carnojon.

funktionierten die Antennen der Bodenstationen als Peilantennen für die Überwachung der Raumfahrzeugbahnen. Die größten Antennen standen in Goldstone in der Mojavewüste, im australischen Honeysuckle und in Madrid, Spanien.

Der Mond vor Apollo

Amerika wollte nicht zum Mond gehen, um ihn zu erforschen. Aber um zum Mond zu gelangen, mußte man wissen, wie er beschaffen ist. Vor allem war zu klären, ob seine Oberfläche fest genug war, um ein Landefahrzeug und aussteigende Astronauten tragen zu können. Tatsächlich hatte zur Zeit der Apolloplanungen der bekannte Astronom Prof. Thomas Gold vom Institut für planetarische Studien an der Cornell-Universität unweit New York mehrfach erklärt, der Mond wäre von einer so dicken Schicht puderfeinen Staubs bedeckt, daß jedes Fahrzeug und jeder Mensch in ihr versinken und untergehen würde. Ihm widersprach der seinerseits bekannteste, inzwischen verstorbene Mondforscher Prof. Gerard Kuiper, Direktor des Instituts für Mond- und Planetenforschung an der Universität Tucson, Arizona. Kuiper erklärte, der Mond sei nur von einer dünnen Schicht von Staub bedeckt, unter ihr läge Lava und Geröll. Schon vor den Apollolandungen haben zwei auf dem Mond weich gelandete unbemannte Mondfahrzeuge, der sowjetische Luna 9 (Ende Januar 1966) und vier Monate später der amerikanische Surveyor 1, Prof. Kuiper recht gegeben. Beide Fahrzeuge sanken nur wenige Zentimeter tief ein. Der Surveyor funkte Bilder zur Erde, auf denen Einzelheiten von zwei Zentimeter Größe zu sehen waren. Ich besuchte Prof. Kuiper im Sommer 1966 in der Sternwarte seines Instituts, deren Teleskop speziell für Mond- und Planetenbeobachtungen konstruiert worden war. Ich sah durch das Teleskop die hellen und dunklen Flächen auf dem Mond, die man auch mit bloßem Auge deutlich unterscheiden kann. Kuiper erklärte mir, wie sie zustande gekommen waren. In der Frühzeit des Mondes umkreisten außer ihm noch zahlreiche andere große Körper die Erde. Von Zeit zu Zeit stürzten davon welche auf den Mond und bohrten einen Tunnel in ihn, worauf eine Explosion erfolgte, die einen kreisrunden Einschlagkrater hervorrief. Die größten davon erzeugten die ausgedehnten dunklen Flächen. Sie hielt Galilei, der 1610 als erster Mensch ein vermeintlich von ihm selbst

Eine Aufnahme vom Krater Tycho auf dem Mond, die von einem unbemannten Raumfahrzeug vom Typ Lunar Orbiter gemacht wurde. Der Krater hat einen Durchmesser von achtzig Kilometern und ist durch den Aufsturz eines großen Himmelskörpers wie eines Asteroiden oder Kometen entstanden. Der Aufsturz rief eine Explosion hervor, die zu dem kreisförmigen Aushub von Material führte. Auch entstand ein auffälliger Zentralberg. Der Boden des Tycho wurde später zum Teil von Lava aus dem Innern des Mondes überflutet.

gebautes Teleskop auf den Mond richtete, für Meere. Seitdem heißen sie Mare. Obgleich man längst weiß, daß sie trocken sind. Die hellen Flächen hielt Galilei richtig für Gebirge. Von den naturwissenschaftlich interessierten Vorsokratikern hatte Anaxagoras (etwa 500 bis 428 vor Christi Geburt) den Mond für einen Stein gehalten. Demokrit (460 bis 370 vor Christi Geburt) hatte richtig vermutet, daß die Oberfläche des Mondes gebirgig sei. Als die linke Augenhöhle des Mannes im Mond sah man im Teleskop das Mare Imbrium, das nach rechts von einem 8000 Meter hohen

Gebirge begrenzt war. Im Boden des Mare waren deutlich zahlreiche größere und kleinere Krater erkennbar, die laut Kuiper auch von Einschlägen jeweils entsprechend großer Körper herrührten. Die dunkle Farbe der Maria erklärte Prof. Kuiper damit, daß nach dem Einschlag, der die Formation erzeugt hatte, Lava aus tieferen Schichten des Mondes aufgestiegen und dann erkaltet war. Prof. Kuiper zeigte mir im Teleskop noch weitere Mare mit ihren umgebenden hellen Gebirgsformationen, darunter das Mare Tranquilitatis, in dem das erste Apollolandefahrzeug herunterging. Dieses Mare liegt auf der uns zugekehrten Seite des Mondes etwa rechts von der Mitte auf dem Äquator. Alle Bezeichnungen auf dem Mond stammten von dem italienischen Mondforscher Riccioli, der um 1650 alle prominenten Krater in den Maria nach großen Gelehrten und Denkern benannte. Den Maria gab er lateinische Phantasienamen. Ein Mare, das nur zur Hälfte die Mondvorderseite bedeckt, zeigte mir Kuiper als eine Aufnahme, die mit dem Lunar Orbiter der NASA gemacht worden war, der den Mond umkreist hatte. Es heißt Mare Orientale und besteht aus drei konzentrischen Ringgebirgen mit einem dunklen Fleck in der Mitte. Menschen früherer Kulturen hätten das Mare vielleicht als ein magisches Auge gedeutet, das aus dem Himmel auf sie herniederblickt. Es ist denkbar, daß das Mare Orientale angebetet und um Vergebung der Sünden gebeten worden wäre. Die Apollolandungen haben viel über den Mond erbracht.

Weihnachten im Mondorbit

Im Herbst 1968 kam es zu einer spannenden Situation am Cape. Am 15. September hatten die Sowjets eine Sonde, Zond 5, um den Mond geschickt und dann am 10. November Zond 6 hinterher. Beide Sonden waren unbemannt, aber die erste wurde nach ihrer Bergung im Indischen Ozean in Bombay in einer Kiste an Land geholt, die so groß war, daß das Raumfahrzeug vermutlich Platz genug für einen Kosmonauten gehabt hätte. Stand eine bemannte Umrundung des Mondes bevor, vielleicht in der ersten Dezemberhälfte, wenn für Flüge von der Sowjetunion aus geeignete Startfenster offen sein würden? Das fragte man sich, als ich Ende November 1968 am Cape war, gerade als Vizepräsident Humphrey für einen Tag eingetroffen war, um sich vor Ort zu informieren.

Um ihn zu treffen, waren leitende NASA-Leute aus Washington und von Braun aus Huntsville gekommen. Auf der Rampe 39A stand zum dritten Mal eine Saturn 5. Zweimal waren Saturn 5 ohne eine Besatzung auf ihrer Spitze gestartet worden, mit Apollo 4 und 6. Ursprünglich hatte es geheißen, die dritte Saturn 5 sollte eine Apollo mit Besatzung in eine hochelliptische Bahn um die Erde bringen. Nun, nach Zond 5 und 6, war man auf die Idee gekommen, Apollo 8 sollte in eine Bahn gehen, die so hoch war, daß das Raumfahrzeug in eine Bahn um den Mond herumgeführt werden könnte. Das Startfenster hierfür öffnete sich Ende Dezember. So hoffte man, den Sowjets für den Fall, daß sie nicht Anfang Dezember eine solche Mission unternehmen würden, wenigstens für den Fall einer sowjetischen Mondumrundung im Januar, oder später, zuvorkommen zu können. Eine Landung freilich war ausgeschlossen, weil das Landefahrzeug bei Grumann in Bethpage bei New York noch nicht fertig war. Es war noch zu schwer. Statt eines Landefahrzeugs konnte Apollo 8 aber Ballast mitnehmen. An dem Tag des Humphrey-Besuchs herrschte eine nervöse Atmosphäre. Plötzlich sah man sich wieder im Rennen mit den Sowjets. Für ein Interview mit von Braun und Debus wies man meinem Team und mir als Behelfsstudio das große Arbeitszimmer von Rocco Petrone an, der unter Debus Direktor für Startoperationen am Cape war. Vor der Kamera erklärte mir von Braun den neuen Plan für Apollo 8. Wenn man schon in die Nähe des Mondes käme, was kein erhöhtes Risiko im Vergleich zu einer bloßen Umrundung der Erde bedeutete, könnte man auch in eine Umlaufbahn um den Mond gehen, diesen, zehnmal ohne zu landen, umkreisen und dann die Rückreise antreten. Ganz abgesehen von dem Motiv, den Sowjets nach Möglichkeit zuvorzukommen, würde man, auch ohne ein Landefahrzeug mitzunehmen, wertvolle Erfahrungen für die geplante Landung sammeln.

Daß die Nervosität der NASA berechtigt gewesen war, hat sich erst zwei Jahrzehnte später, 1990, bestätigt.

Im Zeichen der Glasnostpolitik von Michail Gorbatschow enthüllten die Sowjets 1990 ein Exemplar ihrer Mondlandefähre. Diese war auf der Basis des Sojusfahrzeuges von 1967 entwickelt worden. Wie die USA hatten auch die Sowjets ein Mondrendezvousverfahren gewählt, für das sie zusätzlich zur Sojus eine Lande- und Aufstiegsstufe vorgesehen hatten. Im Unterschied zu den Amerikanern hatten die Sowjets die Landung mit nur einem einzelnen Kosmonauten geplant. Für den Start von der Erde hatten die Sowjets eine Rakete der Saturn-Klasse geschaffen. Erst, nachdem es, teils bei Bodentests, teils kurz nach dem Abheben zu Fehlschlägen gekommen war, gaben die Sowjets ihre Pläne für eine bemannte Mondlandung auf. Zurück zu den Amerikanern. Sie hatten 1968 den Start für die Umrundung des Mondes auf den 21. Dezember, 13 Uhr MEZ festgelegt.

Selbstverständlich haben wir im ZDF live berichtet. Für diesen Zweck hatten wir im Studio eine sogenannte Eidophor, eine Projektionswand, die es ermöglichte, die drei Besatzungsmitglieder Frank Borman, James Lovell und William Anders an Bord der Apollo-8-Kapsel größer zu zeigen als Karlheinz Rudolph, mein Partner, und ich auf dem Bildschirm erschienen.

Bergungstraining einer Apollo-Besatzung im Golf von Mexiko. Jede Apollo-Mission endet mit einer Wasserung entweder im Pazifischen oder im Atlantischen Ozean. Dies geht so vor sich, daß nach dem Aufsetzen der Kapsel auf dem Wasser zunächst mitgeführte Ballons aufgeblasen werden, die ein Umkippen des Raumfahrzeuges verhindern sollen. Sodann wird ein von einem Hubschrauber abgeworfenes Schlauchboot von abgesprungenen Tauchern an der Kapsel befestigt und diese dadurch stabilisiert. Jede Besatzung muß ein Bergungstraining absolvieren.

Weihnachten kam dann die große Stunde, als Borman die Schöpfungsgeschichte aus der Bibel vorlas. Ursprünglich hatte die Besatzung für die Fernsehübertragung aus der Bahn um den Mond zur Erde weihnachtliche Textstellen aus der Bibel gewählt. Doch im Anblick der Schöpfung, der sie überwältigte, beschlossen sie die Lesung aus der Genesis, die ihnen für alle Menschen, ob Christen oder nicht, geeignet erschien. Die Lobpreisung der Erde gab ihr eigenes Erleben wieder. Lovell sagte später, in einem Kosmos, in dem es nur Schwarz und Weiß gäbe, sei sie das einzige farbige mit dem Blau ihrer Meere, dem Braun des Landes und dem Weiß ihrer Wolken. Apollo 8 wäre die erste Mission, bei der den Menschen die Erde als Raumschiff bewußt würde, auf dessen Erhaltung alle Menschen bedacht sein müßten. Auch Frank Borman widerlegte später die oft geäußerte Meinung, die Astronauten wären letztlich Roboter, gewohnt ihre menschlichen Gefühle zu verbergen, wenn sie überhaupt nach all ihrem technischen Training noch welche besäßen.

Borman berichtete nach der Rückkehr von Apollo 8 über das merkwürdige Gefühl beim Blick auf die Erde aus 380 000 Kilometer Entfernung: Es sei kaum zu glauben, daß es dort unten so viele Probleme gäbe, soviel Gehemmtheit, gegensätzliche nationale Interessen, Hunger, Krieg und Seuchen. Von all dem sähe man dort oben nichts. Käme ein Reisender aus der Tiefe des Weltalls an der Erde vorbei, so würde er noch nicht einmal bemerken, daß sie bewohnt sei. Wenn er es jedoch wüßte, würde ihm klarwerden, daß die Schicksale aller Wesen, die dort lebten, ineinander verwoben sind und eine Einheit bilden. Vielleicht das stärkste Erlebnis für die Astronauten war der Gegensatz zwischen Erde und Mond. Sie waren fasziniert, aber auch verstört vom Anblick der Mondlandschaft, die in einer Tiefe von 110 Kilometern unter ihnen vorbeizog. Borman sprach von der grauenerregenden Verlassenheit des Mondes und davon, daß er ohne jede Spur von Leben sei. Aber er war auch beeindruckt von der verlorenen Schönheit seiner Oberfläche, die Spuren einer Ewigkeit von viereinhalb Milliarden Jahren bewahre.

Wenn wir den Weltraum als einen neuen Ozean betrachten, den der Mensch jetzt zu befahren beginnt, dann waren alle Astronauten und Kosmonauten bis zu Apollo 8 nur Küstenfahrer gewesen. Sie hatten sich auf relativ nahe Umlaufbahnen um die Erde beschränkt. Die größte Höhe von allen hatte die Besatzung von

Gemini 11 mit 1340 Kilometern erreicht. Das ist weniger als ein Neuntel des Erddurchmessers. Mit Apollo 8 hatten sich Astronauten zum ersten Mal auf die hohe See hinausgewagt. Sie verließen die Erdumlaufbahn und ließen sich von der Schwerkraft eines fremden Himmelskörpers einfangen. Hätte das Triebwerk im Geräteteil ihrer Apollo, das sie in eine Umlaufbahn um die Mond abgebremst hatte, beim Wiederstarten zu einer Rückkehr zur Erde versagt, hätte es für sie keine Rettung gegeben. In den Tagen auf dem Weg zum Mond hatte es die Besatzung irritiert, daß sie ihn nie hatten sehen können. Die schmale helle Sichel war vom Licht der Sonne überstrahlt worden. Obgleich ihre Flugbahn vom eigenen Bordcomputer und von Houston immer wieder bestätigt

Das vertikale Montagegebäude für Saturn-5-Raketen am Cap Canaveral. Das VAB (Vertical Assembly Building) ist 160 Meter hoch und ruht auf 5000 Stahlröhren, die fünfzig Meter tief in den Boden Floridas getrieben wurden. Jede Röhre hat einen Durchmesser von fünfzig Zentimetern. Das Gebäude ist voll klimatisiert und erlaubt die gleichzeitige Montage von vier Saturn-5-Raketen. Rechts im Vordergrund das Gebäude des Startkontrollzentrums, in dem vier sogenannte Feuerräume für das Durchprüfen und Starten der Saturnraketen untergebracht sind.

worden war, waren sie doch erleichtert gewesen, als er dann schließlich zum richtigen Zeitpunkt groß und nah unter ihnen auftauchte. Kaum weniger als die Landemission von Apollo 11 wird Apollo 8 in die Geschichte eingehen. Ihre dreiköpfige Besatzung hat den Astronauten, die nach ihnen kamen, psychologisch den Weg bereitet. Dennoch konnte der nächste Flug noch nicht die Landung bringen. Zunächst mußte ein Exemplar des Landefahrzeugs, das für eine Mondlandung noch zu schwer war, im Erdorbit erprobt werden, was bemannt geschehen sollte. So wurde für Apollo 9 die nächste Saturn 5 genommen und auf ihre Spitze zunächst das Landefahrzeug mit eingeklappten Beinen gesetzt. Darüber wurde dann ein Geräteteil der Apollo mit draufsitzendem Kommandoteil gepackt. Der Start erfolgte am 9. März 1969 mit James McDivitt, David Scott und Russel Schweickart in den Couchen. Als erstes trennte sich die Besatzung mit dem Kommando- und Geräteteil von der dritten Stufe der Saturn, wendete und flog wieder auf die Rakete zu, um das Landefahrzeug herauszuziehen und auf die Spitze des Kommandoteils zu nehmen. McDivitt und Schweickart stiegen dann zum ersten Mal ins Landefahrzeug, das LM. Noch angekoppelt an den Kommandoteil feuerten sie dann probeweise den Abstiegsmotor des LM. Dann wurde der Druck aus dem LM abgelassen, so daß Schweickart das Fahrzeug verlassen und dessen Leiter ausprobieren konnte. Am vierten Tag der Mission stiegen die beiden Astronauten wieder ins LM. Sie trennten es vom Kommandoteil ab, trennten sich von der Abstiegsstufe und kehrten dann in der Aufstiegsstufe, deren Aufstiegsmotor sie zündeten, zum Kommandoteil der Apollo zurück und dockten an diese an. Damit waren die beiden Triebwerke des Landefahrzeugs, das für den Abstieg zum Mond und das für den Wiederaufstieg und für die Rückkehr zum Kommandoteil, das vorübergehend das Mutterfahrzeug des Gespanns geworden war, erprobt, so wie es sich Dr. John Houbolt ausgedacht hatte. Nur zwei Monate später, am 10. Mai 1969, folgte dann mit Apollo 10 – das zur Verfügung stehende LM war für eine Landung immer noch zu schwer – eine Generalprobe des Mondlandefluges, und zwar schon in einem 111 Kilometer hohen Mondorbit. Das war die Höhe, aus der der Abstieg zur Mondoberfläche geplant war. Die Besatzung bestand aus Thomas Stafford, Eugene Cernan und John Young. Bis auf den letzten Abstieg wurden sämtliche Manöver geübt: das Trennen des LM vom Kommandoteil, das Feuern des Abstiegsmotors bei einem Abstieg, der bis in eine Höhe von nur

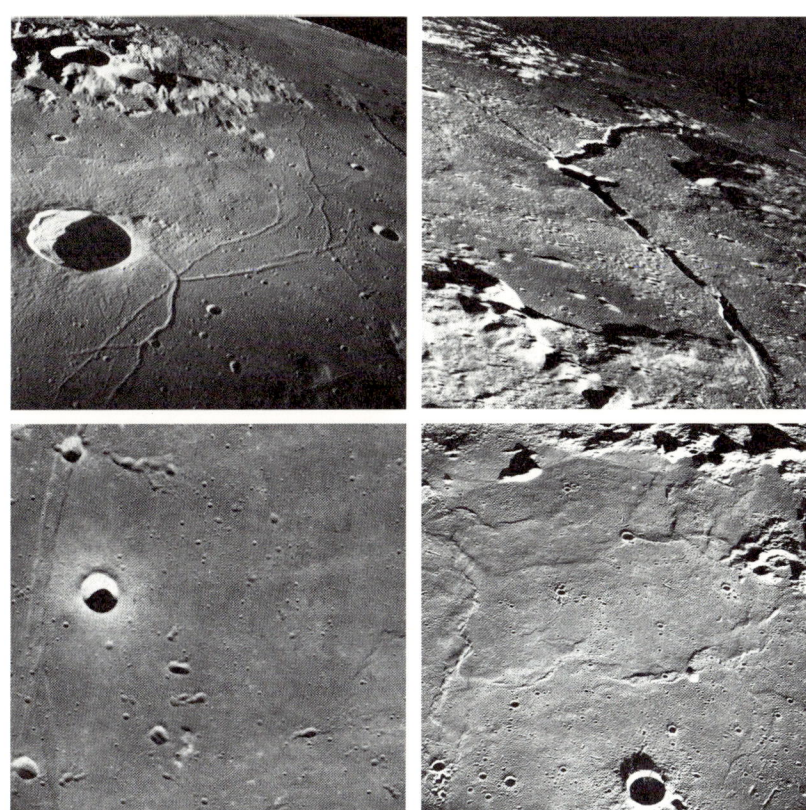

Vier Aufnahmen von der Mondoberfläche. Diese Aufnahmen hat die Besatzung von Apollo 10 während der
Umfliegung des Mondes gemacht.
Oben links: Der Triesnecker Krater
in Äquatornähe. Sein Durchmesser:
27 Kilometer. Oberhalb des Kraters
ein zweiter inmitten eines Gebirges.
Die weitgehend ebenen Flächen sind
von Lava bedeckt. Oben rechts: Die
Aufnahme zeigt die Hyginusrille.
Sie ist ungefähr drei Kilometer
breit. Unten links: Diese Aufnahme
zeigt das Landegebiet von Apollo 11.
Unten rechts: Der Krater am unteren Bildrand heißt Bruce und hat
einen Durchmesser von sechs Kilometern.

noch 14,5 Kilometer über der Mondoberfläche führte, ferner die
Trennung der beiden Teile des LM und die Rückkehr von dessen
Aufstiegstufe zum Mutterfahrzeug. Der Abstieg und das Rückkeh-
ren zum Kommandoteil wurde sogar zweimal geübt, wobei es
beim zweiten Mal zu einer Panne kam, weil ein Schalter sich
versehentlich in der falschen Stellung befunden hatte. Die Folge
war, daß sich die Aufstiegstufe aufbäumte, bis es Stafford gelang,
sie zu beruhigen.

Die erste Landung auf dem Mond

Zwei Monate nach Apollo 10 war es soweit. Am Cape herrschte Hochbetrieb. Zeitweilig waren alle drei Feuerräume in Betrieb gewesen, als die letzten Vorbereitungen für die erstmalige Landung von Menschen auf dem Mond angelaufen waren. Der Start wurde für den 16. Juli 1969 festgelegt. In Cocoa Beach und den anderen Orten rund um Cape Canaveral, das vorübergehend den Namen Cape Kennedy erhalten hatte, herrschte ein ungeheurer Trubel. Die Zahl der Besucher, die ans Cape gekommen waren, um den Start zu dem historischen Ereignis vom Strand aus zu verfolgen, wurde auf eine Million geschätzt. Nun war der Tag gekommen, den Kennedy auf »vor Ende des Jahrzehnts« datiert hatte. Man war sogar um ein halbes Jahr früher dran. Tagelang gab es in allen Motels in Cocoa Beach und Umgebung und weit darüber hinaus bis nach Tampa am Golf von Mexiko und bis Miami kein freies Bett mehr. Abend für Abend wurden in den Motels und den Häusern der Raumfahrtfirmen launch-parties gegeben. Launch hieß Start, und alles fieberte ihm entgegen. Die meisten Besucher waren natürlich Laien, die von Raumfahrt nichts verstanden, außer daß eben ein launch ein jedermann erregendes und daher lautes Ereignis ist.

Die umfangreichen, Zehntausende von Menschen erfassenden Vorbereitungen eines bemannten Mondfluges zielen stets auf den Zeitpunkt hin, an dem sich ein »Startfenster« öffnet. Man meint damit den Zeitraum, in dem ein Start möglich ist. Monatsfenster werden die Tage genannt, an denen man bestimmte Landestellen auf dem Mond bei einer bestimmten Beleuchtung erreichen kann. Hierbei ist zu bedenken, daß sich die Grenze Licht und Schatten auf dem Mond nur langsam weiterbewegt, weil er einen ganzen Monat für eine Drehung um seine Achse benötigt. (In dieser Zeit kreist er auch einmal um die Erde.) Was die Beleuchtung angeht, so soll die Sonne bei der Ankunft an der Landestelle sieben bis dreizehn Grad hinter dem Fahrzeug hoch stehen. Dann hat die Besatzung die Landstelle in einer günstigen kontrastreichen Beleuchtung vor sich. Hat man mehrere Landestellen zur Auswahl, bei Apollo 11 waren es drei in der Nähe des Mondäquators, so kann man bei notwendig werdenden Startverschiebungen von einer Landestelle zur anderen übergehen, wobei die östlichste als

erste, die westlichste als letzte in Frage kommt. (Sieht man auf der
nördlichen Erdhälfte Vollmond, so ist Osten rechts, Westen links
auf dem Mond.) Für Apollo ergab sich ein einwöchiges Monats-
startfenster. Dann gibt es die Tagesfenster, unter denen man die am
Starttag verfügbaren Stunden versteht. Sie ergeben sich daraus,
daß ein Wegflug aus dem Erdorbit, in den das Raumfahrzeug
zunächst eingeschossen wird, durch eine Steigerung der Geschwindigkeit erfolgen muß, bei der die Lösung aus dem Orbit
tangential geschieht, und zwar in einem Punkt, den man die
Mondantipode nennt. Das ist der Punkt, der vom Mond aus
gesehen hinter der Erde, auf ihrer Rückseite, liegt. Diesen Punkt
muß das Mondfahrzeug bei der Umrundung der Erde treffen. Dazu
stehen täglich mehrere Stunden zur Verfügung. Das liegt daran,
daß das Weiterwandern der Mondantipode, zu dem es relativ zur
Oberfläche der Erde infolge deren Rotation kommt, dadurch ausgeglichen werden kann, daß man die Abschußrichtung gegen
Nord, das sogenannte Azimut, verändert.

Droht der Startmannschaft die Mondantipode nach Westen weg-
zuwandern, dann braucht sie das Raumfahrzeug nur weiter nord-
wärts abzuschießen. Schon kommt es auf dem kürzer gewordenen
Weg der Mondantipode entgegen. Der Winkelbereich, bezogen auf
die Nordrichtung, in dem man vom Cape aus starten kann, ist
allerdings begrenzt. Zum einen will man möglichst östlich starten, also quer zur Nord-Süd-Richtung, um möglichst viel Erdrota-
tion auszunutzen, zum anderen will man so schießen, daß im
Falle eines Fehlstarts Bergungsschiffe in ungefährer Startrichtung
nahe genug liegen, um eine gelandete Besatzung wieder an Land
bringen zu können. In der Praxis sieht dies so aus, daß ein
Tagesfenster rund drei Stunden lang ist. Für Apollo 11 öffnete
sich das Tagesfenster am 16. Juli 1969 um 9 Uhr 32 Sommerorts-
zeit, wobei der 16. Juli am Anfang des Monatsfensters lag. Natürlich war es am Cape Sache der Computer, die schon das Monatsfenster ausgerechnet hatten, am Starttag dafür zu sorgen, daß die
Rakete bei Startverzögerungen laufend das Azimut, also den Winkel gegen Nord einprogrammiert bekäme. Selbstverständlich
brauchten sich Kommandant Neil Armstrong, der Pilot des Kommandoteils Michael (»Mike«) Collins und der Pilot des Landefahrzeugs Edwin (»Buzz«) Aldrin um die Ausrichtung ihrer Flugbahn nicht zu kümmern. Dennoch mußten sie früh aufstehen, um
um 6 Uhr 32, bei einem Countdownstand von T minus 3 Stunden,

nach Frühstück und langwierigem Anlegen ihrer Raumanzüge, das Gebäude für bemannte Raumfahrtoperationen verlassen zu können.

Der Start

Hier wohnen die Astronauten die Tage vor dem Start. Sie müssen pünktlich den weißen Transportwagen besteigen, der sie zur Rampe 39A bringen soll. Da die drei Raumfahrer bereits ihre klobigen Raumanzüge anhaben, tragen sie jeder in einer Hand das Gerät, das sie mit frischer Atemluft versorgt. Oben, am Raumfahrzeug auf der Spitze ihrer Saturn 5, 36 Stockwerke über dem Erdboden, werden sie von Günther Wendt und seiner Startmannschaft empfangen. Daß Günther Wendt die Besatzung von Apollo 11 einschließen wird, ist selbstverständlich. Das persönliche Verhältnis zwischen Wendt und der Besatzung ist so eng, daß vor dem Einschließen Geschenke ausgetauscht werden. Für Armstrong hat Wendt einen großen Schaumstoffschlüssel zum Mond mitgebracht, der allerdings wegen der Brandgefahr nicht mit ins Raumfahrzeug darf. Neil überreicht Wendt im Gegenzug eine Fahrkarte für einen Flug zwischen zwei Planeten. Aldrin übergibt Wendt eine Bibel. Beide nehmen ihre Religion sehr ernst. Was Wendt nicht zu wissen braucht, ist, daß Aldrin in einem Beutel für private Gegenstände eine kleine Flasche Wein und einen Kelch mitgenommen hat. Beides will er für die Andacht gebrauchen, wenn er nach Neils Ausstieg einen Augenblick allein im Landefahrzeug sein wird.

6 Uhr 52: Der Kommandant Armstrong steigt als erster in das Raumfahrzeug. Nachdem auch Collins und Aldrin an Bord sind, werden die Anzugschläuche an das Raumfahrzeug angeschlossen. Noch ist die Kabine zu sechzig Prozent mit Sauerstoff und zu vierzig Prozent mit Stickstoff gefüllt. Bei nachlassendem Druck wird die Atemluft nur noch aus reinem Sauerstoff bei einem Drittel Atmosphärendruck bestehen. Bei ermäßigtem Druck bedeutete reiner Sauerstoff keine zu große Brandgefahr mehr.
7 Uhr 52: Bei T minus 1 Stunde 40 Minuten schließt ein Astronaut, Haise, von Wendt genau beobachtet, die Luke. Bei T minus 61 Minuten überprüft Armstrong das Schwenken des Hauptmotors im Geräteteil.

Die Tribune neben dem Kontrollzentrum hat sich inzwischen zur Hälfte gefüllt. Unter den Gästen auch Wernher von Braun und sein alter Lehrer, Herman Oberth, der deutsche Vater der Raumfahrt. Es herrscht Erwartungsstimmung. Die schwarz-weiß lackierte Saturn 5 ragt mit dem rot angestrichenen Startturm neben sich in fünf Kilometer Entfernung in den blauen Himmel. Noch ist sie mit dem Startturm über mehrere Brücken sowie Kabel- und Schlauchanschlüsse verbunden. Ganz oben führt eine Brücke direkt zum »Weißen Raum«, wie die vom Wetter geschützte Kabine heißt, die direkt an die Kommandokabine anschließt. Besucher mit Feldstechern können den Rettungsturm auf der Spitze der Apollo sehen. Sollte es noch unmittelbar vor dem Start oder im Aufstieg bis zum Abtrennen der zweiten Stufe der Rakete zu einer für die Besatzung kritischen Situation kommen, gar zu einer Explosion unter ihr, so würde sie die Zündung der eigenen Feststoffrakete des

Blick ins Innere des Apollo-Kommandoteils. Der Autor erklärt im Sonderstudio des ZDF die Inneneinrichtung des aufgeschnittenen Kommandoteils. Die Instrumente sind durch Fotos nachgebildet, die in den USA bei der NASA aufgenommen wurden. Die Stange im Vordergrund ist einer der Stoßdämpfer, der bei der Landung die Besatzung vor zu starken Stößen schützt.

Rettungsturms veranlassen. Die Apollokommandokapsel würde dann vom Geräteteil und der Saturn unter ihr abgerissen und hoch genug befördert werden, um sicher am Fallschirm zu Boden gleiten zu können.

Der Hauptkontrollraum am Cape, der MOCR in Houston und sämtliche Bodenstationen und Schiffe des weltweiten Bahnverfolgungssystems der NASA sind auf Station. So wie die Saturn dasteht, beträgt ihr Gesamtgewicht, vollbetankt, einschließlich der Apollo und des Landefahrzeuges, mit allen Verkleidungen 2904 Tonnen, das ist in etwa das Gewicht eines kleinen Kreuzers. Im Augenblick des Abhebens wird der Schub der fünf Triebwerke der ersten Stufe vom Typ F 3500 Tonnen betragen. Die zweite Stufe hat ein Gewicht von 480 Tonnen. Der Schub ihrer fünf Triebwerke wird von anfangs 450 auf 520 Tonnen ansteigen. Die dritte Stufe schließlich hat, vollbetankt, einschließlich des Führungssystems für die ganze Rakete, ein Gewicht von 112,8 Tonnen. Das entspricht dem von hundert Mittelklasseautos.

Große Spannung herrscht auch im Apollo-Studio des ZDF in Hamburg Rahlstedt. Dort stehen im Maßstab 1:1 ein Modell des Apollokommandoteils und der Landefähre. Mit ihnen will ich in den kommenden Stunden die einzelnen Schritte der Mission dem Zuschauer verdeutlichen. Mein Mitmoderator Werner Stratenschulte, ein Übersetzer und Dr. Don Wilhelms vom Amerikanischen Geologischen Institut (US Geological Survey) in Menlo Park bei San Francisco und ich sind bereit, mit der Kommentierung zu beginnen, während sich die Technik um die Satellitenverbindung nach den USA kümmert. Übergroße Tafeln mit Karten und fotografischen Mosaiken von der Mondoberfläche sind um uns herum aufgebaut. Alle wichtigen Termine, die Fernsehübertragung nach dem Start und vor allem die Mondlandung, sind im Sendeplan gebucht. Satellitentechnik soll es möglich machen, das größte Abenteuer in der Geschichte der Menschheit hautnah am Bildschirm mitverfolgen zu können. Weltweit rechnen die Fernsehgesellschaften mit einer halben Milliarde Zuschauern.

T minus fünf Minuten: Der Startdirektor am Cape, Rocco Petrone, gibt mit dem Signal »GO« die Freigabe für die ganze Rakete. Ab jetzt steuern die beiden Computer im Startkontrollzentrum den einsetzenden Startablauf vollautomatisch.

Noch drei Sekunden bis zum Start. Nacheinander leuchten im Feuerraum Nr. 1 die Funktionen auf, die die Freigabe der einzelnen Systeme melden: Flüssigsauerstofftank der zweiten Stufe

Kommando- und Geräteteil des Apollo-Raumfahrzeuges. Im kegelförmigen Kommandoteil reist die Besatzung bis in einen Mondorbit. Der Kommandoteil hat ein Gewicht von 5,7 Tonnen, der Geräteteil, betankt, von 24 Tonnen. Angedockt an ihn ist während der Reise zum Mond das Apollo-Landefahrzeug. Im Mondorbit steigen dann Kommandant und Pilot des Landefahrzeugs in dieses um, während der Pilot des Kommandoteils im Mondorbit bleibt. Nach der Rückkehr von Kommandant und Pilot des Landefahrzeugs kehrt dann die Besatzung zur Erde zurück, wozu sie den Motor im zylindrischen Geräteteil zündet, in dem Treibstoffe und Sauerstoff untergebracht sind.

unter Druck – Flüssigsauerstofftank der dritten Stufe unter Druck – Kraftstofftank der ersten Stufe unter Druck – Flüssigwasserstofftank der dritten Stufe unter Druck.

T minus eine Minute: Die Rakete wird auf eigene Stromversorgung umgeschaltet. Die bisher noch festgehaltenen Kreiselachsen der Trägheitsplattenform im Führungssystem werden gelöst, so daß ein pünktlicher Start eingehalten werden kann. Das Startfenster ist offen, und die Reise zum Mond kann beginnen.

Die drei Menschen auf der Spitze der Saturn sind der Instrumenteneinheit auf der dritten Stufe voll ausgeliefert.

T minus 8,9 Sekunden: Die IU befiehlt die Zündung, und im Feuerraum leuchtet jetzt der letzte Lichtkasten auf:

Ignition – Zündung.

Die Rakete wird nicht sofort freigegeben. Um einen ruckartigen Start zu vermeiden, wird sie am Boden von dicken Bolzen festgehalten, die durch dünne Löcher hindurchgezogen werden. Bis zur völligen Freigabe der Rakete beim Punkt Null jagen bereits vierzig Tonnen Treibstoff durch die F-1-Triebwerke. Dann läuft alles nach Plan ab, wie man es schon von früheren Saturn-5-Starts gewohnt ist:

Die Flammen schießen unter der Rakete hervor. Aus einer Dampfwolke erhebt sich majestätisch die Apollo 11. Die charakteristische Kippbewegung – und jetzt bahnt sie sich unaufhaltsam ihren Weg zum Mond.

Die Besucher auf der Tribüne können den Start unmittelbar körperlich spüren. So heftig erschüttert die Wucht der Triebwerke den Boden auf eine Entfernung von fünf Kilometern. Dann löst sich die Spannung in einem kollektiven Jubelschrei, dem laute Begeisterungsrufe folgen.

Wir fühlen uns im Studio in Hamburg mit den Zuschauern auf der Tribüne am Cape und der Million Zuschauer von Cocoa Beach, die das Ereignis mit eigenen Augen verfolgen können, verbunden.

Weniger dramatisch als die Zeugen, die das gewaltige Ereignis am Cape und am Bildschirm miterleben, empfindet die Apollobesatzung den Vorgang des Abhebens und des ersten Aufstiegs. Das Abheben wirkt auf sie wie ein sanftes Gleiten, das dann in ein Gefühl übergeht, als würden sie von einem mächtigen Fahrstuhl emporgehoben werden. Dann beginnen sie mit angewinkelten Beinen, in ihren Couchen liegend, zu spüren, wie ihr Gewicht infolge der zunehmenden Beschleunigung ansteigt. Der Puls der drei Männer bleibt weiterhin unter dem, was man bei ihren früheren Geminiflügen gemessen hat, was die Flugkontrolleure in Houston wunderte. Armstrong kommt auf hundertzehn Herzschläge in der Minute, Collins auf 99 und Aldrin auf 88. Neil meldet das von der IU gesteuerte Roll- und Nickprogramm, das sie auf den richtigen Kurs zum Einschuß in die Erdumlaufbahn bringen soll. »Die Saturn war«, so erzählt er später den Autoren des Buches »Wir waren die Ersten«*, »offenbar sehr beschäftigt. Sie steuerte wie verrückt. Es war als ob einer eine sehr enge Allee mit dem Auto entlangfährt und nicht recht weiß, ob er zu nahe an der rechten oder linken Seite der Straße fährt.«

Von dem Augenblick an, in dem die Rakete den Startturm passiert hat, ist die Flugkontrolle auf Houston übergegangen.

Nun meldet Houston schon: Bruce McCandless (der Capcom im MOCR) an Apollo: »Apollo 11, this is Houston, you are GO for staging.« (Ihr seid klar zur Stufentrennung.) Bruce McCandless ist der Astronaut, der im MOCR den Dienst als Capcom für den ersten Teil des Fluges hat. »GO« heißt soviel wie »Alles klar«.

Bei einer Geschwindigkeit von 9900 Kilometern in der Stunde und in einer Höhe von 44 Kilometer erlöscht der Mittelmotor der ersten Stufe und die Außentriebwerke werden abgeschaltet. Die erste Stufe wird abgetrennt, durch Zünden einer Schnur, die am ganzen Umfang der Stufe explodiert. Rund eine halbe Minute später wird der Rettungsturm samt einer an ihr hängenden Schutzkappe für den Kommandoteil abgeschossen. Die zweite Stufe übernimmt die Weiterbeschleunigung. Das Steuern erfolgt wie bei einem Boot mit Außenbordmotor, durch Schwenken der Triebwerke. Bei neun Minuten, zwölf Sekunden wird die zweite Stufe abgetrennt und die Zündung der dritten erfolgt, die sich bei elf Minuten 42 Sekunden mit der auf ihr sitzenden Apollo in die Erdumlaufbahn einschießt. Einschußgeschwindigkeit etwa 28 000 Kilometer pro Stunde. Erreichter Orbit 187,8 mal 191,8 Kilometer, also fast kreisförmig. Der erreichte Orbit ist eine Wartebahn für die als nächstes zu treffende Entscheidung. Das GO für den Einschuß in die Bahn zum Mond.

2 Uhr 16 Flugzeit: Der NASA-Sprecher, der als Pressesprecher mit im MOCR sitzt und die gesamte Mission für alle Außenstehenden kommentieren wird, meldet, daß die Station Carnavron, Australien, in wenigen Augenblicken das Raumfahrzeug erfassen und

* Das Buch erschien im Ullstein Verlag in einer Übersetzung von Heinrich Schiemann.

dann die GO/NO GO-Entscheidung für den Einschuß in die Mond-
bahn durchgegeben wird

Houston: Apollo 11, dies ist Houston, ihr seid GO für TLI
(translunaren Einschuß) (…) Wir kommen in einer Minute in
den Bereich eines Aria-Flugzeuges (Fliegende Relaisstation).
Wir glauben daher, daß wir während des gesamten TLI-
Brennvorganges eine lückenlose Datenübertragung haben
werden.

Noch war es an der IU, die Geschwindigkeit der Apollo zu
berechnen und den Augenblick des Abschaltens der dritten Stufe
zu bestimmen, die in einer neuerlich zweiten Brennphase den
Einschuß zu besorgen hatte.

NASA: (…) Wir wollen eine Geschwindigkeitserhöhung von
3180,6 Kilometer pro Stunde bis zu einer Endgeschwindigkeit
von 39 036,3 Kilometer pro Stunde erreichen (Erdfluchtge-
schwindigkeit) (…) Flugzeit 2 : 43. In einer Minute Zündung.
Houston: Apollo 11, dies ist Houston (…) Bahn und
Flugführung sehen sehr gut aus. Und die Stufe ist gut. Ende.
Raumfahrzeug (Armstrong):   Hey, Houston, Apollo 11. Diese
Saturn hat uns einen großartigen Ritt gegeben.

Sofort nach Brennschluß beginnt die Geschwindigkeit – infolge
der Erdanziehung – wieder zu fallen. Im Raumfahrzeug herrscht,
wie vorher schon in der Wartebahn um die Erde, Schwerelosigkeit. Jeder Körper fliegt für sich seine Bahn. Inzwischen – nach
sieben Minuten – beginnt die Besatzung mit der Überführung
ihrer Apollo in die Lage zur Trennung von der dritten Stufe.

NASA: Apollo Kontrolle. Geschwindigkeit 37 806 Kilometer
pro Stunde. Höhe 948 Kilometer (…) Gewicht im Orbit, Stufe
und Raumfahrzeug 62,92 Tonnen. (…) Flugzeit 3 : 0 Stunden.
Geschwindigkeit 30 663 Kilometer pro Stunde, Höhe 4415
Kilometer.
Capcom: Apollo 11, Houston, ihr seid GO für die Trennung.
NASA: Bestätigen Trennung.

Nach der Trennung manövriert die Besatzung ihre Apollo von der
Stufe weg, vollzieht eine 180-Grad-Wendung, fährt mit der Spitze

auf die in der Nähe treibende Stufe zu, in deren Teil die Mondlandefähre mit angezogenen Beinen steckt. Das Manövrieren ist
eine Aufgabe für Mike Collins als dem Piloten des Apollokommandoteils. Millimeterweise tastet sich Mike an sein Ziel heran,
bis er schließlich in den Fangtrichter des LM einrasten kann.

Capcom: Gewicht des Landefahrzeuges (unter irdischen
Bedingungen) 15 080 Kilogramm. (Jetzt schwerelos.) Flugzeit
4:09 Stunden: Das Herausziehen des LM erfolgt.

Houston meldet, daß die dritte Stufe auf eine Wurfschlingenbahn
um die von der Erde aus gesehene linke (!) Seite des Mondes und
von da aus in Richtung einer Bahn um die Sonne automatisch
eingeschwenkt ist.

NASA: Flugzeit 5:22 Stunden. Houston läßt die ersten
eingeplanten Kurskorrekturen wegen Geringfügigkeit ausfallen.
NASA: Flugzeit 5:22 Stunden. Einer der Astronauten hat
gerade berichtet, daß sie jetzt an Bord Sandwiches essen.
Inzwischen ist das Innere des Landefahrzeuges unter Druck
gesetzt worden. Abstand zur Erde 40 776 Kilometer.
Geschwindigkeit 14 170 Kilometer pro Stunde. Gewicht der
gesamten Apollokombination aus Kommando- und Geräteteil
sowie LM 52 439 Kilogramm, das Gewicht von fünfzig
Mittelklasseautos.
Raumfahrzeug: Unten im Kontrollraum werdet ihr vielleicht
das Bedürfnis haben, Dr. George Muller (der Chef für bemannte
Raumflüge in Washington) zu seinem Geburtstag zu gratulieren.
Ich glaube, heute ist auch der zweihundertste Geburtstag von
Kalifornien. Aber so alt ist Dr. Muller nicht.

Kleine Witze, die die Besatzung von Zeit zu Zeit macht, zeugen
von der Gelassenheit, mit der sie inzwischen auf das Abenteuer
reagiert, auf das sie sich eingelassen hat. Für die erste Mondlandung hat man auch eine sogenannte »freie Rückkehrbahn« zur
Erde gewählt, wie vorher bei Apollo 8 und 10. Das ist eine Bahn,
die bei Verzicht auf ein Einfangen in einen Orbit um den Mond,
als Voraussetzung für eine Landung von Armstrong und Aldrin
auf dem Mond, um den Mond herum und zurück zur Erde führt.
Solche freien Rückkehrbahnen gibt es nur für Landestellen auf

dem Mond in der Nähe des Mondäquators. Solche Bahnen haben Nachteile. Sie sind nicht identisch mit Bahnen geringsten Treibstoffverbrauchs zum Mond. Bei Verzicht auf eine solche Bahn kann man in einer Apollo mehr Ausrüstung mitnehmen.

Nach den komplizierten Arbeiten, die Collins in den seit TLI vergangenen Stunden geleistet hatte, durfte er endlich, wie auch Armstrong und Aldrin, seinen klobigen Raumanzug, der ihn bei jeder Bewegung im Kommandoteil der Apollo behinderte, ablegen. Bis dahin hatte die dreiköpfige Besatzung ihre Druckanzüge anbehalten, da es schließlich bei dem komplizierten Manöver des Versetzens und Dockens zu einer Kollision mit der Drittstufe der Saturn und damit zu einem Leckwerden ihres Raumfahrzeuges hätte kommen können. In diesem Falle wäre die Besatzung vor dem Vakuum des Weltraums in ihren Anzügen geschützt gewesen. Während Apollo 11 dem Mond entgegentrieb, waren bis zur Ankunft in Mondnähe drei Überprüfungen der Flugbahn vorgesehen. Collins, der eigentliche Navigator an Bord, bediente sich hierzu eines in den Kommandoteil der Apollo fest eingebauten Computers, mit dem er über ein DSKY genanntes Gerät verkehrte. Beim DSKY handelte es sich um das raffinierteste System an Bord. DSKY stand für Display and Key Unit, auf Deutsch: Anzeige- und Eingabegerät. Es arbeitete nicht mit dem gewöhnlichen Zahlensystem Null bis neun, sondern dem Achtersystem Null bis Sieben. (Acht war dann eine Eins mit einer Null dahinter.) Zu den Ziffern kamen zwei Präfixe, Verb und Noun, sowie ein Buchstabe P, der in Verbindung mit einer Ziffernfolge eine Programmnummer bezeichnete. Es gab annähernd hundert Nummern für Programme, die fest einprogrammiert waren. P10 bis P17 waren zum Beispiel für die Aufstiegsphase da. Die mit P20 bis P27 bezeichneten Programme waren für alle Navigationsaufgaben bestimmt, die dreißiger Programme übernahmen die Überführung der Apollo von einer Flugphase zur anderen. Schubmanöver wurden von P40 bis P47 kontrolliert, während die Überwachung der kreiselstabilisierten Plattform als räumliche Bezugsrichtung für alle Manöver Sache der fünfziger Programme war. Hierbei war das Programm 52 speziell für die Ausrichtung der Plattform durch ein Besatzungsmitglied, für gewöhnlich den Piloten des Kommandoteils, zuständig. Bei der Flugführung der Apollo handelte es sich um eine Navigation nach den Sternen. Hierzu besaß die Besatzung eine Liste von fünfzig mit Nummern bezeichneten Sternen. Doch konnten zum Peilen auch Landmarken auf der Erde und dem Mond und bei Rendezvousmanövern auch markante Stellen des anzupeilenden Raumfahrzeuges benutzt werden. Die Peilung geschah nun jeweils so, daß der Navigator nach der Eingabe des gewählten Programmes durch Schwenken der Apollo mittels der Steuerdüsen das Raumfahrzeug zur gewünschten Peilmarke hin ausrichtete und den Winkel durch Eintasten in das DSKY in den Computer gab. Zur Ermittlung des Raumschiffsorts nahm Collins jeweils drei Winkelmessungen zwischen Erdhorizont und nacheinander drei Gestirnen vor. Damit konnte der Computer jeweils einen Kegel berechnen, dessen Achse mit der Richtung vom Beobachter zum Stern übereinstimmte. Die Schnittlinie zwischen zwei Kegeln ergab dann eine erste Ortsbestimmung und die Ermittlung und Berücksichtigung eines dritten Kegels einen Punkt auf der Bahn des Raumfahrzeuges. Ergänzt wurde die Bahnbestimmung durch Messung der Beschleunigung des Raumfahrzeuges mittels Federpendel in den drei Richtungen des Raums. Ähnlich wie beim Führungssystem der Saturn ergab dann eine zweifache Summierung von Beschleunigungen Geschwindigkeiten und Wege in den drei Raumrichtungen. Eine weitere Bahnbestimmung ergab sich durch Peilungen, vor allem so lange sich das Raumfahrzeug in Erdnähe befand, des weltweiten Bahnverfolgungsnetzes der NASA. Zu Bahndaten wurden diese Peilungen durch den Real-Time-Computer-Complex (RTCC), auf Deutsch: Echtzeit-Computer-Komplex, in Houston. Der RTCC wurde durch fünf IBM-Computer gebildet, von denen jeder für sich allein die Bahnberechnung vornehmen konnte. Normalerweise arbeiteten zwei Computer parallel, während zwei weitere in Reserve standen und schließlich der fünfte Computer die Aufgabe jedes der anderen übernehmen konnte. Der RTCC verarbeitete auch die Peilungen des Navigators, die nach Houston übermittelt wurden. Die mehrfache Berechnung der Bahn an Bord und am Boden, und zwar dort durch jeweils zwei Computer, galt für notwendig, da das Leben der Besatzung davon abhing, daß sich Apollo auf der richtigen Bahn befand, und weil eventuelle Abweichungen von der Sollbahn durch Kurskorrekturmanöver ausgeglichen werden sollten.

Die für die Sicherheit der Besatzung wichtigste Anlage war das Lebenserhaltungssystem. Es bezog den für die Astronauten nötigen Sauerstoff aus Tanks, die im Geräteteil der Apollo saßen. Dort hatten auch die Tanks mit Wasserstoff ebenso ihren Platz wie drei Brennstoffzellen, die durch kalte Verbrennung von Wasserstoff mit Sauerstoff gleichzeitig elektrischen Strom und Wasser erzeugten. Die Feuchtigkeit, die sich in der Atemluft ansammelte, wurde in einem Wasserabscheider abgefangen. Dagegen wurde die ausgeatmete Kohlensäure in Lithiumhydroxidfiltern abgefangen, die von Zeit zu Zeit ausgewechselt werden mußten, was unter der Kontrolle von Houston geschah. Ein zweites Lebenserhaltungssystem war in dem Mondlandefahrzeug untergebracht. Das hatte sich als ein großes Glück erwiesen, als es beim Flug von Apollo 13 zu einer Havarie kam, durch die die Sauerstoffzufuhr aus dem Geräteteil ausgefallen war.

Im Fernsehstudie in Hamburg hatten wir in unserer 1:1-Nachbildung des Kommandoteils und der Landefähre keine Originalgeräte einbauen können. Darum hatte ich bei Reisen in die USA zur Vorbereitung der Berichterstattung Fotos von den in die Fahrzeuge eingebauten Geräten machen lassen, die wir dann in Hamburg in deren Nachbildungen eingeklebt hatten. Dadurch wurde eine sehr naturgetreue Darstellung zur Erklärung der Geräte möglich.

Während die Astronauten auf dem Weg zum Mond waren, hat man ihre Ehefrauen gefragt, wie sie den Tag des Starts erlebt hatten. Als einzige von den drei Astronautenfrauen war Joan Armstrong zum Cape geflogen, um den Start mitzuerleben. In der Nacht vor dem Start war sie, mit einem speziellen Passierschein ausgerüstet, zum VAB gefahren und hatte sich die fünf Kilometer entfernte, weiß angestrahlte Rakete angesehen. Zur Startzeit war sie dann mit ihren Söhnen Ricky und Mark von Freunden auf ein Boot im Bananenriver eingeladen worden, von wo aus sie das Ereignis verfolgen konnte. Mit auf dem Schiff war die Frau des Astronauten Scott, mit dem Neil die gefährlichen Augenblicke im Weltraum erlebt hatte, als Gemini 8 zu taumeln begonnen hatte und sie eine Notlandung vornehmen mußten.

Mike Collins Frau Pat war in Houston geblieben, von wo aus sie am Abend vor dem Start mit ihrem Mann telefoniert hatte. Abends las sie dann noch ein Kapitel aus Arthur Hailys Roman »In High Places«. Sie war an der Universität von Houston eingeschrieben und hatte Literatur belegt, weil sie später selbst etwas schreiben wollte.

Aldrins Frau Joan hatte das Haus voller Gäste. Verwandte und Bekannte. Als sie erfahren hatte, daß ihr Mann, genannt »Buzz«, für die erste Landung auf dem Mond ausgesucht worden war, wußte sie nicht recht, ob sie sich freuen oder weinen sollte. »Ich wünschte mir«, sagte sie den Reportern von Time Life, »Buzz wäre Tischler oder ein Lastwagenfahrer oder auch ein Wissenschaftler, irgend etwas anderes, als er war. Ich will, daß er das macht, wozu er Lust hat, aber ich will nicht, daß...« Joan hatte den Magistergrad an der New Yorker Universität erworben. Für die Tage der Mondmission nahm sie sich, »um bei Verstand zu bleiben«, wie sie sagte, ein paar Arbeiten außer der Reihe im Haushalt vor, wie Fensterputzen und Wände anstreichen. Am Starttag stellte Joan den Wecker auf sechs Uhr, schlief aber wieder ein und wachte erst wieder auf, als die Luke zur Kapsel zugemacht wurde. Als der Count Down ausgezählt wurde, war sie den Tränen nahe, nahm sich aber doch zusammen, ließ ihre Gäste nichts merken und saß ruhig und fest da.

Im Kapitel über die Arbeiten in Edwards hatte ich ein paar Stationen aus dem Leben von Neil Armstrong erzählt, mit dem ich in Deutschland auf der Wasserkuppe zusammengetroffen war. Neil hatte in Edwards Collins kennengelernt, der neben ihm in der Apollo lag. Collins war in Rom geboren. Ein Onkel von ihm, wie sein Vater General, hatte als einer der besten Korpsführer der amerikanischen Armee während des Zweiten Weltkrieges gegolten, und so war es – obgleich Collins keine besondere Vorliebe für das Militärische hatte – kein Zufall, daß er in die renommierte Offiziersschule von West Point eintrat, vor allem, weil er dort eine kostenlose und doch erstklassige Ausbildung erhalten konnte. Am meisten lockte ihn, wie er den Time-Life-Reportern erzählte, das Fliegen, und so kam er im Anschluß an West Point während des Zweiten Weltkrieges nach Europa zu einem Jagdgeschwader. Er mochte das Milieu und hatte Spaß an seinen Kameraden, die gerne ihren Schal aus dem Cockpitfenster hängen und im Wind flattern ließen. Bewunderung hegte er für die Testpiloten, die er kennenlernte, als er in Edwards war, wohin er sich nach dem Krieg beworben hatte. »Jagdpiloten mögen Fehler machen«, sagte er. »Testpiloten können sich das nicht leisten. Sie tragen Verantwortung für die Piloten, die später das von ihnen getestete Flugzeug fliegen sollen. Sie müssen reifer sein und mehr im Kopf haben.« Sie seien ja auch Techniker, die mit Formeln und Diagrammen umzugehen wissen. Mike durfte in Edwards so ziemlich alle Typen fliegen, die es dort gab. Nur die X 15, die sein jetziger Kommandant von Apollo 11 flog, bekam er nicht zu fliegen.

Mike war natürlich nicht gerade begeistert darüber, daß er als einziger nicht mit auf den Mond steigen würde. Dafür wollte er als Pilot des Kommandoteils das Mutterfahrzeug um so sorgfältiger in Schuß und bereit für die Rückkehr von Armstrong und Aldrin halten. Den Lebenskünstler ihn ihm erkannte man daran, daß er immer fand, alles würde schon gut gehen.

Im Gegensatz zu dem quicklebendigen Collins war Aldrin ausgesprochen ernst veranlagt.* Er hatte einen interessanten Vater gehabt, der aus der Flugzeugbranche kam. Theoretische Grundlagen hatte er sich an der Clark-Universität angeeignet, wo er Mathematik hörte, ein Gebiet, auf dem die Universität anderen um fünfzig Jahre voraus war. Dort traf er mit Goddard zusammen, der als erster eine Flüssigkeitsrakete baute und als amerikanischer Vater der Raumfahrt gilt, so wie Oberth als deutscher und Tschiolkowski als russischer.

Wie Collins wählte er die Luftwaffe als seine Waffengattung. Da er Astronaut werden wollte, dafür aber keine Erfahrungen als Testpilot besaß, bewarb sich Aldrin erst einmal 1959 um einen Studienplatz an der Hochschule von Massachusetts, wo sein Vater Kurse gehalten hatte. Als er soweit war, an eine Doktorarbeit heranzugehen, wählte Buzz ein überaus anspruchsvolles Thema: »Rendezvous im Weltraum«, ein Gebiet, das selbst seinen Professoren neu war und sie zweifeln ließ, ob ihr Doktorand überhaupt auf dem richtigen Wege war. Buzz stellte fest, daß ein Rendezvous, was man nicht angenommen hatte, auch beim Ausfall eines Computers möglich war, wenn man ein bestimmtes optisches Verfahren anwendete, das er entwickelt hatte. Die NASA fand Buzz' Arbeit so wertvoll, daß sie ihn nach Wegfall der Testpilotenbedingung 1962 als Astronautenanwärter annahm.

Während Apollo 11 nun durch seinen eigenen Schwung, ohne Antrieb, dem Mond entgegenrast, ist die Besatzung bis zum Beginn ihrer ersten Schlafperiode, die für 22 Uhr Ortzeit in Houston angesetzt ist, mit Routinearbeiten an Bord beschäftigt. Dazu zählen navigatorische Beobachtungen, Neuausrichtungen der Kreiselplattform des Führungssystems zur Bahnkontrolle und die Überwachung der Bordsysteme. Die eigentliche Verantwortung für die Bordsysteme einschließlich des Lebenserhaltungssystems liegt insofern bei Houston, als ein ununterbrochener Datenfluß

---

* Auch Aldrin berichtete den Time-Life-Reportern aus seinem Leben.

aus dem Raumschiff über das weltweite Bahnverfolgungs- und Nachrichtensystem der NASA direkt zum Kontrollzentrum in Houston strömt. Je weiter sich Apollo 11 von der Erde entfernt, desto mehr liegt die Datenübermittlung bei den drei großen Sende- und Empfangsantennen in Goldstone in der Mojavewüste, Carnavron in Australien und Madrid in Spanien, die um rund hundertzwanzig Grad auseinander liegen, so daß das Raumschiff immer im Bereich einer der Antennen ist. Die Übertragung geschieht in der Hauptsache im sogenannten S-Band bei einer Frequenz von 92 000 Bits pro Sekunde. Ein Bit ist hierbei entweder eine Null oder eine Eins, wobei sämtliche Zahlen und Zeichen durch Kombinationen von Nullen und Einsen darstellbar sind.

Flugzeit 8 Uhr 11 Stunden. 16:43 Houston Ortszeit.

Capcom: Hello Apollo 11. Houston. Wir möchten Euch bitten, auf ACCEPT (Annahme) zu gehen. Wir haben ein PTC-Refsmaat für Euch.

Raumfahrzeug: In Ordnung, gehen auf ACCEPT.

Beim PTC-Refsmaat handelt es sich um eine Ausrichtung des Raumfahrzeuges, von der aus es dazu veranlaßt werden kann, sich alle zwanzig Minuten einmal um seine Längsachse zu drehen. Durch eine abwechselnde Ausrichtung zur Sonne und zum Weltraum kann eine gleichmäßige mittlere Temperatur erzielt werden, ein Verfahren, das man Passive Temperatur-Kontrolle nennt, auf Englisch Passive Thermal Control, kurz PTC. Refsmaat ist die Abkürzung einer Bezeichnung für die Ausrichtung der Kreiselplattform in Bezug auf das Raumfahrzeug. Zur Erzielung der notwendigen Ausrichtung liefert Houston drei Sterne mit den Nummern 26, 30 und 24.

NASA: Dies ist die Apollo Kontrolle. Flugzeit 8:51 Stunden. (17:23 Houston Zeit) Abstand von der Erde 97 221 Kilometer.

Die Apollobesatzung ist nicht einsam im Weltall. Rund um die Uhr überwacht Houston nicht nur die technischen Geräte an Bord, sondern auch den Puls der Besatzung. Da das geplante Kurskorrekturmanöver ausgefallen ist, kommt Armstrong auf die Idee, eine außerplanmäßige erste Fernsehübertragung zu organisieren. Da keine live-Leitung geschaltet ist, gibt er ein TV-Bild einfach an die Goldstoneantenne zur Aufzeichnung und späteren Überspielung nach Houston.

NASA: Dies ist die Apollokontrolle. Flugzeit 10:41 Stunden. (19:23 Houston Zeit). Zu Beginn der Fernsehübertragung ist Apollo 94466 Kilometer von der Erde entfernt.

Zu dem aufgezeichneten Bild gibt die Besatzung eine Bildbeschreibung.

Raumfahrzeug: Wir sehen die Mitte der Erde, wie sie sich jetzt im östlichen Pazifischen Ozean darbietet. Wir sind visuell nicht in der Lage, die Kette der Hawaiischen Inseln auszumachen, aber wir können sehr deutlich die Westküste, die Vereinigten Staaten, das Sandoaquin Tal, die High Sierras, die Bucht von Kalifornien und Mexiko bis hinunter nach Acapulcu und die Halbinsel Yucatan erkennen, und Sie können weiter sehen bis nach Mittelamerika, bis zur nördlichen Küste von Südamerika, Venezuela und Kolumbien. Ich bin nicht sicher, daß Sie das alles auf dem Bildschirm erkennen werden.

Houston: In Ordnung, Neil, wir wollten ja auch nur einen Text, den wir dann mit dem Fernsehbild korrelieren können. Vielen Dank.

NASA: Flugzeit 10:51 Stunden. 19:33 Houston Sommerzeit. Die Fernsehübertragung dauerte ungefähr fünfzehn Minuten. Wir schätzen, daß wir die Übertragung in einer halben Stunde hier haben... Flugzeit 11:03 Stunden. Capcom Charly Duke hat durchgegeben, daß die Sauerstoffeinleitung nicht so stark ist, wie wir erwartet haben... Wir werden die Sauerstoffanreicherung die Nacht über kontrollieren.

Raumfahrzeug: O. k., kann gut sein, daß wir jetzt zum Mittagessen kommen.

NASA: Flugzeit 11:29 Stunden. Wir erwarten nicht mehr, viel von der Besatzung zu hören. Um 11:20 Stunden Flugzeit, 19:52 Houston Sommerzeit haben wir gute Nacht gesagt. Das letzte, das uns die Besatzung übermittelt hat, war, daß sie »fit wie eine Geige« seien und keine Medikamente genommen haben.

Von Anbeginn der Raumfahrt ist Verpflegung ein Problem. Bei den ersten Merkurflügen bekamen die Piloten Essen in Tubenform mit, zum Beispiel Püree. Die Inhalte der Tuben konnten in den

Mund gedrückt werden. Man strebte aber nach kaubarem Essen. Kekse zerkrümelten aber, und die Krumen schwebten in der Schwerelosigkeit umher, ohne daß man sie einfangen konnte. Das war sehr lästig. Also überzog man brüchige Nahrungsmittel mit Gelantine und einer Masse aus Eiweiß und Öl. Seit den Geminiflügen ist man auf gefriergetrocknete Speisen gekommen. Die Astronauten sind mit ihnen einigermaßen zufrieden, wenn auch nicht begeistert. Die nach NASA-Vorschriften zubereiteten Speisen werden durch Tiefkühlung getrocknet und zu Einzelportionen in Stangen geschnitten. Die tiefgekühlten Speisen kommen dann in ein hohes Vakuum und werden anschließend erwärmt, wobei das entstehende Eis wie Schnee in der Sonne einfach sublimiert, ohne daß es erst flüssig wird. Die Astronauten können sich vor Flugbeginn Speisen für jeweils fünf Tage nach ihrem individuellen Geschmack zusammenstellen lassen. Es gibt Imbisse, verschiedene Fleischgerichte wie Gulasch, Steaks und sogar so ausgefallene Sachen wie Krabbencocktails, dazu Früchte, Süßigkeiten und natürlich Getränke. Die zubereiteten Stangen können nicht unmittelbar gegessen werden. Durch Zugabe von heißem Wasser müssen sie wässrig gemacht und können dann durch einen Schlauch eingesogen werden. Manches läßt sich auch mit dem Löffel essen.

NASA: Dies ist die Apollokontrolle. Flugzeit 14:06 Stunden. 22:38 Houston Sommerzeit. Die Mission nimmt einen sehr ruhigen Verlauf... Der Flugarzt meldet, daß alle drei Besatzungsmitglieder zu schlafen scheinen... Entfernung von der Erde 123 325 Kilometer bei einer Geschwindigkeit von 7785 Kilometer pro Stunde.

Zweiter Flugtag

NASA: Flugzeit 22:48 Stunden. 7:21 Houston Sommerzeit. Der Flugarzt meldet, daß die Besatzung seit einiger Zeit wach ist...

Flugdirektor Cliff Charlesworth hat den Capcom (Kapselkommunikator) des grünen Teams Bruce McCandless gebeten, die Besatzung anzurufen.

Houston: Apollo 11, dies ist Houston. Ende.

Raumfahrzeug: Guten Morgen, Houston, Apollo 11.

Houston: Verstanden, Apollo 11. Guten Morgen. Wenn Ihr bereit seid zum Mitschreiben, ich habe einige kleinere Aufdatierungen des Flugplans und eure Verbrauchszahlen und die Morgennachrichten, nehme ich an. Ende.

Der Capcom gibt die angekündigten Änderungen im Flugplan und kommt dann zu den Nachrichten, die der NASA-Sprecher zusammengestellt hat.

NASA: Jodrell Bank, England meldet, daß sie über ihre große Antenne aufgehört haben, Radiosignale des unbemannten sowjetischen Raumfahrzeuges Luna 15 zu empfangen. Ein Sprecher sagte, es sähe so aus, daß Luna 15 über den Mond hinausgeflogen ist. Der Direktor des Observatoriums glaubt nicht, daß es gelandet ist.

Washington United Press: Vizepräsident Spiro Agnew hat dazu aufgerufen, einen Mann auf dem Mars um das Jahr 2000 abzusetzen, aber demokratische Führer antworteten, daß Bedürfnisse auf der Erde Vorrang haben müßten. Agnew hatte offenbar seine persönliche Meinung geäußert, nicht diejenige der Regierung.

Associated Press: Einwanderungsbeamte haben am Mittwoch in Nueva Laredo angekündigt, daß Hippies Eintrittskarten für Mexico verweigert würden, es sei denn, sie nehmen ein Bad und ließen sich die Haare schneiden, ferner, daß Präsident Nixon Angestellten von Bundesbehörden am Montag einen freien Tag gewähren will, damit sie einen Tag nationaler Beteiligung an der Apollo-11-Mission begehen könnten, dies wurde mit Überraschung aufgenommen.

Associated Press, London: Europa mondtrunken. Europäische Zeitungen füllen ihre Seiten mit Bildern vom Hochschießen der Saturn 5, zum Schmieden einer ersten Verbindung der Erde mit ihrem natürlichen Satelliten. Und die Verfasser der Schlagzeilen bemühen ihre Phantasie, um Worte des Lobes für das Ereignis zu finden. »Das größte Abenteuer in der Geschichte der Menschheit hat begonnen«, erklärt die französische Zeitung Le Figaro, die Berichten von Kap Kennedy und Zeichnungen von der Mission vier Seiten widmete. Die kommunistische Zeitung L'Humanité machte mit den Bildern und Start auf und widmete ihre ganze Rückseite einem begeisterten Mondreport, in dem der Count Down und Start, die Frauen der Astronauten und ihre Familien sowie der Hintergrund der lunearen Aktivitäten geschildert werden.

Raumfahrzeug: Vielen Dank, Bruce. Das ist interessant.

NASA: Ein Flugkontrolleur für Flugdynamik meldet, daß Apollo 11 die halbe Distanz zum Mond zur Flugzeit 25:0:53 erreichen wird. Entfernung dann 193 360 Kilometer sowohl von der Erde als auch vom Mond... Apollo verläßt jetzt die passive Temperaturkontrolle PTC. Die Besatzung bereitet sich auf eine Kurskorrektur vor. Sie teilt mit, daß sie Schwierigkeiten mit einer von Houston angegebenen Navigationskontrolle gehabt hätte. Dadurch hätten sie mehr Treibstoff als erwünscht gebraucht.

Die Beschwerde zeigt die Notwendigkeit einer engen Zusammenarbeit zwischen Besatzung und Boden.

Raumfahrzeug (ein paar Minuten später): Ich bin jetzt in einer guten Ausrichtung. Ich habe jetzt im Sextanten den letzten Stern für P52. (Ausrichtung der kreiselstabilisierten Plattform.) Welcher Stern ist dies? Stern 37, ist das in Ordnung für die optische Kalibrierung, um etwas Treibstoff zu sparen? Oder wollt ihr, daß wir auf Stern Nr. 40 übergehen?

Houston: Stern 37 wird in Ordnung sein.

NASA: Stern 37 ist Nuki.

Houston: Während der vergangenen zwei Stunden haben wir eine kontinuierliche Zunahme des CO_2-Partialdrucks festgestellt. Habt ihr heute morgen schon den CO_2-Kanister gewechselt?

Raumfahrzeug: Nein, wir haben keinen Kanister heute morgen gewechselt.

Houston: Dann könnt ihr es nach dem nächsten P23 (Kurskorrektur) tun.

NASA: Flugzeit 26 Stunden. Dies ist die Apollokontrolle. Die Kurskorrektur wird ein Manöver mit dem Haupttriebwerk des Geräteteils sein. Brenndauer drei Sekunden. Geschwindigkeitszunahme 23 Kilometer pro Stunde. Dieses Manöver sollte das Pericynthion, die größte Annäherung an den Mond, von gegenwärtig 324,3 Kilometer auf 111 Kilometer verringern. Noch knapp eine Minute bis zur Kurskorrektur. Flugzeit 26:40

Stunden. Abstand von der Erde 202 431 Kilometer. Geschwindigkeit 5526 Kilometer pro Stunde.

Raumfahrzeug: Brennphase beendet. Notiert ihr die Resttreibstoffe?

Houston: Bejahend.

Das große Abenteuer verläuft beruhigend monoton. Houston kontrolliert fortlaufend sämtliche so wichtigen Daten wie die Kabinenatmosphäre, die Füllung der Sauerstoffflaschen, die Ladung der elektrischen Batterien usw.

Der Boden überwacht auch die Termine für so wichtige Maßnahmen wie das Ausrichten der kreiselstabilisierten Plattform, was möglichst in einer Zusammenarbeit zwischen Boden und Besatzung vor sich gehen soll. Zusammenarbeit ist auch nötig bei den kritischen Kurskorrekturmanövern. Hier berechnet der Boden die Ausrichtung der Apollo und die Dauer der Brennphase. Ausgelöst wird der automatische Ablauf des Manövers dann durch die Besatzung mit dem Programm 23. Dann überzeugt sich Houston von der richtigen Ausführung der Kurskorrektur, um sicherzugehen, daß Apollo weder am Mond vorbeischießen noch auf ihm aufschlagen wird.

Houston: Letzte Nachrichten über Luna 15. Laut Tass befindet sich das sowjetische Raumfahrzeug in einer niedrigen Bahn um den Mond.

Vor der Essens- und anschließenden Schlafperiode gibt es eine zweite, diesmal geplante Fernsehübertragung. Wieder schildern die Astronauten den Anblick der Erde, wobei sie bemerken, daß die Farben aus nunmehr rund 220 000 Kilometer Entfernung nicht mehr so gesättigt seien wie beim ersten Mal.

Raumfahrzeug: Wir wollen nicht mit den professionellen Kameraleuten konkurrieren. Wir haben es hier sehr gemütlich. Da ist eine Menge Platz für uns drei. Die Schwerelosigkeit ist auch komfortabel, aber nach einer gewissen Zeit kommt man an den Punkt, wo man es satt hat, immer nur herumzurollen und von der Decke und vom Boden abgestoßen zu werden, und von der Seite. Da neigt man dazu, sich irgendwo eine kleine Ecke zu suchen, die Knie hochzunehmen oder irgend etwas, um sich feststemmen zu können.

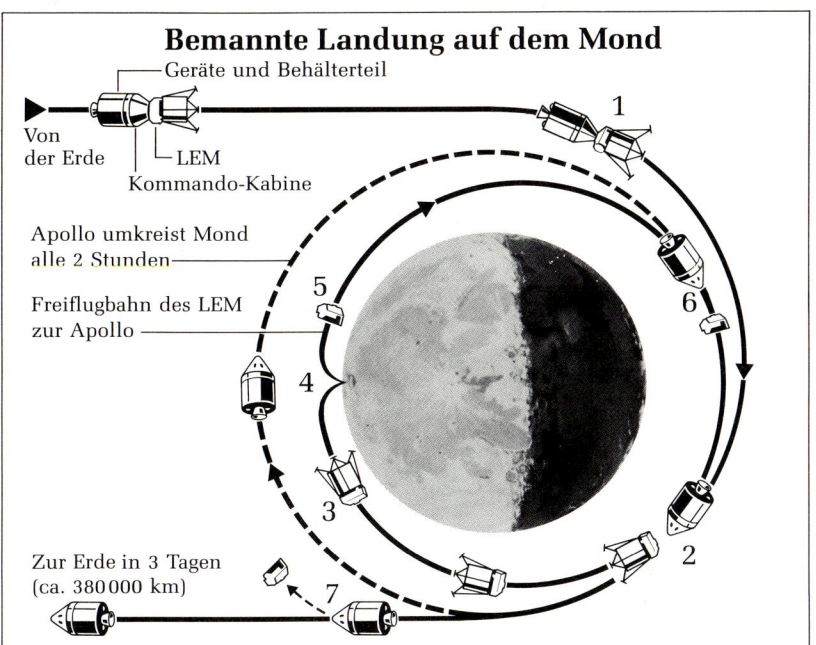

Bemannte Landung auf dem Mond

Geräte und Behälterteil

Von
der Erde

LEM

Kommando-Kabine

Apollo umkreist Mond
alle 2 Stunden

Freiflugbahn des LEM
zur Apollo

Zur Erde in 3 Tagen
(ca. 380 000 km)

1

2

3

4

5

6

7

Apollo-Manöver vor und nach Landung: 1. Abbremsen in Mondumlaufbahn; 2. Trennung des Mutterfahrzeuges, bestehend aus Kommando- und Geräteteil, vom Landefahrzeug; 3. Abstieg zur **Mondoberfläche; 4. Landung; 5. Abflug der Aufstiegsstufe vom Mond; 6. Rendezvous zwischen Kommandoteil und Aufstiegsstufe; 7. Rückschuß Richtung Erde nach Abtrennung der Aufstiegsstufe.**

Dritter und vierter Flugtag

Eine für den dritten Tag vorgesehene Kurskorrektur fällt wegen errechneter Geringfügigkeit aus. Dafür kommt es zu einer eineinhalbstündigen Fernsehübertragung zur Flugzeit 55:15 (22:47 Uhr im Studio in Hamburg) vom Umsteigen von Armstrong und Aldrin ins vorher unter Druck gesetzte Landefahrzeug.

Aldrin zeigt die Rucksäcke mit den Lebenserhaltungssystemen, die sie zum Aussteigen auf den Mond anlegen werden. Er weist auch auf den Fangtrichter und die Kopplungssonde hin. Beide Teile haben sie zum Freimachen des Weges ins LM abmontiert und beiseite räumen müssen. Der eigentliche Zweck des Aufenthaltes im Landefahrzeug ist eine Überprüfung der Geräte in seinem Innern.

NASA: Dies ist die Apollokontrolle. Flugzeit 61:39 Stunden. 22:12 Houston Sommerzeit. Der Flugarzt sagt, daß die Besatzung bald schlafen wird. Und nun steht in zehn Sekunden der Augenblick bevor, in dem wir die Einflußsphäre des Mondes überschreiten.

Ab nun wird die Anziehungskraft des Mondes stärker sein als die der Erde. Das heißt, daß die Geschwindigkeit von Apollo 11 nun statt abzunehmen, zunehmen wird. Da die Besatzung in Schwerelosigkeit ohnehin von Schwerkräften nichts merkt, da sie sich im »freien Fall« befindet, wird sie auch von der Änderung der Schwerkraftsrichtung nichts spüren. Als Jules Verne Barbicane, Arden und Nicholl von der Erde zum Mond reisen ließ, wurde dies allerdings anders dargestellt. Sie wurden erst in dem Moment schwerelos, als sich Erd- und Mondanziehung aufhoben. Erst in diesem Augenblick »sank ein ausgestreckter Arm nicht mehr herunter und die Köpfe saßen nicht mehr so fest auf ihren Schultern«.

Am Morgen des vierten Tages meldet die Besatzung, daß die Sonne jetzt unmittelbar hinter der Kante des Mondes steht und sie deren Korona sehen können. In den Morgennachrichten heißt es dann, Westdeutschland habe Montag zum Apollotag erklärt und in Bayern würden die Schulkinder frei bekommen.

Einfangen in Mondorbit

Bevor Armstrong und Aldrin zum Mond hinunterfliegen können, müssen sie sich heute von seiner Schwerkraft einfangen lassen und in eine Bahn um ihn herum gehen. Das Einfangmanöver soll in zwei Schritten erfolgen.

Beide Schritte heißen LOI (Lunar Orbit Insertion, auf deutsch: Eintreten in einen Orbit um den Mond). Ohne LOI/1 würde die Bahn des Raumschiffs, das sich auf einer freien Rückkehrbahn zur Erde befindet, um den Mond herumgebogen werden und dann eben zur Erde zurückführen. Das hat zur Folge, daß Apollo 11 von der Erde aus gesehen, zunächst hinter dem Mond verschwindet und die Funkverbindung unterbrochen wird. In diesem Zusammenhang gibt es zwei weitere Kürzel. LOS (Loss of Signal – Verlust des Signals) und dann AOS (Aquisition of Signal – Erfassen des Signals.)

Ohne LOI/1 würde AOS eintreten, wenn das Raumfahrzeug nach dem Umfliegen des Mondes wieder zum Vorschein kommt und zur Erde weiterfliegt. Bei einem ausgeführten LOI/1-Manöver würde das Raumschiff infolge des Einfangens in eine Mondumlaufbahn und die damit verbundene Verlangsamung später als bei einem nicht ausgeführten LOI/1-Manöver wieder in Sichtverbindung und damit Funkverbindung zur Erde kommen. Für das Einfangen war eine Brennphase von sechs Minuten, zwei Sekunden des Geräteteil-Hauptmotors, der nach vorne feuern mußte, berechnet worden.

NASA: Flugzeit 75:26. 11 Uhr 58 Houston-Sommerzeit. Entfernung vom Mond 1780 Kilometer. Geschwindigkeit 7128 Kilometer pro Stunde. 15 Minuten bis LOS.

Fünf Minuten später:
Houston: 11, dies ist Houston, ihr seid GO für LOI. Die Brennphase ist im Computer gespeichert. Die Auslösung der Brennphase zum Abbremsen des Raumfahrzeuges in die gewünschte Bahn um den Mond muß aber durch die Besatzung erfolgen, ohne Funkverbindung mit Houston.
NASA: Drei Minuten vor LOS, Apollo 11 788 Kilometer vom Mond entfernt. Geschwindigkeit 8085 Kilometer in der Stunde ... Wir haben LOS gehabt ... Flugzeit 75:49. Apollo 11 sollte jetzt die lange Brennphase von 6:02 Minuten gehabt haben. Geschwindigkeitsänderung 3200 Kilometer pro Stunde.

Die spannende Frage ist: Hat die Besatzung gezündet oder nicht? Im Falle von LOI sollte Apollo 11 zur Flugzeit 76:15:29 »um die Ecke kommen«.

NASA: Wir sind jetzt über die Zeit einer Nicht-Brennphase hinaus. Es ist jetzt sehr ruhig hier im Kontrollraum. Die meisten Flugkontrolleure sind in ihren Sitzen. Einige stehen. Noch dreißig Sekunden bis AOS, noch zwanzig Sekunden ... noch zehn Sekunden ... Madrid AOS, Madrid AOS.

Der Druck, der auf dem Team im MOCR gelastet hat, ist vorbei. Dann gibt Houston der Besatzung den erreichten Orbit durch: 114 mal 314 Kilometer. Der Treibstoffverbrauch liegt bei gut zehn Tonnen. Ziel des zweiten LOI-Manövers ist es, den Orbit kreisähnlicher zu machen. Bis dahin sind noch vier Stunden Zeit. Zeit für eine weitere Fernsehübertragung, in der nun die Zuschauer den Mond aus der Nähe zu sehen bekommen sollen.

Houston: Apollo 11, hier ist Houston. Alle eure Systemdaten sehen gut aus. Noch etwa zwei Minuten bis LOS. Wir haben AOS (Wiedererfassen des Signals) auf der anderen Seite um 78:23:21. Ihr habt jetzt eine orbitale Periode von zwei Stunden, acht Minuten und 37 Sekunden.

Rund eine Stunde später:

NASA: Markierung. Eine Minute vor vorhergesagter Erfassung des Signals... Markierung zehn Sekunden... Wir haben AOS gehabt durch Goldstone. Fernsehen ist jetzt eingeschaltet.

Raumfahrzeug: Apollo 11. Empfangt ihr unser Signal gut?

Houston: Wir empfangen eure Stimmen gut und klar, Apollo 11, hier ist Houston. Und wir haben ein gutes klares Fernsehbild.

Raumfahrzeug (Aldrin):   Houston, Apollo 11. Bei einem der größeren Krater auf der Rückseite (die von der Erde aus nicht sichtbar ist, jetzt aber von den Zuschauern gesehen wird) habe ich einen kleinen dunklen Fleck in der äußeren Wand gesichtet und mein Fernglas darauf gerichtet. Ich konnte eine Fläche von vielleicht einer viertel Meile im Durchmesser sehen. Es war eine richtige neu ausgehobene dunkel gefärbte Grube. Und das scheint im Gegensatz zu stehen zu all den anderen frisch aussehenden Kratern, die man auf den Wänden von all den anderen Kratern sehen kann.

Houston: Habt ihr eine Position dafür?

Raumfahrzeug: Nein... Immerhin habe ich einige Fotos von ihm.

Raumfahrzeug (Collins):   Ich würde sagen, wir stehen ungefähr bei 95 Grad Ost und nähern uns dem Mare Smythii.

Houston: Zu eurer Information. Nach unserer Anzeige habt ihr eine Höhe von 171 Kilometern über der Mondoberfläche, genau jetzt.

Raumfahrzeug (Collins):   Ich fliege mit einem Minimumimpuls des Lagekontrollsystems, Houston, und es ist ziemlich schwierig, eine konstante Lageänderung einzuhalten. Das Landefahrzeug versucht, auf- und abzuwandern. Ich bin mir nicht klar darüber, ob es sich um eine Reaktion auf Mascoms (Massekonzentrationen im Mond) oder sonst was handelt. Ich kann seine Lageänderungsgeschwindigkeit völlig stabilisieren und es sich selbst überlassen. Nach ein paar Minuten hat es dann wieder seine eigene Lageänderung eingenommen.

Houston: Hier ist Houston. Verstanden.

Raumfahrzeug (Collins):   Wir sind jetzt genau über Mare Smythii... eine Art von hügelig aussehendem Gebiet. Es ist gar nicht wie die anderen Maria.

Houston: Es sieht so aus, als ob ihr gerade einen Blick auf den Krater Neper schildert, den großen Krater auf der linken Seite und Jansen auf der rechten Seite.

Raumfahrzeug (Collins):   Wir glauben, daß ihr nahe dran seid, aber nicht zu gut.

Houston: Hättet ihr Lust, einige der Krater zu kommentieren, während wir sie passieren... Wir sehen euch jetzt auf einer Höhe von 204 Kilometern. Selbstverständlich werdet ihr bei der Einleitung des gebremsten Abstiegs bedeutend niedriger sein.

Raumfahrzeug (Armstrong):   O.k., da ist auf der rechten Seite des Bildschirms, haben wir jetzt einen dreifachen Krater, mit einem kleineren Krater zwischen dem ersten und zweiten. Der an der Unterkante des Bildschirms ist Schubert Y.

Houston: Verstanden. Wir sehen jetzt den Zentralberg ganz deutlich.

Raumfahrzeug (Armstrong):   O.k. Wir fahren jetzt mit der Gummilinse auf einen Krater mit dem Namen Schubert N zu... Sehr kegelförmige Innenwände. Der Boden scheint flach zu sein.

Raumfahrzeug (Collins):   Und das Register Drei hat sich von selbst umgekehrt und führt nun in die alte Lage zurück, ohne daß irgendeine Steuerdüse für die Längsneigung gefeuert hätte.

Houston: Verstanden, Mike.

Raumfahrzeug (Collins):   Ganz allgemein sieht es so aus, als ob das LM (Landefahrzeug) zum Mittelpunkt des Mondes hingezogen würde, als ein Schwerkraftgradientenexperiment. (Collins meint damit die Erscheinung, daß längliche Körper sich mit ihrer Längsachse zur Erde beziehungsweise zum Mond einstellen, weil die oberen Teile zu schnell sind und nach außen treiben, während die unteren Teile zu langsam sind und nach unten treiben.)

Houston: O.k., wir beobachten die Anzeige eures DSKY. Wir haben hier die Unterlagen, uns damit zu befassen. Laßt uns etwas daran knobeln.

Raumfahrzeug (Armstrong):   Drei Krater, drei horizontale, liegen unmittelbar auf unserem Bodenkurs.

Houston: Unsere Anzeige ergibt, daß ihr jetzt gleich über die Landmarke Alpha Eins kommt.

Houston kann sich so ausführlich und kenntnisreich mit Apollo 11 über die Bodenmerkmale unterhalten, weil im Hauptkontrollraum (MOCR) gegenüber den Flugkontrolleuren eine großformatige, panoramaartige Mondkarte projiziert ist.

Houston: In unserer Anzeige haben wir euch jetzt über dem Meer der Fruchtbarkeit, und ihr müßtet Langrenius ein paar Grad südlich von eurem Bodenkurs haben, ungefähr neun Grad südlich davon. Wir nehmen die Kamera ans rechte Fenster, um euch Langrenius zu bieten ... Wir haben jetzt ein wunderschönes Bild von Langrenius mit seinem ziemlich auffälligen Zentralberg.

Raumfahrzeug: Das Meer der Fruchtbarkeit scheint mir nicht sehr fruchtbar zu sein. Ich weiß gar nicht, wer ihm diesen Namen gegeben hat.

Raumfahrzeug (Armstrong):   Den mag er von dem Herrn haben, nach dem der Krater benannt ist. Langrenius war ein Kartograph beim König von Spanien und fertigte eine der ersten einigermaßen genauen Karten vom Mond an.

Houston: Verstanden. Das ist wirklich sehr interessant.

Raumfahrzeug (Armstrong):   Ich muß wohl zugeben, daß es sich für unsere Zwecke besser anhört als das Meer der Krisen.

Houston: Darauf Amen.

Raumfahrzeug (Armstrong):   Wir sind jetzt ziemlich genau über der Stelle, über der wir später bei der Einleitung des gebremsten Abstiegs den Motor zünden werden. Wir passieren gerade Mount Marilyn, einen dreieckigen Berg, den Sie jetzt in der Mitte des Bildes sehen. Und dann haben wir das, was wir Boot Hill nennen ... Am rechten Rand des Bildes den Krater Censorinus. (Boot Hill ist einer der Namen, die die NASA für die Zwecke der Navigation bei den Mondlandungen auffälligen, aber nicht offiziell mit Namen versehenen Landmarken gegeben hatte.)

Start einer Raumfähren-Mission. Wenige Sekunden nach der Zündung der drei Haupttriebwerke des flugzeugähnlichen Orbiters und der seitlich an einem großen Tank sitzenden Feststoffraketen befindet sich das kombinierte Gefährt im Aufstieg. Im Augenblick der Zündung beträgt das Gesamtgewicht 2042 Tonnen. Die drei Orbitertriebwerke liefern einen Schub von 627 Tonnen. Der Gesamtschub aller Triebwerke, einschließlich der Feststoffraketen, beläuft sich auf 2400 Tonnen. Die Orbitertriebwerke erhalten ihre Treibstoffe, ihren flüssigen Sauerstoff und flüssigen Wasserstoff, aus dem großen Tank. Nach dem Abwurf der Feststoffraketen und des Tanks geht der Orbiter in die Umlaufbahn um die Erde.

Blick durch ein Fischauge in die
Apollo-Kommandokapsel während
eines Trainings am Boden. Wie
später im Fluge ist die Besatzung
mit dem Kontrollraum über
Leitungen verbunden. Vorne im
Bild Astronaut Alan Shephard.

Start einer hunderzehn Meter hohen Saturn 5-Mondrakete am Cape Cana-veral. Die unterste Stufe hat ein Leergewicht von 134 Tonnen und entwickelt einen Schub von 3500 Tonnen. Damit ist sie in der Lage, die vollbetankte Rakete, die mit den oberen Stufen und dem Apollo-Raumfahrzeug auf der Spitze 2904 Tonnen wiegt, von der Rampe abzu-heben. Das Landefahrzeug sitzt beim Start unter dem Apollo-Kom-mando- und -Geräteteil. Den Ab-schluß des gesamten Aufbaus bildet ein Rettungsturm, der die Besatzung im Notfall von der Saturn abreißen kann.

Erde über dem Mondhorizont. Die Besatzung von Apollo 8 im Dezember 1968 war die erste, die bei der Umfliegung des Mondes die Erde über ihm aufgehen sah.

Landestelle von Apollo 15 mit der Landefähre und dem Mondauto.

Montage der Landefähre. Mit eingeklappten Beinen hängt die Landefähre an der Decke des Montagegebäudes für bemannte Raumfahrzeuge am Cape Canaveral. Die rund vierzehn Tonnen schwere Fähre besteht aus einer unteren Abstiegsstufe für die Landung auf dem Mond und einer oberen Aufstiegsstufe für den Abflug vom Mond.

Oben: Apollo 12 im November 1969 auf dem Mond.

Der Kontrollraum in Houston in einer frühen Phase des Fluges von Apollo 16. Auf dem Fernsehschirm oben in der Mitte erscheint die Erde aus einer Entfernung von 13 900 Kilometern noch sehr groß.

Bild der Erde, aufgenommen während einer Apollo-Mission auf dem Weg zum Mond. Deutlich erkennt man die verschiedenen Klimagürtel unseres Planeten. Im Norden starke Wolkenbildung, dann südlich des Mittelmeeres wolkenlose Wüstengebiete. Weiter südlich beginnt die tropische Zone mit erneuter starker Wolkenbildung. Der südliche Wüstengürtel der Erde liegt im Schatten.

Landegebiet von Viking 1 auf dem Mars. Die Amerikaner sandten zwei Sonden zu unserem Nachbarplaneten. Ihr Hauptzweck war es zu erfahren, ob es auf dem Mars Leben gibt. Eine raffinierte fernbediente Apparatur des Viking konnte nicht die geringsten Spuren von Leben entdecken. Das dürfte aber nicht endgültig beweisen, daß es an anderen Stellen keine Spuren, und sei es primitivsten Lebens, auf dem Mars gibt.

Der Mond, gesehen von Apollo 17. Diese Aufnahme vom Mond wurde gemacht, als Apollo 17 nach dem Rückschuß aus der Mondumlaufbahn bereits auf dem Wege zur Erde war. Die Aufnahme zeigt überwiegend Teile der Mondoberfläche, die von der Erde aus nie zu sehen sind.

Vulkane auf dem Jupitermond Io. Diese sensationelle Entdeckung gelang mit Hilfe der amerikanischen Planetensonde Voyager 1. Auf den punktweise übertragenen Bildern sah man an mehreren Stellen des Jupitermondes Vulkanausbrüche, deren Ursprung zunächst rätselhaft schien, da man nie mit außerirdischem Vulkanismus in unserem Planetensystem gerechnet hatte.

Satellitenreparatur im All. Einen
großen Erfolg erzielte die Besatzung
der elften Mission der amerikanischen Raumfähre im April 1984. Ihr
gelang es, an einen defekt gewordenen Satelliten heranzufahren,
der zum Studium der Vorgänge auf
der Sonne in Orbit gebracht worden
war. Zwei Besatzungsmitglieder
stiegen so weit aus der Fähre aus,
daß sie nur noch mit den Füßen an
einem Ausleger der Fähre Halt
fanden. Sie reparierten den Satelliten und kehrten dann in die Fähre
zurück.

Die amerikanische Raumstation Skylab im Mai 1973 in einer Umlaufbahn um die Erde. Beim unbemannten Start war ein Meteoriten- und Wärmeschutz um den Hauptkörper der Station abgerissen. Dabei hatte sich eine der beiden großen Solarzellenflächen zur Versorgung der Station mit Strom verklemmt, die andere war davongeflogen. Die Folge war, daß zwei Besatzungen nacheinander die Station in waghalsigen Außenbordmanövern reparieren mußten. Drei Besatzungen waren zusammen 171 Tage im Orbit.

Raumfahrzeug (Collins): Ich bin überhaupt nicht in der Lage, die Höhe zu bestimmen, wenn ich aus dem Fenster sehe. Ich könnte nicht sagen, ob wir runter auf sechzig oder rauf auf hundertsiebzig sind.

Houston: Ich wette, du wüßtest es, wenn du auf 50 000 Fuß runter wärst.

Raumfahrzeug: Der nächste Krater, der unter uns auftaucht, ist Duke Island, genau hier und der größte Krater links davon, eben jetzt in der Mitte des Bildschirms, ist Maskelyn West. Er ist eine Positionskontrollmarke während des (gebremsten) Abstiegs bei etwa drei Minuten, 39 Sekunden. Der Krater ist auch unsere Positionskontrolle in Flugrichtung und quer dazu, bevor wir uns aufrichten, um das Landeradar in Betrieb zu nehmen. Sobald wir über diesen Punkt hinauskommen, können wir die Oberfläche unter uns nicht sehen, bis wir ganz nahe der Landestelle sind.

Raumfahrzeug (Collins): Ich nehme an, ihr habt ein paar interessante Daten darüber bekommen, wie das Arbeiten der Lagekontrollrakete vom Nickwinkel abhängt. Es scheint so, als ob sich das LM immer zur Oberfläche hinunterneigen wollte.

Houston: Verstanden. Ich bekomme hier einen Kommentar, wonach das LM extra so gebaut ist.

NASA: Da hätten sie es. Unser erster flüchtiger Blick auf die Oberfläche des Mondes während der Apollo-11-Mission. Die Besatzung nimmt uns mit auf eine Führung über die Frontseite und unterhält sich über die Stationen des gebremsten Abstiegs, der als Teil der morgigen Aktivitäten vor ihnen liegt. Jetzt 79 Stunden und 58 Minuten seit Startbeginn. Dies ist die Apollokontrolle Houston, die weiterhin den Flug überwacht.

Houston gibt nun eine lange Reihe von Daten für das bevorstehende LOI/2-Manöver über die Rückseite des Mondes durch.

Houston: Eure Lage während der Brennphase ist Köpfe nach unten. Bremsschub bei einer Anstellung von 28 Grad.

Anschließend gibt Houston die Werte für einen transirdischen Schuß durch, für den Fall, daß ein solcher notwendig werden sollte. Wie im Falle von LOI/1 würde auch eine solche Brennphase, von Houston aus gesehen, hinter dem Mond stattfinden. Alle jetzt mündlich durchgegebenen Daten werden während der

Fernsehübertragung über die Telemetrie getrennt direkt in den Bordcomputer eingegeben. Die LOI/2-Brennphase wird 17 Sekunden dauern, zu einer Geschwindigkeitsverminderung von 175 Kilometer in der Stunde und zu einem annähernd kreisförmigen Orbit von 105,1 mal 99,5 Kilometern führen. Gewicht des Raumfahrzeuges vor der Brennphase 32 516 Kilogramm.

NASA: Marke, dreißig Sekunden vor Verlust des Signals... zehn Sekunden.

Blick ins Innere des Apollo-Landefahrzeugs. Im Vordergrund unten ist die Luke für den Ausstieg der Astronauten, also des Kommandanten und des Piloten des Landefahrzeuges, auf den Mond zu sehen. Darüber ist der Bordcomputer angeordnet mit einem Tastenfeld unten und einem Anzeigefeld rechts darüber.

Ihren Dienst versehen die Astronauten im Stehen, wobei sie sich, um in der Schwerelosigkeit im Weltraum Halt zu haben, gegen angelegte Riemen stemmen. Jeder der Astronauten hat einen Steuergriff zu seiner Rechten und ein dreieckiges Fenster vor sich.

Der Flugplan sieht vor, daß Aldrin nach der Rückkehr des Raumfahrzeuges zur Vorderseite des Mondes erneut ins Landefahrzeug zurückkehrt. Wenn Armstrong dies wünscht, kann er ihm folgen, braucht dies aber nicht zu tun.

NASA: Marke eine Minute bis zur geplanten Zündung für LOI/2. ... Apollokontrolle zur Flugzeit 81:30 Stunden. Der Apollokommandant und der Pilot des Landefahrzeuges sind offenbar dem Flugplan etwas voraus bei der Aktivierung (der Systeme) des LM.

Unterdessen ist Mike Collins im Kommandoteil des Mutterfahrzeugs (Kommandoteil und Geräteteil) mit der navigatorischen Beobachtung von Landmarken auf dem Mond befaßt. Zweck der Landmarkenvermessung, Programm P22, ist eine Verfeinerung der Bahn von Apollo 11. Nach der LOI/2-Brennphase Gewicht von Apollo 11: 31 994 Kilogramm ... Houston meldet, daß es die Daten der LOI/2-Brennphase überprüft und für gut befunden hat. Nachdem Apollo 11 zum vierten Mal hinter dem Mond gewesen ist, meldet sich Aldrin.

Adler: Houston, Apollo 11, Apollo 11, Adler.
Houston: Verstanden, wir hören euch. Kommen.
NASA: Das war Buzz Aldrin aus dem (noch nicht abgetrennten) Landefahrzeug, der zum ersten Mal dessen Kodenamen benutzt hat.
Houston: Columbia (Kodename des Mutterfahrzeuges). Dies ist Houston. Manövrierst du in die Schlafausrichtung? Flugzeit 83:05 Stunden. 19 Uhr 37 Houston Sommerzeit.
Adler: Columbia in Schlafstellung.

Es folgt eine längere gemeinsame Überprüfung der Funkverbindung des Adlers und der Columbia mit dem Boden. Dann versammelt sich die Besatzung wieder in der Columbia und beginnt ihre Ruhepause mit dem Abendessen. Während Apollo 11 rund alle zwei Stunden den Mond umkreist, vergeht die letzte Nacht vor der Landung.

Der Tag der Landung

20. Juli 1969. Houston Sommerzeit 6 Uhr 53. Apollo noch während der zehnten Revolution um den Mond, noch über dessen Rückseite. Der NASA-Sprecher meldet sich aus dem Hauptkontrollraum:

NASA: Dies ist die Apollokontrolle zur Flugzeit 94:21 Stunden. ... Nach dem Frühstück und dem anschließenden Aufräumen wird die Crew einen reichlich beschäftigten Tag haben, einschließlich der ersten Landung eines Menschen auf dem Mond. ... Anschließend an die Brennphase für die Trennung des Mutterfahrzeuges vom Landefahrzeug bei einer Flugzeit von 100:39:50 ist die Brennphase für den Eintritt des Landefahrzeugs in eine Abstiegsbahn zum Mond zu einer Flugzeit von 101:36:13,5 Stunden vorgesehen. Die Brennzeit für den gebremsten Abstieg ist für 102:32:05,1 Stunden geplant. (Rund 56 Minuten später, also eine halbe Umrundung des Mondes.)

An mehreren Konsolen werden Zahlen für Manöverzeiten, Lageausrichtungen und so weiter für die Aktivitäten des Tages vorbereitet, um sie an den Capsulecommunicator (Charles Duke) vom weißen Team weiterzuleiten, der sie dann an die Besatzung weitergibt.

Während Besatzung und Flugkontrolleure sich auf die Landung auf dem Mond vorbereiteten, sahen auch wir im Apollostudio des ZDF dem großen Ereignis entgegen. Dr. Don Wilhelms von der amerikanischen Behörde für Bodenforschung (US Geological Survey) in Palo Alto hatte jahrelang die vom künstlichen Mondsatelliten Lunar Orbiter zur Erde gefunkten Mondphotos analysiert und kannte sich wie kein zweiter auf der Oberfläche des Mondes aus. Von Lunar-Orbiter-Fotos, die er ausgewählt hatte, hatten wir übermannsgroße, mosaikartig zusammengesetzte Vergrößerungen herstellen lassen, die nun im Studio aufgestellt waren. Die über mehrere Tafeln verteilten Mosaike stellten die Vorderseite des Mondes dar, in dessen Mitte die für Apollo 11 ausgesuchte Landestelle im Meer der Ruhe (Mare Tranquilitatis) lag. Im Gegensatz zu den rauhen gebirgigen Gegenden des Mondes stellte das Meer der Ruhe eine relativ flache, wenn auch von zahlreichen Kratern übersäte Ebene dar. Innerhalb einer Ellipse war die Landestelle so ausgewählt, daß die Sicht der Besatzung beim Anflug durch keine höheren Hindernisse behindert sein sollte. Wie die Besatzung im Funksprechverkehr mit Houston schon berichtet hatte, waren von ihr mehrere auffällige Formationen am Boden, die sie während des raketengebremsten Abstiegs passieren sollten, erkannt worden. Sie kannte diese Punkte von den zahllosen Simulationen her, die sie in Houston absolviert hatte.

Dr. Wilhelms staunte nicht wenig über die Vorbereitungen, die wir im Studio für den Landeanflug und den geplanten Ausstieg der Astronauten getroffen hatten. Insbesondere zeigte er sich von dem Modell des Landefahrzeuges beeindruckt. Die Abstiegs- und die auf ihr sitzenden Aufstiegsstufe, in der die Besatzungskabine untergebracht waren, hatten zusammen eine Höhe von sieben Metern bei einer über die ausgeklappten Beine gemessenen Weite von 9,45 Metern. Gebaut hatte das Modell eine Schlosserei aus St. Pauli. Es war aus Eisenblech und, wie das Original, mit glänzenden Aluminiumfolien bedeckt. Im Weltraum hatten die Folien den Zweck der Temperaturregelung im Innern unter den dort herrschenden Strahlungsbedingungen. Vom Boden führte eine Leiter zu einem Vorsprung in der Aufstiegsstufe, hinter der die Ausstiegs- und Einstiegsluke angebracht war. Im Flugplan war vorgesehen, daß zunächst der Kommandant Armstrong aus der Luke auf den Vorsprung klettern und dann nach einer kurzen Ruhepause die Leiter zur Mondoberfläche hinuntersteigen sollte. Ihm würde Aldrin als zweiter folgen. Unsere Leiter war so stabil, daß sie einen Menschen tragen konnte. Nicht so die Leiter im Original. Da es bei der Herstellung des Flugexemplars des LM um jedes Pfund (453 Gramm) Gewichtsersparnis gegangen war, hatte man die Leiter nur so stabil gemacht, daß sie einen vollausgerüsteten Mann unter den Bedingungen der Schwerkraft des Mondes, die ein Sechstel der irdischen betrug, tragen konnte. In der Besatzungskabine herrschte drangvolle Enge. Für jeden Astronauten gab es einen Stehplatz, an dem er durch Riemen, gegen die er sich stemmen konnte, vor dem Davonschweben in Schwerelosigkeit bewahrt wurde. Links war die Station des Kommandanten, also Armstrongs, rechts die des Piloten des Landefahrzeugs, also Aldrins. Zwischen den beiden Positionen war in einem Schrank das Lebenserhaltungssystem untergebracht, an das die Astronauten angeschlossen waren, wenn in der Kabine bei offener Klappe, beim Aus- und Einstieg der Astronauten kein Druck herrschte.

Jeder Astronaut hatte vor sich ein Pult mit den wichtigsten Schaltern und Anzeigegeräten. In Verlängerung seiner rechten Armstütze konnte jeder der beiden Astronauten einen nach links und rechts, vorne und hinten schwenkbaren und zudem drehbaren Steuergriff in die Hand nehmen, mit dem sich Raketen-Steuerimpulse zur Steuerung des LM um alle drei Raumachsen auslösen ließen. Zur Steuerung geradliniger Bewegungen hatten die Astronauten in Verlängerung ihrer linken Arme Schubkontrollhebel, die in sechs Richtungen bewegt werden konnten und entsprechende Bewegungen auslösten. Der Schubhebel wirkte sowohl auf die Steuerrakete, die gleichfalls für Lageänderungen benutzt wurde, als auch auf den Hauptraketenmotor der Abstiegsstufe. Im ersten Teil der Anflugphase bremst dieser Motor das Landefahrzeug, indem er nach vorne feuert. In der Schlußphase trägt er es. Nur Armstrong hatte in seiner Reichweite vor sich den Knopf, mit dem er ein in Gang befindliches Abstiegsmanöver abbrechen konnte. Dies bedeutete dann die Trennung der Aufstiegsstufe von der Abstiegsstufe und die Rückkehr der Aufstiegsstufe zum Mutterfahrzeug. Über dem Pult hatten die Astronauten jeder ein dreieckiges etwas nach unten geneigtes Fenster vor sich. Außen am Landefahrzeug waren Antennen für die Funkverbindung zum Mutterfahrzeug und zum Boden angebracht, außerdem die für Abstieg und Aufstieg erforderlichen Radarantennen. Für den Ausstieg auf den Mond befand sich unter dem Schrank mit dem Lebenserhaltungssystem eine niedrige Luke, durch die sich ein Astronaut in Raummontur, also mit aufgeschnalltem Rucksack für sein Lebenserhaltungssystem außerhalb des Raumfahrzeuges nur kriechend bewegen konnte. Die Leiter zum Abstieg von der Plattform auf den Mond war an einem vorne sitzenden Bein des LM angebracht. Jedes der vier Beine endete in einem flachen Teller mit hochgebogenem Rand.

Dr. Wilhelms hatte guten Grund, über das Werk der Hamburger Werkstatt zu staunen. Dessen Anblick war um so mehr von außerhalb dieser Welt, als es mit zahllosen Ecken und Kanten ohne jeden Gedanken an eine aerodynamisch günstige Form zur ausschließlichen Verwendung im luftleeren Weltraum konstruiert worden war. Von allen Teilen des Apollosystems war die Saturn-5-Rakete das imposanteste und das Landefahrzeug das ausgefallenste. Dieses stieg als Ganzes auf dem Mond nieder und teilte sich dann in zwei Teile. Die Abstiegsstufe blieb auf dem Mond zurück. Die Aufstiegsstufe kehrte zum Mutterfahrzeug zurück, um sich von diesem wieder zu trennen und dann für eine nicht vorhersehbare Zeit in einem Mondorbit zu bleiben. Die wichtigste Eigenschaft, auf die es beim LM ankam, war Zuverläßlichkeit. Sonst hätte das passieren können, was von Brauns Schreckensvision war: daß das LM mit seinen beiden Astronauten nach der Landung nicht wieder vom Mond wegstarten könnte.

NASA: Dies ist die Apollokontrolle zur Flugzeit 100:14 Stunden. Wir haben noch zwei Minuten, bis wir das Raumfahrzeug während seiner dreizehnten Revolution wieder erfassen. Wenn wir wieder von ihnen hören, sollte das Landefahrzeug vom Kommando- und Geräteteil abgekoppelt sein.
Houston: Hallo, Adler, Houston, wir stehen bereit. Wir sehen euch über die Richtantenne ...
Adler (Armstrong): Der Adler ist abgetrennt.
Houston: Wie sieht es aus?
Adler (Armstrong): Der Adler hat Flügel.

Es folgt wieder eine lange Reihe von Daten, die parallel über Telemetrie in den Computer gegeben werden. Dann werden die Daten zur Sicherheit noch einmal zurückgelesen.

Adler: Wir fahren die Straße US 1 hinunter.

US 1 ist die Autobahn, die an der Ostküste der USA von Florida bis zur kanadischen Grenze führt. Nach dieser Straße haben die Astronauten eine Furche auf dem Mond benannt.

Columbia (Collins): Wie du beliebst.

Um diese Zeit beginnt sich auch im Apollostudio in Hamburg Spannung aufzubauen. Für sämtliche bevorstehenden Manöver sind für mich Grafiken vorbereitet.

NASA: Dies ist die Apollokontrolle zur Flugzeit 101:07 Stunden. Wir haben gleich 15 Minuten vor Verlust des Signals.

Der Flugdirektor Gene Kranz hat alle Flugkontrolleure aufgefordert, ihre Daten zu überprüfen, einen genauen Blick auf das Raumfahrzeug (den Adler) zu werfen, in Vorbereitung einer GO/

NO GO-Entscheidung für den Eintritt in den Abstiegsorbit (auf der Rückseite des Mondes).
Flugzeit 101:17

Houston: Adler, Houston, ihr seid GO für DOI (Descent Orbit Insertion – Eintritt in Abstiegsorbit).
NASA: Wir haben das Signal verloren... Außer Funkkontakt soll DOI bei 101:36:14 stattfinden und eine Geschwindigkeitsverminderung von 83,8 Kilometern pro Stunde erbringen. Dauer der Brennphase (mit nach vorne feuerndem Abstiegsmotor) 29,8 Sekunden. Resultierender Orbit 105,99 mal 15,75 Kilometer. Wenn wir das Landefahrzeug wieder erfassen, sollte es sich in einer Höhe von 33,4 Kilometern auf dem Wege zu einem niedrigsten Punkt von 15,2 Kilometern befinden, an dem der gebremste Abstieg zur Mondoberfläche beginnen soll... Wir haben noch eine Minute bis zum Eintritt in den Abstiegsorbit... Schub des Abstiegsmotors 4449 Kilogramm. Wir sollten erwarten, den Kommandoteil als erstes zu erfassen.

Freilich wird es vom gebremsten Abstieg und der Landung an seinem Ende keine Fernsehübertragung geben können. Die Funkverbindungen werden für die bevorstehenden Manöver gebraucht, und auch die Besatzung hat anderes zu tun, als eine Kamera zu bedienen. Während sich der Adler noch auf der Rückseite des Mondes befindet, steigt auf der Erde die Spannung, mit der nun die Landung in weniger als einer Stunde erwartet wird, vorausgesetzt, es kommt nicht kurz vor dem großen Augenblick zu einer Situation an Bord des Landefahrzeuges, wie etwa ein Versagen des Lebenserhaltungssystems, die einen sofortigen Abbruch des gebremsten Abstiegs, eine Abtrennung der Abstiegsstufe und eine Rückkehr der Aufstiegsstufe zum Mutterfahrzeug erfordert. Ein Druck auf den Knopf »Abbruch« würde die dafür gespeicherten Programme sofort aktivieren. Im Augenblick allerdings gibt der NASA-Sprecher einen Report aus dem Kontrollzentrum in Houston, wo sich die gesamte NASA-Prominenz versammelt hat. Wie sich die Beteiligten später erinnern, ist es außerhalb des klimatisierten MOCR ein drückend heißer Sommertag in Texas.

NASA: Hier ist die Apollokontrolle zur Flugzeit 101:54 Stunden 14:26 Uhr Houston Sommerzeit, 21:26 Uhr

Mitteleuropäische Sommerzeit. 22 Minuten vor AOS (Erfassung des Signals vom Landefahrzeug). Die Zeit bis zur Zündung für den gebremsten Abstieg (der sich auf der Vorderseite des Mondes abspielen wird) beträgt noch 38 Minuten 55 Sekunden. Die Leute hier in der Missionskontrolle stehen und warten noch. Hier hinten im (vom Kontrollraum durch eine Glaswand abgetrennten) Zuschauerraum haben wir vermutlich die größte Ansammlung von Raumfahrtbeamten, die je auf einmal zu sehen waren. Unter den Zuschauern sind Dr. Thomas Paine, der Chef der NASA; Jim Elmer, der Direktor des Elektronischen Forschungszentrums in Cambridge, Massachusetts; Dr. Abe Silverstein, Direktor des NASA-Lewis-Forschungszentrums der NASA; Rocco Petrone, Direktor des Startbetriebs am Kennedy-Raumflugzentrum. Vom Marshall-Raumflugzentrum haben wir Dr. Wernher von Braun, den Direktor, und seinen Stellvertreter Dr. Eberhard Rees hier. Wir sehen auch Dr. Kurt Debus, Direktor des Kennedy-Raumflugzentrums, Dr. Edgar Cortright, Direktor des Langley-Forschungszentrums. Dr. Charles Draper, der Direktor des Instituts für Instrumentierung der Technischen Hochschule von Massachusetts ist auch anwesend. Außerdem ist hinter der Glaswand eine große Anzahl von Astronauten anwesend, so Tom Stafford, Gene Cernan, Jim McDivitt und John Glenn. Wir haben noch 18 Minuten, zehn Sekunden bis zur Wiedererfassung des Raumfahrzeugs. Zündung für den gebremsten Abstieg zur Oberfläche des Mondes ist in drei Minuten, dreißig Sekunden... Vor einigen Augenblicken bat Flugdirektor Gene Kranz, daß jeder sich hinsetzen möge und vorbereitet sei auf die bevorstehenden Ereignisse, und er endet mit der Bemerkung: »Viel Glück für Sie alle.«

Hier an der Front unserer Darstellungen haben wir eine Reihe von Anzeigetafeln, die es uns ermöglichen werden, den Verlauf der Brennphase zu verfolgen. Zu den wichtigeren zählt diejenige, die uns das Verhalten des Bordführungssystems anzeigt, sowohl des primären wie des sekundären und das deren Werte mit denen des weltweiten Systems von Bodenstationen zur Verfolgung bemannter Flüge vergleicht. Wenn dies alles vorüber ist, werden diese elektrischen Anzeigetafeln etwa so aussehen wie eine Mischung aus einem Weihnachtsbaum und einem Feuerwerk zur Feier des 4. Juli (Nationalfeiertag der USA). Wenn wir das Raumfahrzeug wieder erfassen, sollte es sich in einer Höhe von 33,4 Kilometern im

Abstieg auf einen mondnächsten Punkt von 15,2 Kilometer befinden, an dem die Zündung zum gebremsten Abstieg erfolgt. Sollte die Besatzung bei der Überquerung des Pericynthions (des mondnächsten Punkts) aus irgendeinem Grunde Bedenken haben, könnte sie, indem sie nichts unternimmt, in einem sicheren Orbit von 111,2 Kilometern mal 15 240 Metern, verbleiben und, wenn sie dies wünschte, wäre sie in der Lage, den gebremsten Abstieg während der nächsten Revolution zu versuchen, zur Flugzeit 104:26 Stunden.

Columbia: Houston, Columbia, höre euch laut und klar, ihr mich auch?

Houston: Verstanden, um fünf... Mike. Wie ging es, kommen?

Columbia: Hör zu Kleiner, alles läuft einfach wie geschmiert, wundervoll.

NASA: Wir haben Wiedererfassung des Signals vom Landefahrzeug... Der Flugkontrolleur für die Flugführung sagt, wir sind GO (für gebremsten Abstieg). Jetzt noch zwölf Minuten bis zur Zündung. Gene Kranz hat gerade gemeldet, wir sind bereit für einen guten Start. Nehmt es cool.

Houston: Auf meine Zeitmarke, noch 3:30 bis zur Zündung, Adler.

Houston liest nun noch eine Checkliste vor. Der raketengebremste Abstieg spielt sich in drei Phasen ab, die die Besatzung viele Male im Simulator trainiert hat. Die erste Phase ist die längste und führt bis in eine Höhe von 23 165 Metern über dem Mond, zu einem Punkt, der High Gate heißt, auf deutsch: Hochtor. In dieser Phase fliegt das Landefahrzeug mit dem nach vorne gerichteten Motor und ist um rund neunzig Grad rückwärts geneigt, so daß die Besatzung nach unten sieht, sozusagen auf dem Bauch fliegt. In der anschließenden Phase des Landeanflugs wird das Landefahrzeug bei gleichzeitigem Rollen um seine Längsachse so aufgerichtet, daß es teils vom Motor noch gebremst, teils von ihm getragen wird. Den Rest des Auftriebs erhält das Fahrzeug von der Fliehkraft, die in der gekrümmten Bahn nach oben weist. Diese Phase reicht bis zu einem Punkt, der Low Gate, Niedrigtor, heißt und nur noch 152 Meter über dem Mond liegt. In dieser Anflugphase sieht die Besatzung infolge der inzwischen erfolgten Aufrichtung des Fahrzeuges erst nach oben, dann mit weiterem Aufrichten des Fahrzeuges zunehmend nach vorne. Bis zum Low Gate hat das

Fahrzeug vom Beginn des gebremsten Abstiegs in 15,2 Kilometers Höhe eine Strecke von 481 Kilometern zurückgelegt. Die meiste Zeit während dieser Phase hat die Besatzung das Vorbeigleiten der ihnen bekannten Bodenmerkmale auf dem Mond verfolgt. Wichtigstes Bodenmerkmal ist für sie der Krater Maskelyne W, der eine grobe Navigationshilfe für das Aufrichten des Landefahrzeugs darstellt.

Bis in eine Höhe von acht Kilometern erfolgt dann die Navigation durch das bordeigene Trägheitssteuersystem, in dem mit Pendeln ausgerüstete Geräte die Beschleunigung in den drei Raumrichtungen messen, die vom Computer zu Geschwindigkeiten und Wegen addiert werden. Im Verlauf des gebremsten Abstiegs wird dieses Steuersystem nach und nach von dem inzwischen eingeschalteten Radarmeßsystem des Landefahrzeugs abgelöst. Das Radargerät ragt nach unten aus dem Fahrzeug heraus und arbeitet mit zwei Sendern und vier Antennen. Die Meßwerte wandern in den Bordcomputer, der eine automatische Lenkung des Fahrzeuges durch Steuerraketen bewirkt.

NASA: Zwei Minuten, zwanzig Sekunden nach Beginn des gebremsten Abstiegs.
Adler: Unsere Positionskontrollen in Flugrichtung scheinen etwas lang zu sein.

Die Besatzung merkt, daß sie offenbar etwas zu weit fliegen wird.

Adler: Vertikalgeschwindigkeit offenbar zwei Fuß (0,6 Meter) größer, als sie sein soll.
Houston: Ich glaube, es hört auf... Ihr seid GO für Weitermachen mit dem gebremsten Abstieg.
Adler: 1202, 1202 (Das sind Programmalarme)... gebt uns Bescheid wegen der 1202-Programmalarme.
Houston: Verstanden. Wir sind GO bei dem Alarm.

Die Alarme lösen momentan große Unruhe im Kontrollraum aus. Wird der Abstieg beendet und die Mission folglich abgebrochen? Ein Kontrolleur im MOCR, Steve Bales, er ist der Guido, der Flugführungskontrolleur, erfaßt die Situation und stellt blitzschnell fest, daß bei einer Landesimulation solche Alarme wie 1202 aufgetreten sind. Sie sind die Folge einer Überfütterung des Computers mit Meßdaten. Er hält daher bei seiner Auswertung der Daten öfter an und geht immer wieder an den Anfang zurück. Die Simulation hat ergeben, daß die Mission bei Auftreten eines solchen Alarms GO bleibt. So bewahrt Steve Bales die Mission vor einem Abbruch.

Houston: Sechs plus 25, Schub runter auf 25 (Prozent).
Adler: Verstanden, schreibe mit, sechs plus 25.
NASA: Wir sind noch GO, Höhe 27 000 Fuß (8230 Meter).
Adler: Alarm... Herunterregeln besser als im Simulator... Führungssystem für Abbruch und primäres Führungs- und Navigationssystem jetzt wirklich nahe beieinander.
NASA: Höhe jetzt 21 000 Fuß (6400 Meter). Sieht gut aus. Geschwindigkeit jetzt runter auf 1200 Fuß pro Sekunde (1316 Kilometer in der Stunde).
Houston: Ihr seht großartig aus, Adler.
Adler: O. k. Ich bin noch auf Schwenkung, so tendieren wir zum Verlieren der Datenübertragung. Laß mich versuchen, auf AUTO (Automatik) zu gehen und sehen.
Houston: Verstanden... Wir empfangen gute Daten.
NASA: Sieben Minuten, dreißig Sekunden seit Beginn der Brennphase. Höhe 16 300 Fuß (4968 Meter)... 13 500 Fuß (4114 Meter), Geschwindigkeit 9100 Fuß pro Sekunde (9985 Meter pro Sekunde).
Houston: Wartet. Ihr seht großartig aus bei acht Minuten. Das Hochtor ist erreicht. Nun folgt die Einschwebephase.
NASA: Verbesserung: Geschwindigkeit 760 Fuß pro Sekunde (834 Kilometer pro Sekunde).

Es ist das P64-Programm. Mit ihm kann Armstrong dem Computer Umdisponierungen der Landestelle befehlen. Der Computer zeigt dann den Winkel an, unter dem er die Landestelle über eine im Fenster vor ihm eingravierte Markierung anpeilen kann.

NASA: Wir sind GO. Höhe 9200 Fuß (2804 Meter)... Sinkrate 129 Fuß pro Sekunde (39 Meter pro Sekunde)... Wir sind jetzt im Landeanflug. Höhe 5200 Fuß (1585 Meter).
Adler: Landekontrolle per Hand ist in Ordnung.
Houston: Verstanden.
NASA: Höhe 4200 Fuß (1280 Meter).
Houston: Ihr seid GO für Landung. Ende.
Adler: Verstanden. GO für Landung. 3000 Fuß (914 Meter).

Adler: Alarm 1201... 1201.

Houston: Verstanden. 1201 Alarm.

Adler: Wir sind GO. Halten uns fest. Wir sind GO. 2000 Fuß (611 Meter) im Abbruchsystem. 47 Grad (Rücklage des Adlers).

Houston: Verstanden.

Adler: 47 Grad.

Houston: Adler sieht großartig aus. Ihr seid GO.

NASA: Höhe 1600... 1400 Fuß (488... 427 Meter). Sieht noch gut aus.

Houston: Verstanden. 1202. Wir haben genau verstanden.

Adler (Aldrin):   35 Grad... 35 Grad... 750 Fuß (229 Meter) kommen runter mit 23 (7 Meter pro Sekunde). 700 Fuß (214 Meter). 33 Grad (das Landefahrzeug richtet sich ständig weiter auf). 600 Fuß (182 Meter). (Die Landefähre ist jetzt fast am Niedrigtor angelangt und voll aufgerichtet.) Runter mit 15 (4,6 Meter pro Sekunde). 400 Fuß (122 Meter). Runter mit 9 (2,7 Meter pro Sekunde)... Kommen schön runter. 200 Fuß (60 Meter Höhe). Runter mit 4½ (1,4 Meter pro Sekunde)...

Houston: Sechzig Sekunden.

Adler: Lampen an. Runter mit 2½ (0,8 Meter pro Sekunde) vorwärts gut, vorwärts gut vierzig Fuß (12 Meter). Runter mit 2½ (0,8 Meter pro Sekunde). Wirbeln etwas Staub auf. 30 Fuß (9 Meter)...

Houston: Dreißig Sekunden

Adler (unverständlich):   Vorwärts, treiben rechts. Kontakt-lampe. O.k., Maschine stop (die 1,7 Meter herunterhängenden Sonden an den Füßen des LM melden Bodenberührung).

Houston: Wir verstehen euch. Ihr seid auf dem Boden, Adler.

Adler (Armstrong):   Houston, Basis Mare Tranqilitatis (Meer der Ruhe) hier. Der Adler ist gelandet.

Houston: Verstanden. Wir hören euch auf dem Boden. Ihr habt einen Haufen Leute, die beinahe blau anliefen. Wir kriegen wieder Luft. Vielen Dank.

Adler: Dank euch.

Houston: Ihr seht hier gut aus.

Adler: Ich will euch was sagen, wir werden hier eine Minute zu tun haben. Hauptschalter an. Paß auf die Abstiegs... (unverständlich). Sehr sanftes Aufsetzen. Sieht aus, als ob wir Sauerstoff ablassen.

Houston: Verstanden Adler. Ihr seid bleiben für T1 (Abflugtermin Nr. 1). Ende, Adler, ihr seid dableiben für T1...

Der Adler und der Boden tauschen beziehungsweise bestätigen wieder Daten.

Columbia: Yeah, ich habe das ganze Ding gehört.
Houston: Verstanden, gute Show.
Columbia: Phantastisch.
NASA: Die nächste Entscheidung, bleiben oder nicht, fällt für ein T1-Ereignis, das ist bei 21 Minuten 26 Sekunden nach Beginn des gebremsten Abstiegs... Wir haben eine inoffizielle Zeit für das Aufsetzen bei 102:45:42 Stunden Flugzeit. Wir haben noch weniger als vier Minuten für unsere nächste Bleiben-Nichtbleibenentscheidung. Danach wäre dann der Aufenthalt für eine komplette Revolution des Mutterfahrzeuges.
Adler (Armstrong): Houston, das mag nach einer sehr langen Schlußphase ausgesehen haben. Das automatische Landesystem führte uns glatt in einen fußballfeldgroßen Krater mit einer großen Zahl von Felsblöcken und Felsbrocken um ihn herum in einem Gebiet vom zweifachen Kraterdurchmesser. Es erfordert ein (schlecht verständlich) Fliegen von Hand über das Gesteinsfeld, um ein einigermaßen gutes Gebiet zu finden.
Houston: Verstanden, wir hören. Es war wunderschön von hier. Tranquility, Ende.
Adler (Aldrin): Wir werden noch zu den Details kommen, von dem was uns hier umgibt. Es sieht jedenfalls aus wie eine Ansammlung von ziemlich jeder Art von Formen, Winkeln, Körnung, von jeder Art Gestein, das ihr finden könnt. Die Farben variieren sehr stark je nach dem, wie man sie relativ zur Nullphase (Sonne im Rücken) sieht. Es sieht nicht danach aus, als ob es eine generelle Farbe gäbe. Immerhin, es sieht so aus, als ob manche der Felsblöcke und Felsbrocken einige interessante Farben bieten.
Houston: Verstanden, hört sich gut an, Tranquilitatis. Wir lassen Euch jetzt schnell den simulierten Countdown durchziehen und reden weiter mit euch. Laßt euch sagen, da sind viele lächelnde Mienen im Raum hier und überall auf der Welt.
Adler: Zwei davon sind hier oben.

Edwin Aldrin, der Pilot des Landefahrzeugs von Apollo 11, auf der
Mondoberfläche. Die Aufnahme
wurde von Neil Armstrong gemacht,
der vor Aldrin ausgestiegen war.
Armstrong und die Landefähre spiegeln sich im Visier von Aldrin. Der
Mondboden im Mare Tranquilitatis
(Meer der Ruhe) war doch so weich,
daß die Astronauten einige Zentimeter tief einsackten. Die von Staub
bedeckte Mondoberfläche ist sehr
eben und weist nur einzelne Einschlagkrater auf.

Houston: Verstanden. Das war ein wunderschöner Job, ihr Burschen.
Columbia: Und vergeßt nicht eine im Kommandoteil.
Houston: Verstanden.

Armstrongs Kommentar zur Landung läßt ahnen, daß der Funk-sprechverkehr während der Landung nicht die ganze Dramatik der Landephase wiedergegeben hat.

Adler (Aldrin):   Der Zar (in einer sowjetischen Zeitung hatte man Armstrong als Zar bezeichnet) hat gesagt, daß wir nicht in der Lage sein werden, genau anzugeben, wo genau wir die Sieger des Tages sind. Wir waren etwas beschäftigt, indem wir uns Sorgen wegen Programmalarmen machten. Während eines Teils des Abstiegs, wo wir uns normalerweise unsere Lande-stelle ausgesucht hätten, abgesehen von einem gründlichen Blick auf die Krater, auf die wir während des letzten Abstiegs hinunter gesehen hatten, war ich nicht imstande, die Dinge am Horizont auszumachen. Ich hatte keine Bezugspunkte dafür.
Houston: Verstanden, Tranquilitatis, keine Sorge, wir werden es für euch herausfinden.

Neben Armstrong und Aldrin vor Ort ist Steve Bales unten im Kontrollzentrum der Held des Tages. Er hat die Entscheidung in Sekunden getroffen, daß sie trotz der Programmalarme »GO« blieben. Die Alarme kommen nicht häufig genug, nicht ganz häufig genug, um die Mission abzubrechen. Weil er damit, zu Recht, die Mission gerettet hat, bekommt er später die höchste Auszeichnung, die die NASA zu vergeben hat.
Eine spätere Rekonstruktion der Landung ergibt folgendes Bild: Ohne zu wissen, wo er wirklich ist, hat Armstrong, wie Aldrin, seinen Kopf teils ins Cockpit, wo die Alarmlampen flackern, und teils auf das vor ihm liegende Terrain gerichtet und ist zutiefst erschrocken, als sich der von ihm erwähnte fußballfeldgroße, von Geröll und Felsbrocken umgebene Krater vor ihm auftut. Er geht also, um darüber wegzukommen, und zwar ausreichend hoch, von der vollautomatischen Steuerung auf eine halbautomatische über, was bedeutet, daß er in die rechte Hand den Hebel nimmt, mit dem er, nach Programm 66, die Computersteuerung der Aus-richtung des Adlers überreiten kann, während er mit der linken

Hand die Schubsteuerung betätigt. Beides zusammen ermöglicht ihm, die vom Schub seines Motors und von der Lage des Landefahrzeugs abhängige Horizontalbewegung zu regeln. Neigung nach vorne bei gleichzeitiger Schubverstärkung bewirkt eine Erhöhung der Vorwärtsgeschwindigkeit und umgekehrt Neigung nach hinten gleichfalls bei Schubverstärkung Abbremsen. Eine unmittelbare Unterstützung erfährt Armstrong dadurch, daß Aldrin ihm schnell, und dabei überaus beherrscht, pausenlos die wesentlichen Werte, Höhe, Sinkgeschwindigkeit und Vorwärtsgeschwindigkeit, die er vor sich abliest, zuruft. Hinsichtlich der Alarme bekommt Armstrong natürlich in diesen kritischen Augenblicken die entscheidende, ohne ein Zeichen der Unsicherheit gegebene Mitteilung aus dem Kontrollraum, daß er GO bleibt. Beobachter sagen später, daß die Mission, die erste Landung von Menschen auf dem Mond, an einem Haar gehangen hätte. So gelingt es Armstrong, über den Krater, um den es geht, hinwegzukommen und den Adler in einem ausreichend ebenen Stück Mondboden aufzusetzen. Freilich geschieht dies buchstäblich im letzten Augenblick. Denn als der Adler aufsetzt, ist in seinem Tank nur noch Treibstoff für achtundzwanzig Sekunden, eine knappe halbe Minute, in der die Sekunden sehr schnell wegticken. Armstrong ist sich der heiklen Situation, in der er sich zusammen mit Aldrin befindet, voll bewußt. Der Kontrollraum kann dies an seinem Herzschlag ablesen. Zu Beginn des gebremsten Abstiegs hat dieser hundertzehn in der Minute betragen, im Augenblick des Aufsetzens ist er auf 157 hochgeschnellt. Was die Mission vor Ort rettet, ist das fliegerische Können eines Mannes, den man getrost als den besten Piloten der Welt bezeichnen kann. Zu Armstrongs erfolgreicher blitzschneller Reaktion trägt gewiß bei, daß er den letzten Teil des Abstiegs, von einer Höhe ab hundertfünfzig Metern, mit einem Mondlandeforschungsfahrzeug, dem LLRV (Lunar Landing Research Vehicle) trainiert hat — und dabei beinahe ums Leben gekommen wäre.

Beim LLRV handelt es sich um ein abenteuerliches Vehikel, das die Firma Bell für eine halbe Million Dollar gebaut hat. Es sieht aus wie ein Rohrgestell mit zwei Triebwerken. Eines, ein Düsentriebwerk, trägt fünf Sechstel des Fahrzeuggewichts zur Simulation der ein Sechstel Schwerkraft auf dem Mond, und eines dient dem Antrieb in horizontaler Richtung. Die Simulation der Verhältnisse auf dem Mond ist alles andere als perfekt. Eines hat Armstrong richtig gelernt, daß nämlich ein Fahrzeug unter den ungefähr gegebenen Bedingungen einer Mondlandung die Tendenz hat, weiter zu fliegen, als der Pilot es will. So gut es geht, wurde mit dem LLVR ein Abstieg aus hundertfünfzig Metern und bei einer Geschwindigkeit von achtzig Kilometern in der Stunde trainiert. Beim fünfundzwanzigsten Flug mit dem LLVR kommt es infolge Versagens des Raketenantriebs zu einem Unfall, der Armstrong zum Aussteigen aus einer Höhe von dreißig Metern zwingt. Er landet ungefähr hundert Meter von dem Fahrzeug entfernt, das nach dem Aufschlag zu brennen begonnen hat. Armstrong bleibt unverletzt, hat sich aber heftig auf die Zunge gebissen, wie er mir erzählt, als ich ihn auf der Wasserkuppe interviewe.

Houston: Für uns hängt ihr viereinhalb Grad über.
Adler: Das stimmt mit unserer lokalen Beobachtung überein.
Houston: Wir haben gerade einen Bericht erhalten, wonach eure LM-Systeme gut aussehen nach der Landung.
Adler (Armstrong): Es mag euch interessieren, daß ich keine Schwierigkeiten bei der Anpassung an ein Sechstel (Erdbeschleunigung) bemerkt habe. Im Fenster haben wir eine relativ horizontale Ebene mit einer ziemlich großen Zahl von Kratern von fünf bis fünfzig Fuß (1,5 bis 15 Metern) Radius. Ferner längliche Erhebungen von zwanzig, dreißig Fuß Höhe, würde ich schätzen, und buchstäblich Tausende von kleinen Kratern von ein und zwei Fuß (0,3 bis 0,6 Meter) sind hier in der Gegend.
Columbia: Habt ihr irgend eine Idee, wo sie gelandet sind, einfach ein bißchen lang. Ist das alles, was wir wissen?
Houston: Offenbar wissen wir nicht mehr.

Als der Adler auf dem Mond aufsetzt, ist es in unserem Studio in Hamburg 22 Uhr 17. Es ist ein erstes Aufatmen für unsere Zuschauer und für uns. Und doch wird es noch sechs Stunden und 39 Minuten dauern, bis Armstrong mit beiden Füßen auf dem Mond steht.

Adler (Armstrong): Ich würde sagen, daß die lokale Oberfläche eine große Ähnlichkeit mit dem hat, was wir aus dem Orbit bei einem Sonnenstand von zehn Grad aus sahen. (Auf dem Mond wandert die Hell-Dunkel-Grenze nur sehr langsam weiter, ungefähr einen halben Grad in der Stunde, auf der Erde fünfzehn Grad.) Es ist ziemlich ohne Farbe. Es ist Grau, ein weißes Grau, ein kreideartiges Grau, wenn man die Sonne im Rücken hat. Und es handelt sich um ein beträchtlich dunkleres Grau, wie Asche, wenn man in einem Winkel von neunzig Grad zur Sonne sieht. Einige der Oberflächengesteine in unserer Umgebung, die vom Raketenstrahl aufgebrochen oder angegriffen wurden, sind auf der Außenseite mit einem hellen Grau überzogen. Soweit sie aufgebrochen sind, erscheint ihr Inneres sehr dunkel, und es sieht so aus, als ob es sich um Basalt handelt.

Auch nach der Landung beobachtet der Boden ständig sämtliche Bordsysteme, so daß die Besatzung von dieser wichtigen Aufgabe entlastet ist. Der Boden verfolgt auch sämtliche Vorgänge in der Columbia, die in einem Zweistundentakt den Mond umkreist.

NASA: Wir haben auch aufdatierte Informationen bezüglich des Aufsetzpunktes. Es sieht so aus, als ob das Raumfahrzeug, der Adler, ziemlich genau auf dem Mondäquator aufgesetzt hat, bei einer Länge von 23,46 Grad, was hieße, daß wir es ungefähr vier Meilen (ungefähr sechseinhalb Kilometer) vom geplanten Aufsetzpunkt, in Flugrichtung gesehen, vermuten.
Columbia: Houston, ihr sagt vier Meilen (6,4 Kilometer).
Houston: Bestätigt. Du bekommst gleich eine Kartenangabe.
Tranquilitatis (Armstrong): Unsere Empfehlung lautet zu diesem Zeitpunkt, daß man eine Außenbordtätigkeit mit eurem Einverständnis für einen Beginn um acht Uhr abends, Houston Zeit (drei Uhr morgens in Hamburg) planen sollte.
Houston: Warten … Tranquilitatis-Basis, wir haben es uns überlegt. Wir werden dies unterstützen. Wir sind GO zu dieser Zeit. Ende. Ihr Burschen bekommt die beste Sendezeit.

Von bester Sendezeit ist allerdings in Hamburg nicht zu reden. Drei Uhr morgens! Laufende Anrufe im Studio bestätigen allerdings, daß das Interesse an dem großen Abenteuer kaum nachläßt.

Columbia: Für wann ist das Öffnen der Ausstiegsluke vorgesehen?
Houston: Ungefähr bei 108 … Sie sind jetzt bei ihrer Checkliste bei »Oberfläche«, Seite 27, angelangt und kommen gut voran.
Columbia: Freut mich zu hören, wenn ihr mich einen

Augenblick entschuldigt, ich will gerade mal eine Tasse Kaffee trinken.

Die Uhr zeigt 3 Uhr und 14 Minuten in unserem Studio, als die Besatzung zu den unmittelbaren Vorbereitungen für den Ausstieg übergeht, für die allerdings noch zwei Stunden angesetzt sind. Es ist eine Gelegenheit, die Raumanzüge und dazu das tragbare Lebenserhaltungssystem zu beschreiben, das die Besatzung nun bald anlegen wird. Dafür gibt es das Kürzel PLSS (Portable Life Support System, gesprochen PLISS). Die Raumanzüge hat die Besatzung kurz vor dem Abtrennen des Landefahrzeugs vom Kommandoteil angelegt.

Jeder Anzug besteht zunächst aus einer Unterkleidung, in die ein System von dünnen Gummiröhren eingewebt ist. Bei einer Außenbordtätigkeit, bei der mit körperlichen Anstrengungen zu rechnen ist, wird zur Kühlung Wasser durch das Röhrensystem geleitet. Über der Unterkleidung trägt jeder Astronaut eine Art Unterhose mit Anschlußstellen für Körpersensoren und einem Anschluß für ein Urinsammelsystem, das außerhalb des Raumfahrzeuges in Betrieb ist. Für seine Darmtätigkeit ist unter seiner Unterkleidung noch eine Unterhose, die mit Chemikalen präpariert ist. Dieses System ist darauf abgestellt, daß sich die Astronauten bei Außenbordtätigkeiten mit Lebensmitteln ernähren, die wenig Stuhl ergeben. Im Raumanzug selbst ist noch ein Anschluß für Kühlwasser vorhanden sowie einer für die beim aufgesetztem Helm zu- und abgeführte Atemluft. Die Plissgeräte sind als Tornister ausgebildet. Sie bestehen aus mehreren Teilsystemen. Ein primäres Sauerstoffsystem hält über eine Pumpe im Druckanzug einen konstanten Druck von ungefähr einem Drittel des normalen Drucks aufrecht. Dann gehört zum Pliss ein Sauerstoffdurchlüftungssystem zur Zirkulation, Kühlung und Entfeuchtung der Atemluft. Sodann pumpt ein Wasserversorgungssystem temperaturgeregeltes Wasser durch die Röhrchen in der Unterkleidung der Astronauten. Schließlich sitzt oben auf dem Pliss ein Reservesystem, das die Astronauten im Notfall dreißig Minuten lang mit Atemluft versorgen kann. Alle diese Teilsysteme müssen vor dem Ausstieg durchgeprüft werden. Darum zögert sich dieser so hinaus.

Nach 21 Uhr 35 Houston Zeit, 4 Uhr 30 in Hamburg: Neil und Buzz haben ihre Pliss angelegt und die darauf sitzenden Anten-

nen in Verbindung mit dem eingebauten Funksystem durchge-
checkt. Houston hat ein GO für Kabinendekompression gegeben.

Houston: Wie steht es mit dem Öffnen der Luke?
Adler (Armstrong):   Wir warten nur noch darauf, daß der
Kabinendruck so weit absinkt, daß wir die Luke aufkriegen. Wir
sind sehr abhängig von ihr. (Armstrong denkt schon an den
Rückflug...)

Die Luke geht auf. Jetzt kommt das Problem des Ausstiegs in den
klobigen Raumanzügen und mit Tornistern. Aldrin hilft seinem
Kommandanten durch Zurufe.

Aldrin: Dein Rücken stößt gegen (Funkgeräusch)... Okay, ist
dein Visier runter? (Über den Helmen sind zwei Lichtschutz-
Visiere angebracht, die sich nacheinander herunterklappen
lassen.)... vorwärts nun und hoch... jetzt bist du drüber.
Armstrong: Okay Houston, ich bin auf der Veranda.

Dort muß Neil einen Griff ziehen, um den Stauraum zu öffnen, aus
dem die Astronauten nachher die Geräte für ihre Aktivitäten auf
dem Mond herausnehmen sollen. Der Griff für den MESA (den
Stauraum) kommt gut heraus. Das Fernsehen zeigt vorläufig nur
den Kontrollraum.

Houston: Wir hören mit und warten auf euer Fernsehen.
(Gleichzeitig mit dem Aufklappen des Stauraums wird eine TV-
Kamera automatisch auf die Leiter gerichtet, die Armstrong nun
herunter kommen soll.)
Houston: Mann, wir empfangen ein Fernsehbild.
Adler: Habt ihr ein gutes Bild?
Houston: O.k., Neil, wir können sehen, wie du die Leiter
herunterkommst. (Und wir in Hamburg und alle Zuschauer
rings um die Welt können es auch sehen.)
Armstrong: Ich bin am Fuß der Leiter. Die Fußschalen der
Beine sind nur ein oder zwei Zoll (25 bis 50 Millimeter) in der
Oberfläche eingesunken... Ich werde jetzt vom LM
hinuntersteigen.

Und plötzlich hört man, am Anfang etwas verschluckt, den berühmt gewordenen Satz:

»That's one small step for a man – one giant leap for mankind.«
(Das ist ein kleiner Schritt für einen Mann, eine gewaltiger Sprung
für die Menschheit.) Armstrong ist kein Mann der großen Worte.
Er hat sich erst Augenblicke vor dem Aussteigen entschlossen,
was er sagen wollte. Sofort nachdem er den Satz gesagt hat,
beginnt er mit einer sachlichen Schilderung dessen, was er vor
sich sieht.

Armstrong: Die Oberfläche ist fein und pudrig. Ich kann sie
mit meinen Fußspitzen anheben. Ich kann die Fußabdrücke
meiner Stiefel sehen.

Freilich, sowohl die Sowjets als auch die Amerikaner haben unbemannte Sonden auf dem Mond gelandet, die, entgegen den
Prophezeiungen des berühmten Astronomen Prof. Gold von der
Cornel-Universität, keineswegs in einem abgrundtiefen feinen
Pudersand versanken, sondern fest zu stehen kamen. Aber dies ist
nun die endgültige Bestätigung dafür, daß ein Mann sicher auf
dem Mond stehen kann.

Aldrin: Es sieht wunderbar aus von hier, Neil.
Armstrong: Buzz, wir können jetzt die Kamera herunterlas-
sen... ich sichere jetzt den LEC (den Lastenaufzug) an der
Strebe... Ich trete jetzt weiter weg und mache meine ersten
Aufnahmen.
Houston: Wir sehen, wie du jetzt die Gelegenheitsprobe
einsammelst.

Dies ist die erste Aufgabe auf dem Mond, daß die Besatzung
wenigstens ein paar Steine einsammelt, für den Fall eines über-
stürzten Rückfluges.

NASA: 35 Minuten von der Zeit des Lebenserhaltungssystems
verbraucht.

Inzwischen ist Buzz Neil nachgefolgt, und beide beginnen mit
ihrer Arbeit des Auspackens der Geräte, die sie auf dem Mond
innerhalb eines Radius von 25 Metern aufstellen sollen. Zwischendurch fahren sie mit der Schilderung ihrer Eindrücke
fort.

Aldrin: Klare Sicht. Ein herrlicher Ausblick... Großartige Verlassenheit. Wunderschön... wunderschön.
Armstrong: Ist das nicht etwas?... Ist es nicht ein Spaß?

Der nächste wichtige Punkt ist das Anbringen einer Plakette am LM.

Armstrong: Allen denen, die die Plakette nicht gelesen haben, lesen wir sie vor: »Hier haben Menschen vom Planeten Erde zum ersten Mal ihren Fuß auf den Mond gesetzt. Juli 1969 n. Chr. Wir sind in Frieden für die ganze Menschheit gekommen.«

Die Plakette trägt die Unterschrift der drei Astronauten und die Unterschrift des Präsidenten der Vereinigten Staaten, Richard Nixon.

Armstrong: Man kann hier Dinge wirklich weit werfen. ...Die Masse des Tornisters macht sich bemerkbar.

Armstrong bezieht sich hier auf die Tatsache, daß auf dem Mond alle Gegenstände für die Astronauten zwar sechmal leichter zu heben sind als auf der Erde, daß aber der gleiche Kraftaufwand auf dem Mond wie auf der Erde nötig ist, um eine Masse in Bewegung zu setzen.

Aldrin: Ich habe die Kamera auf ein Bild pro Sekunde eingestellt.

Er meint die automatische Sechzehn-Millimeter-Kamera, die schon während des Aufsetzens Aufnahmen in Sekundenabständen gemacht hat.

Aldrin: Kriegt ihr jetzt ein TV-Bild, Houston?

Noch ist die TV-Kamera in einer festen Position am Gerätebehälter.

Aldrin: Da ist gar kein Krater vor der Maschine. Ich frage mich, ob das genau unter der Maschine von der Berührungssonde herrührt.

Armstrong: Ich denke, das gibt sehr gut unsere Seitwärtsbewegung beim Aufsetzen wieder.

Aldrin: Die Steine sind ziemlich rutschig... Sie sind sehr pudrig.

Houston: Neil Armstrong macht sich nun daran, die TV-Kamera in ihre Panoramaposition (auf einem Stativ) zu bringen.

Aldrin: Du mußt aufpassen, dich in die Richtung zu lehnen, in die du willst.

Armstrong: Ich werde mal die Optik wechseln.

Houston: Wir kriegen ein neues Bild. Man kann erkennen, daß es eine längere Brennweite ist... Alle LM-Systeme sind GO.

Aldrin: Du trittst aufs Kabel... Dreh dich nach rechts...

Armstrong: Ich will nicht in die Sonne...

Aldrin: Das ist richtig.

Im Studio in Hamburg haben wir auch unsere Probleme. Der Übersetzer hat Schwierigkeiten, mit dem Funksprechverkehr mitzukommen. Dazwischen versuchen mein Kollege Stratenschulte und ich, die Vorgänge auf Grund unserer Kenntnisse der Geräte zu kommentieren. Unsere Geologe, Dr. Wilhelms aus San Francisco, sagt kein Wort. Er schiebt mir einen Zettel zu, ich sollte möglichst still sein. Das Ganze wäre doch unglaublich. Jahrelang hat er über Mondfotos aus 380 000 Kilometer Entfernung gesessen und geologische Karten der übereinanderliegenden Schichten gezeichnet. Nun kann er es nicht fassen, alles aus der Nähe sehen.

Aldrin: Houston, wie ist das Gesichtsfeld? Gut so?

Houston: Das Gesichtsfeld ist in Ordnung. Wir wären dankbar, wenn ihr es ein bißchen nach rechts rücken könntet.

Zwischendurch meldet sich Collins aus der Columbia. Er verfolgt alles.

Columbia: Dies ist Geschichte. Wie geht es?

Houston: Es geht wunderbar. Ich glaube, sie stellen jetzt die Flagge auf.

Bei der Flagge gibt es ein Problem. Auf dem Mond weht kein Wind. Also hat man, damit sie nicht herunterhängt, Metallstreifen senkrecht zur Fahnenstange in sie eingenäht.

Houston: Wir würden euch gerne einen Augenblick vor die Kamera bekommen. Der Präsident der Vereinigten Staaten ist jetzt in seinem Büro und würde gerne ein paar Worte an euch richten, Neil und Buzz. . . .Fangen Sie, an Mr. Präsident, dies ist Houston.

Präsident Nixon: Neil und Buzz, ich spreche zu Ihnen per Telefon aus dem Ovalen Zimmer im Weißen Haus. Dies muß gewiß als das historischste Telefongespräch gelten, das je geführt wurde. Ich kann Ihnen gar nicht sagen, wie stolz wir alle auf das sind, was Sie vollbringen. Für jeden Amerikaner muß dies der stolzeste Tag im Leben sein. Ich bin sicher, daß sich alle Menschen in der Welt den Amerikanern anschließen in Anerkennung der ungeheuren Leistung, die dies bedeutet. Mit dem, was Sie vollbracht haben, ist der Himmel ein Teil der menschlichen Welt geworden. Und indem Sie zu uns aus dem Meer der Ruhe sprechen, werden wir dazu inspiriert, unsere Bemühungen um Frieden und Ruhe auf der Erde zu verdoppeln. Einen unschätzbaren Augenblick lang in der Geschichte der Menschheit sind alle Menschen wahrhaftig einig – einig in ihrem Stolz auf das, was Sie vollbracht haben. Und einig in dem Gebet, daß Sie sicher zur Erde zurückkehren.

Armstrong: Vielen Dank, Mr. Präsident. Es ist eine große Ehre und Auszeichnung für uns, hier zu sein und nicht nur die Vereinigten Staaten, sondern friedliche Menschen aller Völker zu repräsentieren – und Menschen, die von Interesse und Neugier erfüllt sind und Menschen mit einer Vision von der Zukunft. Es ist eine Ehre für uns, daran heute hier teilzunehmen.

Präsident Nixon: Haben Sie vielen Dank, ich freue mich, wir alle freuen uns darauf, Sie am nächsten Dienstag auf der Hornet zu begrüßen.

Armstrong: Ich danke Ihnen.

Aldrin: Ich freue mich sehr darauf, Sir . . . Beim Hinüberwechseln vom Sonnenlicht in den Schatten habe ich mehrmals festgestellt, daß es im Augenblick des Übergangs eine zusätzliche Reflektion vom LM her gibt, die – zusammen mit der Reflektion meines Gesichts im Visier – eine schlechte Sicht ergibt, genau im Augenblick des Übergangs vom Sonnenlicht in den Schatten.

Armstrong: Nun laßt uns das da hinüberschaffen. (Das ist die Schaufel für das Einsammeln der großen Proben. Es gibt noch zu tun.)

NASA: Neil Armstrong hat jetzt die Schaufel für das Einsammeln der großen (Haupt)probe... Neil war jetzt eine Stunde auf der Mondoberfläche. Eineinhalb Stunden Verbrauch vom Pliss.

Collins befaßt sich in seinen einsamen Stunden im Orbit mit dem Anpeilen von Bodenmerkmalen. Dadurch wird die Genauigkeit der Bestimmung seines Orbits verbessert.

NASA: Neil füllt den Beutel für die große Gesteinsprobe, die an einer Waage hängt. Buzz geht rings um das LM und fotografiert es von allen Seiten (mit einer Sechzig-Millimeter-Hasselblattkamera).
Aldrin: Wie geht die große Gesteinsprobe hinein, Neil?
Armstrong: Die große Gesteinsprobe wird gerade versiegelt.

Die Proben kommen in eine vom LM herbeigeschaffte Kiste. Beide Astronauten bewegen sich jetzt in »Känguruh-Sprüngen«, die sie als die beste Methode der Verwärtsbewegung herausgefunden haben.

Aldrin: Und, Neil, wenn du mal den Kamerahalter nimmst, mache ich mich jetzt an die Arbeit im SEQ-Teil. (Das ist im unteren Teil des LM das Fach für das scientific equipment, die wissenschaftlichen Geräte, die aufgestellt werden müssen.

Da gibt es das Passive Seismische Experiment und das LRRR. Beim Passiven Seismischen Experiment handelt es sich um ein Gerät zur Messung von Mondbeben, wobei schon die leichtesten Bewegungen auf dem Mondboden festgestellt werden können.

Aldrin: Das Passive Seismische Experiment ist aufgestellt, Houston.

Das LRRR, kurz das LR hoch drei genannt, ist ein Gerät zur Reflexion von Laserstrahlen, die man von der Erde aus zum Mond schicken will, um genaue Entfernungsmessungen zu erhalten. Da der Mond in der selben Zeit eines Monats, in der er die Erde umkreist, einmal um seine Achse rotiert, wendet er der Erde immer die gleiche Seite zu, wenn man von kleinen sogenannten Librationsbewegungen absieht. Nun geht es darum, den LRRR so auszurichten, daß er stets genau zur Erde gerichtet ist. Aldrin bestätigt die Aufstellung.

Aldrin: Houston, die rechte Sonnenzellentafel (zur Versorgung der Geräte mit Elektrizität) hat sich automatisch entfaltet. Beide sind jetzt ordnungsgemäß auf dem Boden... Was schätzt ihr, wieviel Zeit müßten wir für die dokumentierte Probe ansetzen?

Houston: Wir schätzen ungefähr zehn Minuten.

NASA: Neil Armstrong ist jetzt ungefähr eine Stunde und fünfzig Minuten auf der Oberfläche des Mondes. Im Hintergrund sammelt jetzt Buzz Aldrin eine Kernprobe (aus dem Kernprobenrohr).

Aldrin: Ich hoffe, ihr beobachtet, wie hart ich dies in den Boden schlagen muß, um ungefähr fünf Zoll (125 Millimeter) tief zu kommen.

Houston: Neil und Buzz, wir bitten euch, zwei Kernproben zu entnehmen, und das Sonnenwindexperiment. Ihr habt etwa drei Minuten bis zum Beginn der abschließenden EVA (Extravehiculare Aktivität – Außenbordtätigkeit).

Houston: Sobald ihr die Kernproben und das Sonnenwindgerät geborgen habt, wären wir mit allem, was ihr sonst noch in die Kiste werfen könnt, einverstanden. ... Wir würden euch gern noch an das Magazin für die Kamera für Nahaufnahmen erinnern, bevor ihr die Leiter raufsteigt... Neil und Buzz, laßt uns schnell machen mit dem Holen des Magazins für die Kamera für Nahaufnahmen und mit dem Verschließen des Probenbehälters. Es wird jetzt etwas knapp mit der Zeit.

Aldrin: Adios amigos.

Aldrin klettert in das LM hoch, läßt die Luke offen und ist damit bereit für die Entgegennahme der Gesteinskisten, die mit dem Lastenaufzug hinaufbefördert werden.

Houston: Neil und Buzz. Eure Vorräte sind gut in Schuß.

NASA: Das Lick Observatorium (in Arizona) meldet eine Rückstrahlung vom Laser Experiment.

Columbia kommt wieder einmal um die Ecke.

Houston: Columbia... die Mannschaft der Station Tranquility ist jetzt wieder in ihrer Station, Kabinendruck ist wieder hergestellt, und sie sind jetzt dabei, ihre Pliss abzulegen. Alles ging wunderschön.

Columbia: Halleluja!

Flugzeit 112:06. In Hamburg im Studio halb acht Uhr morgens. Armstrong und Aldrin sind nun seit neunzehn Stunden auf und bei der Arbeit. Ohne eine Pause.

NASA: Dies ist die Apollokontrolle. Dr. Charles Berry (Chef der Raumfahrtmediziner) berichtet, daß die Herzfrequenz sich in einem Bereich zwischen neunzig für beide Besatzungsmitglieder und 125 für Aldrin und hundertsechzig für Armstrong bewegt. Der Höchstwert wird erreicht, als Armstrong die Gesteinskisten zum LM transportiert.

Die Besatzung hat nun noch etwas sehr Wichtiges zu erledigen. Alle nicht mehr benötigten Ausrüstungsgegenstände wie die Pliss-Geräte, aber auch die Kameras müssen aus dem LM hinausgeworfen werden, um das Abfluggewicht so weit wie möglich zu vermindern. Auch will die Besatzung noch eine Mahlzeitroutine absolvieren.

Houston: LM-Gewicht nach Abwurf wird sein 10 837 Pfund. Bei der folgenden Dekompression ist zugelassen, das zusätzliche Ablaßventil in der oberen Luke zu benutzen... Eure T 13 Zeit (für das Abheben vom Mond) ist 124:22:02... Falls ihr nichts mehr habt, wäre das alles von uns für heute Abend... Ich hoffe, daß wir ein endgültiges Gute Nacht sagen.

Wie sie später berichten, finden Armstrong und Aldrin es sehr kalt im LM. Und für beide ist die Schlafstellung unbequem. Armstrong liegt halb über dem Deckel des Abstiegsmotors und hat sich ein Seil um ein Bein geschlungen. Aldrin liegt auf dem Fußboden. Armstrong ist auch dadurch irritiert, daß er, wann immer er ganz wach ist, durch das über ihm angebrachte Teleskop die Erde sieht. Er hat das Gefühl, daß sie ihn anschaut, wie ein weiß-blaues Auge. Die Ruhepause ist für acht Stunden berechnet. Anderthalb Stunden nach ihrem Ende, kurz vor acht Uhr abends in Hamburg soll der Rückstart vom Mond erfolgen. Dann soll, dann muß der Aufstiegsmotors zünden und die Astronauten vom

Mond wegbringen, unter Zurücklassung der Abstiegsstufe. Andersfalls sind sie gestrandet.

Houston: Columbia, Columbia. Guten Morgen von Houston.
Columbia: Guten Morgen.
Houston: Hey, Mike, wie geht es heute morgen?
Columbia: Na, ja, wie geht es? Wie geht es euch?
Houston: Sehr gut hier. Columbia, erbitten POO und ACCEPT.
Wir werden dir jetzt gleich einen Zustandsvektor (Bahndaten)
raufschaufeln. Wir werden schon dafür sorgen, daß du
beschäftigt bist.
Columbia: Ihr habt es aufgegeben, nach dem LM zu suchen.
Stimmt's?
Houston: Positiv.

Für die bevorstehenden komplizierten Manöver ist eine möglichst
genaue Bestimmung der Bahn der Columbia von größter Bedeutung. Dazu soll Collins noch Bodenmarkierungen peilen.

Houston: Columbia, wir haben die neuste Position der Station
Tranquilitatis bekommen. Sie ist eben gerade westlich vom
Westkrater. Die Angabe stammt von den Geologen. Sie haben
längt Bescheid gewußt auf Grund der Terrainbeschreibungen,
dies jedoch Collins nicht mitteilen lassen.
NASA: Im bevorstehenden Aufstieg werden fast 5000 Pfund
(2265 Kilogramm) Treibstoff durch den Motor der Aufstiegsstufe
laufen, um sie auf eine Geschwindigkeit von 6068 Fuß pro
Sekunde (6658 Kilometer pro Stunde) zu bringen. Sie wird
durch eine vertikale Aufstiegsphase von fünfzig Sekunden
gehen und dann in zirka 60 000 Fuß (18,3 Kilometer) Höhe
einen Orbit erreichen, dessen mondfernster Punkt einen halben
Orbit später in einer Höhe von ungefähr 45 nautischen Meilen
(84 Kilometer) liegen wird. Das Führungssystem wird im
Programm P12 arbeiten... Mark T minus zwei Minuten.
Tranquilitatis (Stimmen): Vorwärts 8, 7, 6, 5, Stufe
abtrennen, PROCEED (Befehl an Computer: AUSFÜHREN.) Das
war schön.

Der Motor, dessen Schub 1588 Kilogramm beträgt, hat gezündet
und die Aufstiegsstufe des Adler befindet sich im Steigen.
Große Erleichterung am Boden im Kontrollzentrum in Houston

und in den Häusern der Astronauten, wo die Familien immer mit Bangen an diesen Augenblick gedacht haben.

NASA: Höhe erreicht, jetzt 3200 Fuß (9700 Meter).

Noch einmal so weit, und Collins wird sie im Notfall auffischen. Bis zum Rendezvous und Docking mit Columbia sind allerdings noch drei Manöver geplant. Das nächste soll nach einer halben Umrundung des Mondes stattfinden und heißt CSI, Concentric Sequence Initiation (Überführung des gegenwärtig stark elliptischen Orbits in einen kreisförmigen). Das CSI-Manöver soll über der Rückseite des Mondes passieren. Nach diesem Manöver wird der Abstand vom Mond 83,4 Kilometer betragen und der Adler wird nur noch 38 Kilometer unter der Columbia fliegen. Der Abstand des Adlers von der Columbia beträgt jetzt 185,2 Kilometer. Die Annäherungsrate ist 108 Kilometer pro Stunde. Die nächste Brennphase wird der Erzielung eines konstanten Höhenabstandes zwischen den beiden Raumfahrzeugen gelten und heißt entsprechend CDH (Constant Delta Height).

Columbia: Für die Brennzeit habe ich 126:17:46.

Das ist rund zwei Stunden nach Abheben des Adlers. Wie der hier stark verkürzte Funkverkehr aussagt, ist Columbia nach CDH mit dem nächsten Manöver des Adlers befaßt. Dabei soll Collins die passive Rolle haben. Zweck dieses TPT (Terminal Phase Initation) genannten Manövers ist die Schlußannäherung der beiden Raumfahrzeuge.

Columbia: Zunächst der Zeitpung für die Zündung: 127:02:34,5.

Einige Minuten später.
Adler: Letzte Vorausberechnung 127:02:34,5.

Aldrin ist nun in seinem Element. Bahnberechnungen mit Rendezvous waren der Gegenstand seiner Doktorarbeit am MIT, dem Massachusetts Institut of Technology gewesen. Das TPI-Manöver bringt den Adler auf eine letzte Aufstiegsbahn zur Columbia. Danach sind beide Fahrzeuge wieder hinter dem Mond verschwunden. Als sie auf der Ostseite des Mondes wiederauftauchen und AOS eintritt, fliegen Adler und Columbia schon nahe zusammen. Zehn Minuten später hat die Aufstiegsstufe des Adlers an Columbia angedockt. Nun ist die Besatzung wieder zusammen. Flugzeit ziemlich genau 128 Stunden (4 Uhr 30 nachmittags Houston Zeit, 23 Uhr 30 in Hamburg). Vor dem Rückschuß zur Erde gibt es noch viel zu tun. Die Kleidung der beiden Mondbesucher muß – so gut es geht – entstaubt werden. Dann werden die Gesteinskisten und das Sonnenexperiment zur Columbia geschafft. Schließlich wird die Aufstiegsstufe des Adlers von der Columbia abgetrennt und im Mondorbit zurückgelassen.

NASA: Dies ist die Apollokontrolle zur Flugzeit 130:46 Stunden. Das Manöver zum Abtrennen des Adlers hat vor sechzehn Minuten stattgefunden. Es war eine Zwei-Fuß-Rückwärtsbrennphase. Dauer: sieben Sekunden. Noch etwa fünf Stunden bis zum transirdischen Schuß, der laut Flugbahn um ungefähr 135:25 Flugzeit stattfinden soll.

Houston: Wir haben überlegt, ob wir TEI TIG (Trans Earth Injection, Time of Ignition – transirdischen Einschuß, Zeit der Zündung) nicht um einen Umlauf vorverlegen sollen. Wir glauben aber nicht, daß die Bahnvermessung im jetzigen Umlauf zu etwas taugen wird. Wir müssen also die Bahn noch weiter vermessen, um ein gutes TEI für euch zu erhalten.

Apollo 11 (Collins): Das ist genau das, was wir uns wünschen.

Houston: In den Nachrichten haben wir heute gehört, daß die New York Times bei eurer Landung die dicksten Schlagzeilen in der Geschichte ihrer Zeitung gehabt hat.

Apollo 11 (Collins): Hebt uns ein Exemplar auf. Freut mich zu hören, daß es sich für den Abdruck geeignet hat.

NASA: Wir haben LOS gehabt. Gegenwärtiger Orbit: Höchster Punkt 62,6 Nautische Meilen (116 Kilometer), niedrigster Punkt 54,9 Nautische Meilen (101,7 Kilometer). Geschwindigkeit 5355 Fuß pro Sekunde (5876 Kilometer pro Stunde).... Wir nehmen an, daß die Besatzung jetzt etwas zu sich nimmt.

Houston: Wir haben ein paar Nachrichten, die wir raufgeben können. Grußbotschaften aus aller Welt sind zur Apollo-11-Mission den ganzen Tag in einem kontinuierlichen Strom im Weißen Haus eingegangen. Unter den neusten sind Telegramme von Premierminister Harold Wilson aus Großbritannien und dem König von Belgien. Premier Kossygin (Sowjetunion) hat

Gratulationen an euch und an Präsident Nixon durch den früheren Vizepräsidenten Humphrey geschickt, der sich in der UdSSR zu Besuch aufhält. Humphrey zitierte Kossygin. »Ich möchte dem Präsidenten und dem amerikanischen Volk versichern, daß die Sowjetunion wünscht, mit den Vereinigten Staaten in Frieden zu arbeiten.« Die Kosmonauten haben ebenfalls eine Verlautbarung aufgesetzt. Mrs. Goddard, die Witwe des amerikanischen Raketenpioniers, sagte heute, ihr Mann wäre so glücklich gewesen, er hätte nicht laut geschrien oder so etwas, er hätte einfach geglüht. Sie setzte hinzu: »Das war sein Traum, eine Rakete zum Mond zu schicken...« In London hat ein Junge 25 000 Dollar gewonnen. Er hatte den Glauben, bei einem Buchmacher zu wetten, daß ein Mann den Mond vor 1970 erreichen würde. Eine gute Wette. Vermutlich interessieren euch die Kommentare eurer Frauen. Neil, Joan sagte über die gestrigen Unternehmungen: »Der Abend war unvorstellbar perfekt.« Und Mike, Pat sagte einfach: »Es war phantastisch, wunderbar.« Buzz, Joan sagte: »Es war schwer zu glauben, daß es Wirklichkeit war, bis die Männer anfingen, sich tatsächlich zu bewegen. Nach dem Aufsetzen auf dem Mond weinte ich vor Glück.« Soweit die hauptsächlichen Nachrichten des Tages, ihr Jungs habt das meiste davon gefüllt.

So ist es rings um den Globus. Die Nachrichten über ein ungeheuerliches Abenteuer haben die Menschen überall auf der Welt zutiefst aufgewühlt. Drei Männer haben die Erde und damit ihre Heimat verlassen und sich der Schwerkraft eines fremden Gestirns überlassen. Und dort haben sie dann, wenn auch nur mit einem Sechstel ihres irdischen Gewichts, festgestanden, neuen Halt gefunden und von dem neuen Standpunkt aus ihren Heimatplaneten blau und weiß über dem Horizont gesehen, viermal so groß wie man von der Erde aus den Mond sieht oder, zufälligerweise, fast genau auch die Sonne sieht. Freilich haben beide Männer, die auf den Mond hinuntergestiegen sind, diesen innerhalb eines Tages wieder verlassen müssen. In dieser Zeit war das von der Erde mitgebrachte LM ihr Zuhause gewesen. Noch ist die Raumfahrt nicht so weit, daß man eine Mondkolonie gründen kann. Aber das wird kommen. Der Anfang ist gemacht. Apollo 11 hat bewiesen, daß der Mensch auf dem Mond voll arbeitsfähig geblieben ist und seinen Verstand benutzt und vernünftig handeln kann.

Nach dem Abklingen der ersten Aufregung und Begeisterung wird
es sich erweisen, daß das stärkste Erlebnis der Anblick der Erde
war, für die ein neuer Begriff gebildet wurde: die Erde als ein
Raumschiff, dessen Besatzung die Menschheit ist, eine Besatzung,
die auf Gedeih und Verderb darauf angewiesen ist, ihr Schiff in
Ordnung zu halten. Diese Perspektive kommt gerade rechtzeitig
zu dem Zeitpunkt, als die Gefährdung der irdischen Umwelt
beginnt, kritische Dimensionen anzunehmen. Wie zum Abschluß
ihres Abenteuers wird die Besatzung während der nun angesetzten Rückkehr zur Erde diese noch einmal in ihrer schicksalhaften
Bedeutung zu Gesicht bekommen, bis ihr eigenes kleines
Raumschiff auf dem großen niedergehen wird.

NASA: Dies ist die Apollokontrolle zu der Flugzeit 132:21
Stunden... Der Zeitpunkt für die Zündung der transirdischen
Brennphase ist 135:23:42 Stunden. Die Brenndauer des
Antriebs wird bei einem Schub von 20 501 Pfund zwei Minuten
28 Sekunden betragen und die Geschwindigkeit des
Raumfahrzeuges um 3283 Fuß pro Sekunde (3602 Kilometer pro
Stunde) erhöhen. Nach unserer vorläufigen Berechnung wird
die dann erzielte Geschwindigkeit zu einer Ladung im primären
Landegebiet im Pazifischen Ozean zur Flugzeit 195:18:47
Stunden führen. Das Gewicht im Augenblick des Einschusses
wird 36 691 Pfund betragen... Flugzeit 133:45. Fünfzig
Sekunden bis zur Signalerfassung. Zum letzten Mal werden wir
die Vorderseite des Mondes passieren. Wenn danach das
Raumfahrzeug hinter dem Mond das transirdische Manöver
absolviert, wird der Kommandoteil ungefähr eine Nautische
Meile (1,853 Kilometer) unter dem LM und ungefähr zwanzig
Meilen (37 Kilometer) vor ihm sein.
Houston: Apollo 11, Houston. Wir haben eine Ladung (von
Werten) für euch, wenn ihr uns POO und ACCEPT (Programm
Null und Annahme) gebt. Für den Kommando- und Geräteteil
besteht die Ladung aus einem Zustandsvektor... Wir haben die
Ladung im Computer. Ihr könnt ihn wiederhaben.
NASA: Wir haben noch 47 Minuten 30 Sekunden bis Apollo
11 im einunddreißigsten Umlauf wieder hinter den Mond geht.
Findet dann die Brennphase statt, erfassen wir das Raum-
fahrzeug um 135:34:11 Stunden Flugzeit. Ohne TEI würden
wir das Raumfahrzeug um 135:43:50 erfassen. Der Treibstoffverbrauch wird ungefähr 10 000 Pfund (4530 kg) sein.

Houston: Apollo 11, Houston. Ihr seid G0 für TEI.
Apollo 11 (Armstrong): Apollo 11, vielen Dank.
Houston: Hallo, Apollo 11. Houston. Wie ging es? Kommen.
Houston (Armstrong): Zeit die Tore des LRL (Lunar Receiving Lab, Lunares Empfangslabor) aufzumachen.
Houston: Verstanden. Wir haben euch auf dem Heimweg.

Bei dem von Armstrong angesprochenen lunaren Empfangslabor handelt es sich um um ein dreistöckiges Gebäude auf dem Gelände des NASA-Zentrums für bemannte Raumfahrzeuge in Houston, in dem die zurückkehrende Besatzung samt ihrer Fracht von Mondgestein für drei Wochen in Quarantäne gehen werden. Für den Fall, daß das Mondmaterial und die Besatzung nicht frei von Keimen sind, soll die irdische Umwelt von jeglicher Infizierung bewahrt bleiben. Zur Überprüfung gibt es im LRL Mäuse, Vögel, Insekten, Fische und Pflanzen, die als Versuchsobjekte dem Mondmaterial ausgesetzt werden.

Genaugenommen soll die Isolierung gleich nach der Landung im Pazifischen Ozean beginnen. Der Reihe nach ist vorgesehen: Noch im Schlauchboot, in das die Astronauten nach dem Aufsetzen auf dem Wasser einsteigen, legen die Astronauten, auch Collins, der mit seinen Kameraden in Berührung gekommen ist, eine sackartige Isolierkleidung an.

Nach der Ankunft auf dem Flugzeugträger Hornet besteigen sie ein elf Meter langes wohnwagenähnliches Fahrzeug, das MQF (Mobile Quarantaine Facility, Mobile Quarantäne Einrichtung) heißt. Dort treffen sie bereits einen Arzt und einen Techniker, die ab nun gleichfalls in Quarantäne gehen. In Hawaii, der ersten Station auf der Erde, wird das MQF mit den eingeladenen Personen in ein Transportflugzeug umgeladen, das sie zur Ellington Flugbasis in der Nähe von Houston bringt. Von dort zieht dann ein Sattelschlepper des MQF zum LRL auf dem NASA-Gelände. Im MQF werden dann die Versuchstiere pulverisiertem Mondmaterial ausgesetzt.

Houston: Ich würde gern wissen, wie lange ihr letzte Nacht (auf dem Mond) geschlafen habt.
Apollo 11: O.k., ich will mal schätzen: Kommandant drei, Pilot des Landefahrzeuges vier Stunden.
NASA: Dies ist die Apollokontrolle zur Flugzeit 137:52 Stunden (2 Uhr 24 morgens Houstonzeit, 9 Uhr 24 in Hamburg).

Apollo 11 hat sich für die Nacht abgemeldet, um eine wohlverdiente Ruheperiode zu beginnen. Deren Dauer ist für zehn Stunden programmiert.

Auch für die übrige Zeit des rund zweieinhalbtägigen Rückfluges zur Erde sieht der Flugplan viel Ruhe vor. Bis zu den letzten Manövern vor dem Wiedereintritt in die Erdatmosphäre gibt es für die Besatzung nur Routinearbeiten. Sechsmal soll Collins noch von seinem Arbeitsplatz im unteren vorderen Teil der Komandokapsel Justierungen der Kreiselplattform und Navigationsmessungen nach den Sternen vornehmen. Dazu wird Armstrong das Fahrzeug jeweils in die nötige Lage bringen. Aldrin hat reichlich Zeit, die Bordgeräte zu überwachen, die in der Hauptsache von Houston kontrolliert werden. Fünfzehn Stunden nach dem transirdischen Einschuß erfolgt eine Kurskorrektur, die den Zweck hat, Apollo 11 mit ausreichender Genauigkeit in den Wiedereintrittskorridor zu steuern, den man mit einem Schlauch vergleichen kann, an dessen Ende der Aufsetzpunkt im Pazifik liegt.

Am Abend des 22. Juli, Houston Zeit, folgt die fünfte und vorletzte Fernsehsendung von Bord der Apollo. Armstrong führt die versiegelte Gesteinskiste vor, Aldrin zeigt die Zubereitung einer Mahlzeit und Collins demonstriert Wasser, das sich in der herrschenden Schwerelosigkeit zu Kugeln formt. Eine letzte Fernsehsendung findet am nächsten Abend, rund achtzehn Stunden vor dem »Splash Down«, dem Aufklatschen auf dem Pazifik, statt.

Für ihre letzte Nacht gönnt Houston der Besatzung der Apollo 11 eine elfstündige Ruhe- und Schlafpause. Wegen eines Gewitters im vorgesehenen Landegebiet wird der Zielpunkt weiter hinausverlegt. Diesem dampft der Flugzeugträger Hornet, auf dem Präsident Nixon erwartet wird, entgegen.

Die ersten Merkurflüge in den sechziger Jahren haben fünfzehn strategisch verteilte Bergungsschiffe erfordert, und jede der damaligen Bergungen hat rund drei Millionen Dollar gekostet. Die Landetechnik ist von Raumflug zu Raumflug verbessert worden, und die Fahrzeuge sind näher und näher bei den jeweils vorgesehenen Landestellen niedergegangen. Für Apollo 11 hat man nur noch drei Schiffe im Atlantik und zwei im Pazifik stationiert.

Von direkter Bedeutung für die Sicherheit der Besatzung ist ein Problem, das gedanklich bewegt. Beim Eintauchen in die dichteren Schichten der Erdatmosphäre, die durch eine Höhe von 400 000 (120 Kilometer) definiert ist, muß der Eintrittswinkel sechseinhalb Grad betragen, bei einem Spielraum von nicht mehr als einem Grad. Stieße das Raumfahrzeug, dessen Geräteteil bereits abgetrennt wäre, bei einem steileren Winkel ein, würde es zu heiß werden und im Extremfall verglühen, bei einem zu flachen Winkel dagegen könnte es bei der Berührung mit den höheren Luftschichten abprallen wie ein Stein, den man flach über einen Teich wirft. Das Fahrzeug würde in eine Umlaufbahn um die Erde zurückkehren, und es würde zu einem erneuten Eintauchen kommen. Die Folge wäre ein Verpassen des vorgesehenen Landegebiets und damit das vermutliche Eintreten einer Katastrophe.

Die Apollokapseln sind so konstruiert, daß sich der Abstieg steuern läßt. Dazu kann die Kapsel, die den Eintritt mit dem nach vorne gerichteten stumpfen Hitzeschutzschild vollziehen muß, um ihre Hochachse, die durch die Spitze geht, rotiert werden. Das ist mit einer Verlagerung des Schwerpunkts verbunden, die den Anstellwinkel des Hitzeschutzschildes und damit den Abstiegswinkel beeinflußt. Die Kontrolle erfolgt durch den vom Kommandanten beobachteten Bordcomputer. Natürlich ist das Raumfahrzeug so zu steuern, daß es in der Nähe des Aufsetzpunktes niedergeht.

NASA: Apollokontrolle zur Flugzeit 193:50 Stunden. (10:22 Houston Sommerzeit, in Hamburg 17:22 Uhr.) Gerade etwas weniger als eine Stunde und zwölf Minuten vor dem Wiedereintritt. Rettungs- und Aria-Bahnverfolgungsflugzeuge sowie die Helikopter der Hornet sind auf Station. Drei Schwimmer des Schwimm-1-Helikopters sind dazu ausersehen, einen aufgeblasenen Schwimmkragen um das Raumfahrzeug nach der Landung anzulegen. Anschließend soll ein Schwimmer vom Bergungshubschrauber die biologischen Isolationsanzüge in das Raumfahrzeug reichen... Euer maximaler G-Wert (Andruckvielfaches) 6,3 g.

Inzwischen hat Armstrong Apollo 11 in die richtige Lage für die Abtrennung des Geräteteils gebracht und diese vollzogen.

NASA: Apollo 11 jetzt genau auf den Eintrittskorridor ausgerichtet. Geschwindigkeit jetzt 35 578 Fuß pro Sekunde (39 039 Kilometer pro Stunde). Eine Minute 45 Sekunden bis Wiedereintritt. Blackout wird achtzehn Sekunden nach Wiedereintritt einsetzen (Blackout ist das Abreißen der Funkverbindung infolge Überhitzung der Luft um das

Raumfahrzeug). Wiedereintrittsprogramm im Computer P62. Dauer des Blackouts drei Minuten.

Auch für uns im ZDF-Studio in Hamburg beginnen wieder einmal Augenblicke gespannter Erwartung, diesmal in der Sorge, das Raumfahrzeug könnte zu steil oder zu flach eingetreten sein. Mit uns steht eine halbe Milliarde Menschen rings um den Globus die drei Minuten durch.

NASA: Aria-Flugzeug meldet Sichtkontakt.
NASA: Die Entfaltung des Stabilisierungsfallschirm ist geplant für neuen Minuten, eine Sekunde nach Wiedereintritt.
Apollo 11 (Armstrong): Stabilisierungsfallschirm.
NASA: Apollo 11 sollte jetzt an den Hauptfallschirmen hängen... Hornet hält Funkkontakt... Flugzeug meldet Sicht mit drei Fallschirmen...

Apollo 11 war zurück auf der Erde und mit ihr zwei Männer, die als erste auf dem Mond, einem fremden Himmelskörper gestanden und damit Geschichte gemacht hatten. Was nun folgte, war Bergungsroutine, dann an Bord der Hornet, kurze Begrüßung der Astronauten durch Präsident Nixon durch das Fenster der MQF, danach Schiffsreise nach Hawaii und anschließend Flug nach Houston.
Das größte Abenteuer in der Geschichte der Menschheit war zu Ende.

Die Mondmissionen Apollo 12 bis 17

Als wissenschaftliche Erforschung des Mondes war Apollo 11 nur ein Anfang. Eine ernsthafte Erkundung des Mondes begann in immer noch bescheidenem Maße mit Apollo 12 und 14 (Apollo 13 wurde abgebrochen). Der Flug von Apollo 12 (November 1969) endete beinahe schon Sekunden nach dem Abheben. Aus einer Regenwolke schlug ein Blitz in die aufsteigende Rakete und setzte die gesamte elektrische Versorgung des Raumfahrzeuges außer Betrieb. Der Kommandant meldete: »Alles in der Welt fiel aus«, und Houston antwortete: »Bei einigen von uns hier unten blieb das Herz stehen.« Sekunden später war die Stromversorgung wieder intakt. Die Missionskontrolle entschied, daß der Aufstieg fortgesetzt und dann sogar der Weiterflug in die Wartebahn um die Erde erfolgen sollte. Die einzige Alternative wäre ein Abreißen der Kapsel durch die Rettungsrakete und die Landung der Kapsel am Fallschirm gewesen. Die Zeit im Warteorbit wurde zwei Stunden lang ausgenutzt, um sämtliche Bordsysteme durchzuprüfen. Dies galt speziell für den Bordcomputer, dessen 28 000-Worte-Gedächtnis gelöscht worden sein konnte. Nachdem alles für in Ordnung befunden wurde, erhielt die Besatzung, Kommandant »Pete« Conrad, Richard Gordon, Pilot des Kommandoteils und Alan Bean, Pilot des Landefahrzeugs, das GO für den Einschuß in die Bahn zum Mond. Ziel der Mission war der Ozean der Stürme in Äquatornähe, etwas westlich von der Mondmitte. Dort stand das gut zweieinhalb Jahre zuvor unbemannt weichgelandete Raumfahrzeug Surveyor 3, in dessen Nähe Conrad und Bean landen sollten, um es zu untersuchen. Die Landung gelang so genau, daß die beiden Astronauten nur 183 Meter zu gehen hatten, um zum Surveyor zu gelangen. Näher hätten sie auch nicht aufsetzen sollen, weil aufgewirbelter Staub den Zustand des Surveyor 3 verändert hätte. Die beiden Astronauten blieben einunddreißigeinhalb Stunden auf dem Mond. In dieser Zeit unternahmen sie zwei Exkursionen von je knapp vier Stunden. Für die Fernsehzuschauer war die Mission eine Enttäuschung. Gleich zu Beginn der ersten Exkursion fiel die TV-Kamera aus, weil sie direkt ins Sonnenlicht gehalten worden war. So blieb uns im ZDF-Studio in Hamburg nicht viel mehr übrig, als die Ausflüge an Hand von Karten nachzuvollziehen. Auch konnten wir immerhin die wissenschaftlichen Instrumente erklären, die Conrad und Bean gleich nach dem Einsammeln der Zufallsprobe aufgestellt hatten. Es handelte sich um eine komplette physikalische Station, die aus sechs Geräten bestand und ALSEP hieß. Die Abkürzung stand für Apollo Lunar Scientific Experiment Package. Die Station umfaßte sechs Geräte, die in Abständen von mehreren Metern um eine Zentrale herum angeordnet waren, die mit einer radioaktiven Stromquelle verbunden war. In dieser wurde die Erwärmung von Plutonium 138 zur Stromerzeugung ausgenutzt. Angeschlossen waren folgende Geräte:

– Ein Magnetometer zur Messung des Mondmagnetismus.
– Zwei Geräte zur Messung elektrisch geladener Teilchen in der Mondatmosphäre, die zwar äußerst dünn, aber dennoch nachweisbar ist.

Apollo-Aufstiegsstufe nach dem Abheben vom Mond auf dem Weg zum
Mutterfahrzeug. Da der Mond keine
Atmosphäre besitzt, konnte dieser
Oberteil der Landefähre ohne jede
Rücksicht auf Luftwiderstand gebaut werden. Rechts oben sieht man
die kreisrunde Radarantenne für
das Rendezvous mit dem Apollo-
Mutterfahrzeug, das während des
Abstiegs der Landefähre zum Mond
in einer Mondumlaufbahn geblieben
war.

– Ein Spektrometer zur Registrierung von der Sonne kommender
Teilchen.
– Ein Seismometer zur Registrierung natürlicher und künstlicher
Mondbeben. Letztere wurden durch den Absturz von Raketen-
stufen und Aufstiegsstufen von Landefahrzeugen erzeugt.
– Ein Gerät zur Messung der aus dem Mond kommenden Wärme.
– Ein Gerät zur Messung des Staubniederschlags, rückgestrahlter
Energie und der Temperaturen auf dem Mond.

Ferner wurde, wie von der Besatzung von Apollo 11, ein Laser-
strahlenempfänger zur Messung der Schwankungen bei der Entfernung zwischen Erde und Mond aufgestellt. Meßgenauigkeit:
mehrere Zentimeter. Die Meßergebnisse wurden auch nach dem
Wiederabflug der Besatzung zur Erde gefunkt, wo sie später zu-

sammen mit den Ergebnissen der nachgestarteten ALSEP-Statio-
nen von Apollo 14 bis 17 aufgefangen wurden. Noch fünf Jahre
nach dem Ende des Apolloprogramms haben ALSEP-Geräte wertvolle Ergebnisse zur Erforschung des Mondes erbracht. Nach dem
Aufstellen der ALSEP-Station machten sich Conrad und Bean, die
beide, wie auch der im Mondorbit verbliebene Gordon, Männer
der amerikanischen Marine waren, an das Einsammeln von weiterem Mondgestein und das Entnehmen von Bohrproben. Am zweiten Tag wanderten die beiden Astronauten zum weichgelandeten
Surveyor 3. Sie bauten dessen TV-Kamera und Schaufel ab, damit
auf der Erde die Einwirkung der Mondumgebung auf das Material
studiert werden konnte. Der Surveyor war ganz leicht mit bräun-
lichem Staub bedeckt, der immerhin doch bei der Landung von
Apollo 12 aufgewirbelt worden war. Die Navy Crew hatte ihren
Fahrzeugen Namen aus der Welt der Seefahrt gegeben: Interpid
(Unerschrockenheit) für die Landefähre und Yankee Clipper für
den Kommandoteil. Dessen Pilot verbrachte die Zeit im Mondor-
bit mit Aufnahmen von zukünftigen Apollolandestellen und mit
Messungen der Zusammensetzung der Mondoberfläche aus den
chemischen Elementen. Conrad und Bean brachten rund 35 Kilo-
gramm Mondproben und sieben Kilogramm Surveyormaterial zur
Erde.
Nach dem Ankoppeln der Aufstiegsstufe des Interpid an den
Yankee Clipper wurde der Aufschlag der Aufstiegsstufe auf dem
Mond mit dem aufgestellten Seismometer gemessen. Zur großen
Überraschung stellte sich heraus, daß der Mond rund fünfzig
Minuten lang wie eine Glocke vibrierte. Daraus konnte man
schließen, daß der Mond bis in größere Tiefen aus Geröll statt aus
gewachsenem Gestein besteht.
Bei seinen Aufnahmen aus dem Mondorbit hatte sich Gordon
besonders für die damals für Apollo 13 vorgesehene Landestelle
im Gebiet des Kraters Fra Mauro konzentriert. Weil Apollo 13
nach einer dramatischen Rettungsaktion ohne Landung zurückkehren mußte, wurde Fra Mauro dann von Apollo 14 besucht.

Die Beinahe-Katastrophe von Apollo 13

Zunächst aber zu dem Schicksalsflug von Apollo 13, der seine
Besatzung Jim Lovell, Kommandant, Fred Haise, Pilot des Landefahrzeuges und Jack Swigert, Pilot des Kommandoteils, beinahe

das Leben gekostet hat. Zu einer Unregelmäßigkeit kam es schon beim Start der Saturn 5. Nach dem Abheben, das am 13. April um 13 Uhr 13 erfolgte – kein Zeitpunkt für Abergläubige –, schaltete eines der fünf Triebwerke der zweiten Stufe zwei Minuten zu früh ab. Das Problem wurde automatisch dadurch gelöst, daß die übrigen Triebwerke der Stufe 34 Sekunden länger als vorgesehen arbeiteten. Außerdem hatte die dritte Stufe neun Sekunden länger zu brennen, um Apollo 13 in die Wartebahn um die Erde zu bringen. Es gab dann noch ein paar kleinere Probleme, aber insgesamt funktionierte Apollo 13 so gut, daß sich der Capcom, der Astronaut im Kontrollraum in Houston, zur Flugzeit 46:43 Stunden mit der Bemerkung meldete: »Das Raumfahrzeug ist in einem wirklich guten Zustand. Was uns betrifft, wir sind hier unten zu Tode gelangweilt.« Das sollte sich allerdings bald ändern. Zum Zeitpunkt 55 Stunden 46 Minuten beendete die Besatzung gerade eine 49 Minuten lange Fernsehübertragung, in der sie zeigte, wie komfortabel sie in Schwerelosigkeit lebte. Lovell schloß in bester Laune mit den Worten: »Dies ist die Besatzung von Apollo 13, die jedem einen angenehmen Abend wünscht.« Wie er später berichtete, empfand er sich selbst während der Aufzeichnung gereift und gütig, andere, meinte er, mögen ihn fett, dumm und glücklich gefunden haben. Dann schloß er: »Ein schöner Abend fürwahr.« Neun Minuten später stürzte, wie er es nannte, das Dach ein. Der Sauerstofftank Nr. 2 war explodiert, wodurch auch der andere vorhandene Tank Nr. 1, beide saßen im Geräteteil des Raumfahrzeuges, ausfiel. Swigert war bei einer kurzen Unterrichtung über den Kometen Bennet gewesen, als er sich selbst unterbrach: »Hey, wir haben ein Problem gehabt, es hat einen scharfen Knall gegeben und die elektrische Spannung in der Leitung B ist abgesunken.« B war einer der beiden Hauptversorgungsanschlüsse. Dann kam die Anzeige, daß zwei der drei mit Sauerstoff und Wasserstoff betriebenen Brennstoffzellen, von denen der Geräteteil und damit auch der Kommandoteil der Apollo ihren Strom bezogen, ausgefallen waren. Alle Anzeigen erfolgten auch im Kontrollzentrum in Houston, und so waren sich in wenigen Augenblicken die Besatzung und der Boden darüber im klaren, daß eine höchst kritische Situation eingetreten war, und dies auf gut vier Fünftel des Weges zum Mond. Die Instrumente zeigten an, daß der eine Sauerstofftank vollständig leer war und daß aus dem anderen kontinuierlich Sauerstoff austrat. Soviel war klar, die Mission mußte abgebrochen werden, aber wie? Nach einer unterbrochenen Versorgung mit Sauerstoff und Strom vom Geräteteil der Apollo konnte die Besatzung nicht lange im Kommandoteil überleben. Eine Stunde und 29 Sekunden nach dem Knall sagte der Capcom Jack Lousma auf Anweisung des Flugdirektors Glynn Lunney: »Es geht langsam auf Null, und wir fangen an, über das Landefahrzeug als Rettungsboot nachzudenken.« Swigert: »Das ist es, worüber wir auch schon nachgedacht haben.« Es war eine Frage des Überlebens. Im LM herrschte kein Mangel an Sauerstoff, da man solchen für die Landung gebraucht hätte. Strom gab es noch 2181 Ampèrestunden im LM, genug, wenn der Stromverbrauch auf ein Fünftel des normalen eingeschränkt würde. Das würde möglich sein, wenn man alle nicht unbedingt notwendigen Verbraucher abschalten würde. Das Hauptproblem war Wasser. Denn die ausgefallenen Brennstoffzellen hatten aus Sauerstoff und Wasserstoff außer Strom auch Wasser produziert. Das Wasser wurde rationiert. 170 Gramm pro Person und Tag, ein Fünftel des normalen Verbrauchs. Außerdem wurden Fruchtsäfte getrunken. Da Lebensmittel, denen Wasser entzogen war, mit kaltem Wasser nicht zum Verzehr zubereitet werden konnten, aß die Besatzung Würstchen und andere feucht konservierte Lebensmittel. Freilich verlor die Besatzung Wasser im Körper und verlor während der Mission vierzehn Kilogramm. Ein anderes Problem bildete die notwendige Entfernung von Kohlendioxyd aus der Atemluft. Die Experten in Houston fanden einen Ausweg. Per Funk gaben sie durch, was sie selbst am Boden ausprobiert hatten, wie man nämlich einen Lithiumhydroxid-Kanister aus dem Kommandoteil so an einen Schlauch des LM anschließen konnte, daß verbrauchte Luft angesogen und gereinigt wieder in das LM abgegeben wurde. Das Material dazu gab es, wie der Boden wußte, an Bord.

Nach dem Start hatte sich Apollo 13 auf einer freien Rückkehrbahn um den Mond befunden, also einer Bahn, die jederzeit ohne Kurskorrektur zur Erde zurückgeführt hätte. Inzwischen war Apollo 13 durch ein Kurskorrekturmanöver auf eine neue Bahn gebracht worden, die nicht mehr zur Erde zurückführte, für eine Landung auf dem Mond aber notwendig gewesen wäre. Nun war eine Rückkehr auf die »free return trajectory« nötig. Der Boden rechnete aus, daß dazu am 14. April, 3 Uhr 43 Houstonzeit ein Brennmanöver des LM-Abstiegsmotors erforderlich sein würde, da der große Motor des Geräteteils nicht zur Verfügung stand. So führte also der Rückweg zur Erde um den Mond herum. Eine direkte Route war nicht möglich. Dazu war Apollo schon zu nahe an den Mond herangekommen. Kurz nach der Umrundung des Mondes, von dem die Besatzung Fotos machte, ließ der Boden ein zweites, diesmal viereinhalb Minuten langes Brennmanöver des LM-Motors durchführen. Der Zweck des Manövers war, die Flugzeit um zwei Stunden zu verkürzen und eine Landung im Pazifischen Ozean zu ermöglichen, statt einer inzwischen geplant gewesenen Landung im Atlantik. Als sie um den Mond herumgeflogen waren, sagte Lovell, sie sollten sich ihn genau ansehen. Es würde lange dauern, bis irgend jemand wieder dort hinaufkäme.

Der Trip heim zur Erde war kein Honigschlecken. Da kein Strom für Heizung verfügbar war, sank die Temperatur im LM auf drei Grad Celsius über Null. Lovell und Haise zogen ihre Mondstiefel an. Swigert hatte keine und zog darum eine Extragarnitur Unterwäsche an. Das Essen war kühlschrankkalt. Ein ernstes Problem, das große Besorgnis hervorrief, wurde erst bekannt, als es schon gelöst war. Das vor Kursmanövern notwendige Ausrichten der Kreiselplattform durch Anpeilen von Sternen funktionierte nicht, weil seit der Explosion im Geräteteil Materialteilchen mitreisten, die wie künstliche Sterne erschienen. Die rettende Idee kam vom Boden, wo ein Ingenieur vorschlug, den Rand der Sonne anzupeilen. Der durch die Größe der Sonne bedingte Fehler war noch eben tolerabel.

Bei uns im ZDF-Studio in Hamburg, wo wir nach Apollo 11 und 12 nun die Odyssee der Odyssee und des Aquarius verfolgten – diese Namen trugen der Geräteteil und das Landefahrzeug – reduzierte sich die Berichterstattung nach Fortfall der Mondlandung auf die Rettungsmaßnahmen an Bord. In der Nacht vor der Landung, am 16. April, kam es allerdings zu einer neuen brenzligen Situation. Ein Heliumtank drohte auszufallen, dessen Inhalt man für die restlichen Brennphasen des LM-Motors benötigt hätte.

Vom Sender wurde beschlossen, daß ich nach Houston fliege, um vom Ende der Mission, wie immer sie ausfallen sollte, vor Ort zu berichten. Als ich in Houston ankam, hatte sich die Situation an Bord geklärt, und man sah nun mit einiger Zuversicht den letzten Manövern vor dem Wiedereintritt in die Erdatmosphäre entgegen. Das war zunächst vier Stunden vor der Landung das Abtrennen des »toten« Geräteteils. Als er davonschwebte, sah die Besatzung die Bescherung. Durch den Druck des austretenden Sauerstoffs und die Wucht der Explosion war ein Teil der Wand des Geräteteils weggeschleudert worden. Anderthalb Stunden vor der Landung kehrte die Besatzung aus dem LM, ihrem Rettungsboot in den Kommandoteil zurück und stieß das LM ab. Mit einem Routinewiedereintritt und der anschließenden Bergung ging das große Drama von Apollo 13 zu Ende. Für einen Bericht, den ich nach der Bergung durchgeben sollte, erhielt ich eine Fernsehleitung von Houston nach Hamburg. Nachdem wieder einmal ein Apolloflug tagelang die Schlagzeilen der Weltpresse beherrscht hatte, schätzte man die Zahl der Zuschauer, die das Ende der Odyssee im All im Fernsehen verfolgten, auf eine halbe Milliarde. Am Tage der Heimkehr der Besatzung erlebte ich noch deren Begrüßung durch Präsident Nixon auf dem Gelände des NASA-Zentrums in Houston. Unrasiert, aber glücklich standen die Männer vor dem Präsidenten im gemeinsamen Gebet. Für die Zeremonie hatte man ein erhöhtes Podest aufgebaut, so daß alle Angestellten des Zentrums an ihr teilnehmen konnten. Gegenüber, vor dem Motel »Nassau Bay Inn«, stand auf einem Reklamelichtkasten in großen Lettern »Sigh of Relief – Our prayers were heard« (Seufzer der Erleichterung, unsere Gebete wurden erhört). Diese Worte gaben die Gefühle wieder, die weit über das betont fromme Houston hinaus ganz Amerika ergriffen hatten. Nach der Mission wurde von der NASA eine Kommission berufen, die in siebenwöchiger Arbeit die Gründe für das Versagen des Sauerstofftanks herausfinden sollte. Es stellte sich heraus, daß mit einem Tank bei einem Test unsachgemäß umgegangen worden war. Daraufhin wurden sämtliche Tanks für die nachfolgenden Apollo-Missionen auseinandergenommen und die in ihnen sitzenden Bauteile überprüft. Die Explosion war offenbar durch eine in Brand geratene Heizspirale ausgelöst worden. Ähnlich wie sechzehn Jahre später bei der Challenger-Katastrophe hatte Nachlässigkeit zu folgenschwerem Versagen eines wichtigen Bauteils geführt.

Die Beinahetragödie von Apollo 13 hatte zur Folge, daß die nächste Mission, Apollo 14, erst neun Monate später im Februar 1971 gestartet werden konnte. Ihr Ziel war das Gebiet um den Krater Fra Mauro und zehn Grad östlich von der Landestelle von Apollo 12. (Von der Nordhalbkugel der Erde aus gesehen, ist Osten rechts.) Kommandant war Alan Shephard, der als erster amerikanischer Astronaut einen kurzen fünfzehn Minuten langen ballistischen Flug in den Weltraum unternommen hatte. Pilot des Kommandoteils, der Kitty Hawk, war Stuart Roosa und Pilot des

Landefahrzeugs Antares Edgar Mitchell. Da das Landegebiet rauher, als nach Fotos vermutet, war, mußte die Besatzung der Landefähre wieder einmal nach einer geeigneten Landestelle suchen. Das ALSEP war um zwei Experimente erweitert worden. Geophone sollten die Reaktion des Mondes auf das Abfeuern von Sprengladungen messen. Außerdem wurde ein Mörser mit vier Granaten aufgestellt, die nach dem Abflug gezündet werden sollten. Auch dieses Experiment diente der seismografischen Erforschung des Mondinnern. Die Astronauten von Apollo 14 hatten erstmalig einen Karren zum Transport von Geräten und Mondproben zur Verfügung, den sie Rikscha nannten. Ihr erster Ausflug dauerte fast fünf Stunden und führte sie zu drei Kratern, zwischen denen metergroße Gesteinsbrocken lagen. Am nächsten Tag war das Ziel der obere Rand des Cone Kraters, der einen Durchmesser von dreihundert Metern besaß und vierzig Meter tief war. Nach zwei Stunden vierzig Minuten waren Shephard und Mitchell um fünfzig Minuten hinter ihrem Zeitplan zurück. Die Fortbewegung in dem rauhen Gelände und in tiefem Staub war so anstrengend, daß Shephards Herzrhythmus auf hundertfünfzig Schläge in der Minute hochkletterte. Auch gerieten die beiden auf einen Umweg und waren schließlich so erschöpft, daß sie nach Rücksprache mit Houston vor Erreichen des Kraterrandes umkehren mußten. Eigentlich hatten sie große Geröllbrocken, die auf dem Rand des Kraters lagen, in diesen hineinstoßen sollen. Der zweite Ausflug dauert viereinhalb Stunden und erstreckte sich über eine Distanz von mehr als drei Kilometern. Insgesamt brachte die Besatzung 44 Kilogramm Mondgestein nach Hause.

Die wissenschaftlichen Expeditionen: Apollo 15 bis 17

Diese drei Missionen wurden als die eigentlich wissenschaftlichen bezeichnet. Deren Besatzungen stand ein Mondauto, der Lunar Rover, zur Verfügung, mit dem sie lange Strecken zu ausgesuchten Zielen in sehr interessanten Gebieten weitab vom Mondäquator besuchen konnten. Der Rover war ein Jeep, der auf der Erde und leer nur 209 Kilogramm wog und doch zwei Astronauten in Mondanzügen samt den Tornistern mit den Lebenserhaltungssystemen sowie Geräte und unterwegs eingesammelte Mondproben befördern konnte. Das Fahrzeug, das zusammengeklappt im unteren Teil der Landefähre Platz fand, hatte Vierradantrieb und

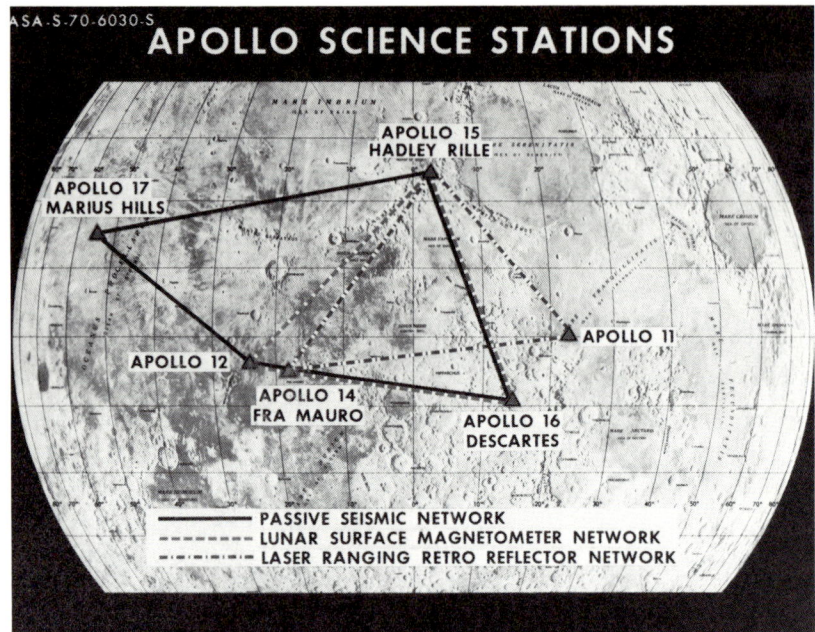

APOLLO SCIENCE STATIONS

APOLLO 15
HADLEY RILLE

APOLLO 17
MARIUS HILLS

APOLLO 11

APOLLO 12

APOLLO 14
FRA MAURO

APOLLO 16
DESCARTES

PASSIVE SEISMIC NETWORK
LUNAR SURFACE MAGNETOMETER NETWORK
LASER RANGING RETRO REFLECTOR NETWORK

Mondkarte mit sechs Apollo-Lande-stellen. Die ersten drei Landungen erfolgten aus Sicherheitsgründen in Äquatornähe. Die dahin führenden Bahnen waren Bahnen mit automatischer Rückkehr zur Erde ohne zusätzliche Manöver. Von Apollo 15 ab wurden die Landestellen nach wissenschaftlichen Gesichtspunkten ausgewählt. Auf diesen drei letzten Missionen wurde ein Mondauto mitgenommen. Die dunklen Flächen sind von Lava bedeckt und relativ eben.

Vierradlenkung und wurde von batteriegetriebenen Elektromotoren in Bewegung gesetzt. Im vorderen Teil des Rover waren zwei Fernsehantennen, eine mit hoher und eine mit niedriger Verstärkung untergebracht. Die Fernsehkamera, die erstklassige farbige Bilder lieferte, konnte vom Boden aus ferngelenkt werden. Davon machten die Geologen im Kontrollraum Gebrauch, die sich interessante Objekte auf dem Bildschirm holten. Auf einem Stativ war außerdem eine Sechzehn-Millimeter-Filmkamera montiert, die während der Fahrten von dem rechts sitzenden Astronauten bedient wurde. Apollo 15 startete Ende Juli 1971 und führte zur Hadley Rille am Abhang der Mond Apenninen am Rande des Mare Imbrium, einer der großen dunklen Flächen auf der nördlichen Vorderseite des Mondes. Die Headley Rille ist eine viele Kilometer lange Schlucht, die sich unterhalb des 4400 Meter

Blick in die staubfreie Montagehalle für Raumfahrzeuge am Cape Canaveral. Im Vordergrund das Mondauto, das für die wissenschaftlichen Missionen auf dem Mond gebaut wurde. Es hatte elektrischen Vierradantrieb. Alle vier Räder waren lenkbar. Auf dem »Rover« sitzen der Astronaut Dr. Harrison Schmitt, links, und Eugene Cernan, der Kommandant des Apollo 17-Fluges, der letzten Mondmission. Ganz links am Rand die Mondfernsehkamera. Im Hintergrund die Landefähre. Man sieht oben im hinteren Teil der Aufstiegsstufe die Bordcomputer und darunter die Düse des Aufstiegsmotors. Unter der Aufstiegsstufe die Landestufe.

hohen Mount Hadley windet und nur rund vier Kilometer von der Landestelle von Apollo 15 entfernt lag. Die Schlucht ist dort ungefähr ein Kilometer breit und 300 Meter tief und wahrscheinlich durch fließende Lava entstanden. Die Besatzung von Apollo 15 bestand aus dem Kommandanten David Scott, dem Piloten des Kommandoteils Endeavour Worden und dem Piloten des Landefahrzeuges Falcon James Irwin. Das Gewicht der kompletten Apollo-15-Kombination war mit 47,7 Tonnen um zwei Tonnen höher als das vorangegangener Apollofahrzeuge. Gewichtseinsparungen an Treibstoffen und an der Saturnrakete hatten die erhöhte Masse möglich gemacht. Dadurch ließen sich außer dem Mondauto auch noch Meßgeräte mitnehmen, die in die Wand des Geräteteils zur Fernerkundung des Mondes aus dem Orbit eingebaut wurden. Gleich bei ihrer ersten Fahrt besuchten Scott und Irwin den Rand der Hadley Rille, von der wir in unserem Studio in Hamburg ein Modell hatten. Wir hatten auch ein Mondauto maßstabsgetreu bauen lasen, mit dem wir zu Demonstrationszwecken im Studio hin und her fahren konnten. Am Ende des ersten Ausflugs stellte die Roverbesatzung die dritte ALSEP-Station auf, so daß im Zusammenwirken mit den anderen Stationen Mondbeben lokalisiert werden konnten, die jeden Monat auftraten, wenn der Mond seine größte Annäherung an die Erde erreichte. Es folgten Entnahmen von Bohrkernen aus Tiefen bis zu 2,6 Metern, mit denen einmal 57 getrennte Schichten Mondmaterial festgestellt werden konnten. Die Bohrkerne repräsentierten 2,6 Milliarden Jahre Mondgeschichte. Am nächsten Tag unternahmen die beiden Astronauten eine zwölfeinhalb Kilometer lange Fahrt zum Mount Hadley, wo sie Proben einsammelten, die zu den wichtigsten aller Apollolandungen zählten. Der zweite Ausflug dauert über sieben Stunden und erstreckte sich über mehr als zwanzig Kilometer. Der dritte Ausflug wurde von der Missionskontrolle in Houston auf unter fünf Stunden gekürzt. Er führte Scott und Irvin erneut, diesmal auf kürzestem Weg, zur Hadley Rille.

Kommandant der Apollo-16-Mission (April 1972) war John Young, Pilot des Kommandoteils (Caspar) Thomas Mattingly und Pilot der Landefähre (Orion) Charles Duke. Ziel der Landung war das Caley Plateau in der Umgebung des Kraters Descartes, zehn Grad südlich vom Äquator und südwestlich von der Landestelle von Apollo 11, die fast genau auf dem Äquator lag. Descartes lag inmitten der hellen Gebiete auf dem Mond, die alte Mondkruste aus der Frühzeit der Bombardierung des Mondes repräsentierten.

Landegebiet von Apollo 15 mit Hadley-Rille. Die Landung erfolgte ganz in der Nähe der deutlich erkennbaren Hadley-Rille am Fuße des rund 8000 Meter hohen Apenninen-Gebirges. Die Aufnahme wurde von Bord des den Mond umkreisenden Apollo 15-Mutterfahrzeuges gemacht. Der große Krater liegt am Westrand der Rille und hat diese zum Teil ausgelöscht. Deutlich ist der Gegensatz zwischen dem mächtigen Gebirge und den ebenen Lavaflächen des Mare Imbrium (des Regenmeeres).

Die Landung war eine Zeitlang in Frage gestellt, weil Probleme im Antriebssystem des Geräteteils aufgetreten waren. Die Missionskontrolle sprach schon davon, daß es zu einer Situation wie bei Apollo 13 kommen könnte, bei der man das LM als Rettungsboot hatte benutzen müssen. Schließlich erhielt die Besatzung dann doch ein GO für die Landung. Immerhin erfolgte die Landung sechs Stunden später als im Flugplan vorgesehen war. Auch waren Young und Duke so belastet von den angefallenen Problemen und Manövern, daß sie nach der Landung baten, zunächst einmal schlafen zu dürfen, bevor sie auf den ersten Ausflug gingen. Die erste EVA (Extra Vehicular Activity) dauert sieben Stunden und begeisterte besonders die Geologen im Kontrollzentrum, weil die beiden Astronauten überaus mitteilsam waren und so ein Maximum an Informationen vermittelten. Duke gelang eine drei Meter tiefe Bohrung nach Kernproben. Young imponierte im Blickfeld einer Sechzehn-Millimeter-Filmkamera mit Roverfahrten. Die beiden Astronauten verbrachten über zwanzig Stunden außerhalb des LM, ihres Zuhauses, und kehrten von 27 Kilometer langen Fahrten mit fast hundert Kilogramm Mondmaterial zum LM zurück.

Einen endgültigen Rekord erzielte die Besatzung von Apollo 17, der letzten Mondmission. Nach einem verspäteten, aber imponierenden Start bei Nacht landete die Mannschaft, Eugene Cernan, Kommandant, Ronald Evans, Pilot des Kommandoteils und der Geologe Dr. Harrison Schmitt, Pilot des Landefahrzeuges am 11. Dezember 1972 im Gebiet des Kraters Littrow und des Taurus-

Apollo 17, letzte Mondmission. Im Landegebiet Taurus-Littrow stellt einer der beiden Astronauten wissenschaftliche Geräte auf, die noch lange nach der Rückkehr der Besatzung wertvolle Daten, so zum Beispiel über den Mondmagnetismus, Mondbeben, von der Sonne kommende Atomteilchen, Staubniederschlag und über die Entfernung Erde–Mond zur Erde funkten. Das Taurus-Littrow-Gebiet zählt zu den reizvollsten Landschaften auf dem Mond.

gebirges auf ungefähr zwanzig Grad Nord und dreißig Grad Ost nördlich von der Landestelle von Apollo 11. Das Landegebiet war das vielleicht landschaftlich schönste aller Apollo-Missionen. Es lag zwischen 2130 Meter hohen Bergen in einem Tal von wirklich überirdischem Reiz. Bei Apollo 16 war die Einrichtung eines Hitzemeßgeräts mißlungen, das Vergleiche mit den Resultaten eines solchen Gerätes an der Landestelle von Apollo 15 liefern sollte. Das nun aufgestellte Gerät erbrachte eine Bestätigung der von Apollo 15 gemessenen Werte, wonach die Temperatur mit der Tiefe doppelt so schnell ansteigt wie man erwartet hatte. Dieses Ergebnis war von großer Bedeutung für ein Verständnis der Hitzeverteilung im Mond. Dr. Schmitt war der erste Fachwissenschaftler bei einer Mondmission. Er geriet gradezu in Ekstase, als er einen orangefarbenen Stein fand, der über TV gut am Boden zu erkennen war. Zeitweilig wurde der Fund als Hinweis darauf gewertet, daß es auf dem Mond Wasser geben könnte. Schließlich stellte sich heraus, daß die Färbung von orangefarbenen Kügelchen herrührte, die vermutlich in der Hitze eines Meteoraufschlages gebildet worden waren.

Der Mond nach Apollo

Die Apollomissionen haben insgesamt eine Fülle von Erkenntnissen über den Mond erbracht. So weiß man jetzt, daß die Bildung der großen Mariabecken vor 3,9 Milliarden Jahren stattfand. Einige hundert Millionen Jahre danach erwärmte sich der Mond durch radioaktive Prozesse so stark, daß flüssige Lava aus Tiefen bis zu mehreren hundert Metern in die Becken eindrang und nach oben quoll. Inzwischen war die Umgebung des Mondes von großen Gesteinsbrocken so leer gefegt, daß nur noch wenige Krater in den Mariaflächen entstanden. Das erklärt, daß die Maria relativ glatt sind. Die Tatsache, daß die Geschwindigkeit der Apollofahrzeuge über den Maria jeweils zunahm, erklärt, daß dort unter der Oberfläche schwere Massen lagern, sogenannte Mascons, das heißt Massenkonzentrationen. Eine unerschöpfliche Quelle bilden die vom Mond mitgebrachten Gesteinsproben für die Chemiker und Mineralogen. Es zeigte sich, daß auf dem Mond die gleichen Elemente anzutreffen sind wie auf der Erde. Doch sind die Häufigkeiten der Elemente und ihr Vorkommen in chemischen Verbindungen anders als auf der Erde. Es gibt weniger

Blick auf einen schweren Felsbrocken im Taurus-Littrow-Gebiet auf dem Mond, der Landestelle der Apollo 17, der letzten Apollo-Mondmission. Der Geologe und Pilot des Landefahrzeugs Dr. Schmitt schlägt Gesteinsproben aus dem Block vor ihm heraus. Rechts neben dem Felsbrocken das abgestellte Mondauto.

Während der Fahrten übermittelten die Astronauten Fernsehbilder live zur Erde. Die Apollo 17-Mission fand im Dezember 1972 statt. Die Besatzung, Kommandant Cernan und Dr. Schmitt, kehrten mit einer Rekordlast von 113 Kilogramm zur Landefähre zurück.

Siliziumoxid als auf der Erde, aber mehr Titanium und Eisenoxid. Und es gibt wenig Gold. Und es gibt weder Wasser, noch Wasserstoff. Beides konnte von der schwachen Anziehungskraft des Mondes nicht festgehalten werden. Sauerstoff ist in chemischen Verbindungen reichlich vorhanden. Eine Gesteinsprobe war rostig, doch hat sich der Rost entweder nach der Landung auf der Erde gebildet oder auf dem Mond durch den Einschlag eines wasserhaltigen Meteoriten. Temperaturmessungen ließen erkennen, daß der Mond unter einer Kruste von durchschnittlich sechzig Kilometern hart, danach aber ab tausend Kilometer weich bis teilgeschmolzen ist. Darüber, ob er einen Kern aus Eisen oder Schwefeleisen besitzt, weiß man nichts Sicheres. Über die Entstehung des Mondes gab es lange Zeit drei Theorien. Es hieß, daß er entweder zusammen mit der Erde aus einer Wolke von Material gebildet oder daß er eingefangen wurde – oder daß er der Erde entsprungen sei. »Gebt mir ein Stück Mondmaterial«, hatte der Nobelpreisträger Prof. Urey aus USA gesagt, »und ich erkläre euch, wie das Planetensystem entstanden ist.« Er hielt den Mond für einen primitiven, mit der Erde nicht verwandten Körper. Seit den Apollolandungen weiß man, daß der Mond, ähnlich wie die Erde, ein differenzierter Körper ist. Prof. Taylor aus Australien und Dr. Newson aus New Mexiko haben eine Theorie der Mondentstehung veröffentlicht, die im Gegensatz zu den genannten Theorien nicht im Widerspruch zu den Fakten steht. Sie nehmen an, daß die Erde und ein kleiner marsähnlicher Körper vor 4,4 Milliarden Jahren nahe beieinander waren. Als die Körper kollidierten, wurden weite Teile des Erdmantels aus der Erde herausgerissen und vermischten sich mit den Resten des kleinen Körpers, dessen Eisenkern sich im Weltraum nicht halten konnte. Vier Stunden nach der Kollision stürzte der Eisenkern auf die Erde, wodurch deren Kern an Masse zunahm. Von dem kleineren Körper blieb eine an Eisen arme Materiewolke übrig, aus der leichtflüchtige Elemente wie Wasserstoff, aber auch Metalle mit niedrigem Schmelzpunkt entweichen konnten. Die Wolke verdichtete sich zu einem großen Klumpen, aus dem der Mond entstand.

Wernher von Braun:
Über den Nutzen der Raumfahrt

Mit der Landung von Armstrong und Aldrin auf dem Mond im Juli 1969 war das Ziel, das Präsident Kennedy 1961 den USA für das Ende des Jahrzehnts gesetzt hatte, »Einen Mann zum Mond und gesund wieder zurückzubringen«, erreicht. Freilich sollte Kennedy den Triumph, der Amerika zur Führungsmacht im Weltall gemacht hatte, nicht erleben. Nach seinem Tod 1963 stand auf der Plakette, die die Apollo-11-Besatzung auf dem Mond zurückgelassen hatte, neben den Namen der beiden Astronauten der von Präsident Richard Nixon. »Wir kamen in Frieden für die gesamte Menschheit« war in die Plakette eingraviert. Zwar hatte die Besatzung die amerikanische Flagge aufgepflanzt, aber die Vereinigten Staaten beanspruchten keineswegs ein Territorium auf dem Mond. Der Weltraum und seine Himmelskörper sollten allen Menschen gehören. Das war die Idee aller Weltraumpioniere gewesen.

Als ich im November 1969 zur Vorbereitung der Apollo-12-Mission wieder einmal in Huntsville war, gab mir Wernher von Braun ein Interview, in dem es um einen Rückblick auf die Mondlandung und einen Ausblick in die Zukunft ging. Das Gespräch fand im eigenen Fernsehstudio des Marshall-Raumflugzentrums statt. In dem Interview kommt die Raumfähre Shuttle vor, die inzwischen, wenn auch nicht nach seinen Vorstellungen, entwickelt wurde und jetzt fliegt.

Schiemann: Herr Dr. von Braun, unter Ihrer Leitung wurde in den USA die Saturn 5-Rakete entwickelt, dieses gewaltige Schiff. Kann man wohl sagen, wie groß der Anteil der damaligen Arbeit an der V2 in Deutschland an der Entwicklung der gewaltigen Saturn 5 ist?

von Braun: Ich glaube, man kann wohl mit Recht die V2 als den Prototyp einer großen Flüssigkeitsrakete ansehen. Sie hatte ein großes Triebwerk, sie hatte Steuerbarkeit, und sie hatte eine Kreiselsteuerung, die mit Inertialelementen, wie Beschleunigungsmessern, arbeitete, sie hatte eine kleine Rechenmaschine. Sie hatte also alle wesentlichen Ingredienzien, aber sie ist dennoch eben ein einfacher Prototyp gewesen.

Wernher von Braun unter der ersten Stufe der Saturn 5-Rakete, die unter seiner Leitung aus der während des Krieges in Peenemünde entwickelten V 2 entstand. Ohne die etwas überstehenden Düsen beträgt der Durchmesser der ersten Stufe zehn Meter. Gebildet wird sie von fünf Triebwerken, die zusammen 3500 Tonnen Schub liefern und durch die in jeder Sekunde 14 Tonnen Kerosin und flüssiger Sauerstoff fließen. In einer Brenndauer der Stufe von 2½ Minuten sind das 2100 Tonnen. Die gewaltige Stufe ist nötig, um die auf ihr sitzenden Stufen und ganz oben das 45 Tonnen wiegende dreiteilige Apollo-Raumschiff in den Weltraum zu befördern.

Schiemann: Kann man sagen, was das Schwierigste war bei der Entwicklung dieser Riesenrakete? Mußten neue Erfindungen gemacht werden, neue technologische Durchbrüche?

von Braun: Es ist natürlich auf der ganzen Linie ein höheres Niveau der Ingenieurkunst angewendet worden in der Saturn, als es zum Beispiel in der V2 zur Verfügung stand. Kreisel sind besser geworden, Raketenmotoren sind besser geworden, wir verwenden höher energetische Treibstoffe, wir verwenden Digitalrechner, die es damals nicht gab.

Schiemann: Als junger Mann, als Sie noch in Deutschland in der Gruppe von Hermann Oberth und Rudolf Nebel und anderen an Raketen gebastelt haben, haben Sie sich jemals vorgestellt, eine Rakete für den Mond zu bauen?

von Braun: Ich bin im Jahre 1927, als ich noch ein Pennäler auf der Hermann-Lietz-Schule in Spiekeroog war, Mitglied des Vereins für Weltraumfahrt geworden. Und als ich dann, nachdem ich das Abitur gemacht hatte, Oberth kennenlernte und an ersten Versuchen mit kleinen Raketenöfchen teilnehmen durfte, da waren wir natürlich alle von dem Idealismus erfüllt, daß wir eines Tages zum Mond fliegen könnten. Zweifel darüber, daß das eines Tages möglich sein würde, hatten wir nie. Auf der anderen Seite haben wir wohl in der damaligen Zeit alle miteinander nicht den Umfang der Schwierigkeiten verstanden, der zu bewältigen war. Zum Beispiel war ja die elektronische Rechenmaschine im Jahre 1930, als ich mit Oberth zu arbeiten anfing, noch gar nicht erfunden. Und wenn Sie mich jetzt fragen, wie man ohne elektrische Rechenmaschine je gedacht hat, zum Mond zu fliegen, dann muß ich erröten und sagen, das haben wir uns damals nicht überlegt.

Schiemann: Was wird der nächste Schritt sein in der Entwicklung der Weltraumtechnologie?

von Braun: Ich habe hier eine Karte, da kann ich Ihnen vielleicht einmal zeigen, wie das gedacht ist. Wir haben hier ein Space-Stationsmodul, wie wir es nennen, den Baustein einer Raumstation. Dieser Baukastenstein kann verwendet werden um entweder eine kleine Raumstation in einer Erdumlaufbahn aufzubauen oder eine größere, die vielleicht daraus wachsen wird. Wir können auch diesen Baustein in eine Umlaufbahn um den Mond bringen oder ihn sogar auf der Mondoberfläche landen lassen und ein kleines Hotel auf dem Mond einrichten, in dem Astronauten für längere Zeit wohnen können.

Schiemann: Nun ist ja ein wesentlicher Bestandteil Ihres Systems, daß Sie dann Fähren haben wollen (...)

von Braun: Ja, Sie bringen mich damit zum zweiten Element. Das ist ein Raumtransporter, der von der Oberfläche der Erde in eine Umlaufbahn fliegen kann, mit etwa 25 Tonnen Fracht in Form von Leuten oder Brennstoffen, oder wisenschaftlichem Gerät. Und dies ist eine wiederverwendbare Raumfähre. Die Besatzungsmannschaft einer Außenstation zum Beispiel, die ihre Runde abgedient hat und nun mal zur Erde zurückkommen will, die fliegt dann mit diesem Raumtransporter zurück, denn dieses Fahrzeug kann vielleicht hundert solche Flüge machen, also wie ein Verkehrsflugzeug.

Schiemann: Und wie wird es aufgebaut sein?

von Braun: Es wird ein zweistufiges Gerät sein mit Wasserstoff-Sauerstoffantrieb in beiden Stufen. Die erste Stufe geht nur etwa bis zur sechsfachen Schallgeschwindigkeit und an die Grenze der Atmosphäre und kehrt dann sofort zur Startstelle zurück und landet dort auf einer Piste. Die obere Stufe, das sogenannte orbitale Element, geht in die Umlaufbahn und kehrt von dort aus zurück und kann auf derselben Piste landen.

Schiemann: Und wie würden Sie das Ganze ausbauen können, um etwa zu den Planeten zu kommen?

von Braun: Ja, dazu brauchen wir das dritte Element, was wir die »Nuclear stage« nennen. Das ist eine mit Atomantrieb angetriebene Stufe, sagen wir eine atomare Stufe. Mit dieser Stufe können wir, wenn wir mehrere zusammenbündeln, zum Beispiel in Fahrzeugen zum Mars fliegen – eine bemannte Expedition zum Mars, die für den ganzen Trip hin und zurück beinahe zwei Jahre benötigen wird.

Schiemann: Nun ist, Herr Dr. von Braun, nie die Kritik verstummt, daß man so viel Geld ausgibt im Weltraum und es doch auf der Erde eigentlich so viel zu tun gibt. Wie sehen Sie das jetzt?

von Braun: Die Hauptaufgaben, die wir in der Außenstation bewältigen wollen, beziehen sich in sehr direkter Weise auf Fragen, die mit einer Lösung vieler Aufgaben auf der Erde verbunden sind. Lassen Sie mich ein Beispiel verwenden. Wir arbeiten zur Zeit sehr intensiv an einem System, Ernteerträge aus einer Umlaufbahn zu ermessen. Man macht dies im Prinzip so, daß man gleichzeitig mit zehn oder zwölf fotografischen

Kameras eine Gegend aufnimmt auf der Erde, zum Beispiel in der Größe eines deutschen Landkreises, und alles in einem bestimmten Bereich des Spektrums fotografiert. Also zum Beispiel die eine Kamera ist ausgerüstet mit einem Farbfilm, der vor allem rotempfindlich ist, und die nächste Kamera ist überwiegend grünempfindlich und eine Kamera überwiegend blauempfindlich, und Sie können das Licht, das Sie auffangen, noch weiter einengen, indem sie noch einen Farbfilter vor die betreffende Kamera setzen. Nun werden mit diesen, sagen wir zwölf Kameras gleichzeitig immer dieselben Bilder aufgenommen, indem der Satellit durch seine Umlaufbahn zieht, so daß Sie also einen Haufen Land auf diese Weise vermessen können. Wir können dann durch Eichen dieser Bilder gegenüber Land, das überflogen ist, und wo wir wissen, was dort angebaut ist, feststellen, wo Roggen und Weizen und Gerste und Hafer und Klee angebaut wird, und wir können sogar auf Grund dieser Bilder aussagen, was die zu erwartenden Ernteerträge sind. Die gleichen Methoden geben uns natürlich auch einen Aufschluß darüber, wie die Verstädterung der Menschheit zunimmt, daß mehr Menschen in die großen Städte ziehen und damit dort der Konsum wächst. Wenn Sie diese beiden Informationen zusammentun in einer elektronischen Rechenmaschine, dann können sie sagen, hier ist das Essen, das Wo und Wieviel des Essens, und hier ist das Wo und Wieviel der Esser, der Verbraucher. Und daraus können Sie sofort ermitteln, wo Ernährungsschwierigkeiten auftreten werden (...) Es möge Sie interessieren, daß gerade im vergangenen Jahre unsere NASA in den USA mit der indischen Regierung einen Staatsvertrag abgeschlossen hat, in Indien auf diese Weise der Nahrungsmittelversorgung zu helfen.

Sie können nun genauso mit Satelliten nach Öl suchen, nach Mineralien suchen. Sie können Ozeanografie betreiben. Sie können sich sogar mit den Gewohnheiten von Fischschwärmen beschäftigen. Das mag Ihnen fantastisch klingen, aber selbst das ist möglich, weil gewisse Korrelationen bestehen zwischen Planktongehalt des Seewassers und Seewassertemperatur und Salzgehalt. Alles Dinge, die Sie von der Umlaufbahn feststellen können mit geeigneten Sensoren, und dann können sie sagen, die Fische scheinen die Gewohnheit zu haben, dahin zu gehen, wo mehr Plankton ist.

Schiemann: Wie sehen Sie generell die Tendenz, wird sich die

Raumfahrt mehr entwickeln in Richtung unbemannter Geräte, oder wird der Mensch dort immer eine wesentliche Aufgabe haben?

von Braun: Ich glaube, wir werden auch in der Zukunft beides haben. Es gibt viele Aufgaben, bei denen ein unbemanntes System völlig ausreicht. Aber es gibt andere Dinge, wo das menschliche Urteil, die menschliche Urteilskraft eine Rolle spielen kann, wo der Mensch einfach unersetzlich ist, zum Beispiel, wenn es sich darum dreht, neue Fabrikationsmethoden in Schwerlosigkeit zu entwickeln. Eine sehr aufregende Sache, die wir zur Zeit bearbeiten. Man kann da vielleicht riesige Kristalle züchten, in Schwerelosigkeit. Da geht es ohne den Menschen einfach nicht.

Schiemann: Und Sie halten den Weltraum auch als Erlebniswelt für bedeutsam?

von Braun: Ja, durchaus. Es ist schon oft gesagt worden, daß es vielleicht einer der größten Werte der Weltraumfahrt ist, daß der Mensch sich selber ein neues Betätigungsfeld jenseits seines Planeten eröffnet hat, das ihm auch eine neue Perspektive, eine neue spirituelle Einstellung zu seiner Heimat und zum Weltenraum gibt.

Schiemann: Wo sehen Sie die Grenzen der Raumfahrt, in unserem Sonnensystem, der bemannten Raumfahrt oder vielleicht eines Tages darüber hinaus?

von Braun: Ich habe mir abgewöhnt, das Wort unmöglich zu benutzen, weil ich gelernt habe, wenn ich es mal benutzt habe, daß da irgendein Kerl kam und hat bewiesen, daß es doch geht. Aus diesem Grunde möchte ich nicht sagen, daß bemannte Flüge jenseits unseres Sonnensystems unmöglich sind. Auf der anderen Seite haben wir zur Zeit nicht einmal theoretische Lösungen auf dem Papier, wie man Menschen zum Beispiel zu unseren benachbarten Fixsternen fliegen könnte. Das schließt aber nicht aus, daß nächste Generationen dieses Problem lösen werden.

Schiemann: Das mag ja auch ein Problem des Gewichts sein und ein Problem der Lebensdauer des Menschen. Nun haben einige Leute gesagt, nun, man könnte ja dem Menschen seine Organe aus dem Körper herausnehmen und sie alle ersetzen durch Maschinen. Ein künstliches Herz, künstliche Lunge, künstliche Nieren, künstliche Leber. Und dann würde es sehr viel einfacher sein: Man bräuchte dann nur noch sein Gehirn hinauszuschicken, vielleicht mit Sinnesorganen, und das könnte dann viel länger leben, und man könnte damit vielleicht viel weitere Reisen machen und würde damit die bemannte Raumfahrt im geistigen Sinne erweitern?

von Braun: Ich habe von diesen Vorschlägen und Ideen auch gehört und gelesen und ehrlich gesagt, finde ich sie ziemlich revoltierend. Für mich ist der Mensch immer noch ein Ebenbild Gottes. Und ich habe nichts dagegen, daß man ihm ein künstliches Herz einsetzt, wenn die alte Pumpe nicht mehr so gut arbeiten will. Aber da den gesamten Körper des Menschen durch Maschinen zu ersetzen und nur noch sein Gehirn am Leben zu erhalten, das, finde ich, ist irgendwie ein Verstoß gegen die Absicht des Schöpfers. Da mache ich nicht mit.

1975 reichten sich beim Unternehmen Apollo-Sojus Amerikaner und Sowjets die Hände im All. Sechs Jahre früher, 1969, waren beide erbitterte Konkurrenten auf dem Weg zum Mond gewesen. Doch dann gaben die Sowjets nach einer Reihe von Rückschlägen, die vor der Öffentlichkeit geheimgehalten wurden, auf. Seitdem konzentrieren sich die Sowjets auf Unternehmungen im Erdorbit. Das Treffen der beiden Weltraummächte wurde 1972 von dem sowjetischen Ministerpräsidenten Aleksei Kossygin und US-Präsident Richard Nixon in Moskau vereinbart. Zwei Tage lang besuchten sich Sowjets und Amerikaner gegenseitig in ihren Raumfahrzeugen vom Typ Apollo und Sojus.

Nachdem die Amerikaner den Mond erreicht und die Sowjets eine Mondlandung aufgegeben hatten, entschlossen sich beide Nationen dazu, ihre Aktivität im erdnahen Weltraum zu intensivieren. Im Orbit wollten sie Raumstationen betreiben, in denen sich die Auswirkung langdauernder Schwerelosigkeit auf die Gesundheit und Arbeitsfähigkeit des Menschen studieren ließe. Was man auf längere Sicht vor allem wissen wollte war, ob Menschen Flüge zu unserem Nachbarplaneten Mars mit Reisezeiten hin und zurück von je einem Jahr überstehen würden, ohne

Schaden zu nehmen. Auch war zu klären, wie lange Zeit man für den Aufenthalt von Besatzungen im Orbit ansetzen könnte, die mit der Fabrikation von neuartigen Werkstoffen in Schwerelosigkeit beschäftigt sein sollten. Schließlich wollten die Amerikaner nach dem Ende der Mondflüge wiederverwendbare, nach Flugzeugart landende Raumfähren entwickeln, die alle bislang zur Beförderung von Nutzlasten in den Weltraum verwendeten Wegwerfraketen ersetzen sollten.

Erste Raumstationen Saljut und Skylab

Blicken wir einen Augenblick zurück in die sechziger Jahre, in die Zeit vor Amerikas Mondlandung. Ende 1966 hatten die Amerikaner mit ihren steuerbaren Geminifahrzeugen – damals eine Vorbereitung auf die Mondlandung – die Sowjets im Weltraum technisch überholt. Deren letzter Flug hatte Mitte März 1965 mit einem Woschod-Fahrzeug stattgefunden, aus dem der Kosmonaut Leonow ausgestiegen war. Danach trat bei den Sowjets eine mehrmonatige Pause ein, an deren Ende im April 1967 der Start eines neuen dreisitzigen Fahrzeugs erfolgte, das Sojus (Union) hieß und ursprünglich Bestandteil eines Mondlandefahrzeugs werden sollte. Nach der Aufgabe der Mondlandung konzentrierten sich die Sowjets darauf, das Sojus-Fahrzeug für die Entwicklung einer Raumstation zu verwenden und mit einer solchen den USA zuvorzukommen.

Der Start von Sojus 1 verlief ohne Komplikationen. Einziger Insasse war Vladimir Komarow. Die Mission endete allerdings mit einer Katastrophe. Unbestätigten Meldungen zufolge, war das Raumfahrzeug vor Ablauf des ersten Tages im Orbit ins Taumeln geraten, und von Komarow, ein bis zwei Orbits später, als es normal gewesen wäre, zum Wiedereintritt in die Erdatmosphäre gesteuert worden und dann, so hieß es schließlich offiziell, infolge versagender Fallschirmseile abgestürzt, wobei Komarow den Tod fand. Im Beisein von Ministerpräsident Kossygin und unter starker Anteilnahme der sowjetischen Bevölkerung erhielt Komarow ein Staatsbegräbnis. Seine Asche wurde an der Kremlmauer beigesetzt. Es dauerte anderthalb Jahre, bis die Sowjets im Oktober 1968 erst ein unbemanntes Sojusfahrzeug, Sojus 2, und dann eine bemannte Sojus, Sojus 3, in den Weltraum schickten. Von

Zwei zusammengekoppelte sowjetische Sojus-Fahrzeuge auf dem Pariser Aero Salon 1973. Die Sojusfahrzeuge sind seit 1971 bis in die neunziger Jahre und voraussichtlich darüber hinaus die Geräte für den Transport von Kosmonauten von der Erde in den Orbit und zurück.

Sie wiegen je rund sieben Tonnen und sind dreiteilig. Hinten befindet sich ein Geräte- und Antriebsteil für Manöver im Orbit. In der Mitte sitzt die Kommandokabine für Start und Rückkehr zur Erde, davor ein kugelförmiger Wohn- und Arbeitsraum.

Sojus 3 bis Sojus 10 verliefen alle bemannten Flüge ohne wesentliche Komplikationen und brachten außer erfolgreichen Rendezvous- und Dockingmanövern einen Dauerrekord von achtzehn Tagen, womit die Sowjets den bis dahin von der amerikanischen Gemini 7 gehaltenen Rekord überboten. Freilich hatten die Amerikaner inzwischen den Mond erreicht. Dann kam es, am Ende einer zunächst sehr erfolgreich verlaufenen Mission von Sojus 11, zu einer erneuten Tragödie. Das Raumfahrzeug hatte an die vorher am 19. April 1971 unbemannt gestartete Raumstation Saljut 1 angekoppelt. Die Besatzung von Sojus 11 war Anfang Juni überge-stiegen und hatte 23 Tage in der Sation verbracht und war schließ-lich in die Sojus 11 zurückgekehrt. Bei der Rückkehr zur Erde am 30. Juni versagte ein Ventil in der Sojus. Die dreiköpfige Besatzung, Georgie Dobrovolski, Vladislav Volkow und Viktor Patsajew, er-stickte in der undicht gewordenen Kapsel und konnte nur noch tot geborgen werden. Auch diese Besatzung erhielt, wie vorher Komarow, ein Staatsbegräbnis, an dem hundert Millionen Sowjet-bürger über Fernsehen teilnahmen. So hatte auch die sowjetische Raumfahrt nicht aufgehört, ein Abenteuer zu sein, nachdem über ein Jahr vorher die Besatzung der amerikanischen Apollo 13 immerhin mit dem Leben davongekommen war.

Daß die erste Bemannung von Saljut 1 mit dem Unglück von Sojus 11 geendet hatte, war ein schwerer Schock für die an Erfolg gewöhnte sowjetische Öffentlichkeit gewesen, vergleichbar dem Entsetzen, das fünfzehn Jahre später in Amerika das Challenger-desaster auslöste.

Ähnlich wie später in den USA trat nach Sojus 11 in der Sowjet-union eine zweijährige Pause für bemannte Raumflüge ein. Wie Sojus und Saljut aussahen, blieb der Weltöffentlichkeit und auch den sowjetischen Bürgern verborgen. Erst auf dem Pariser Aero Salon 1973 überraschte die Sowjetunion die Welt mit der Enthül-lung ihres Sojusfahrzeuges. Wieder einmal staunte das interna-tionale Publikum in Paris über ein sowjetisches Raumfahrzeug, diesmal über eines, das schon sechs Jahre vorher seinen Erstflug absolviert hatte und inzwischen mit zwei Tragödien, aber auch erstaunlichen Erfolgen, Schlagzeilen gemacht hatte. Das im sowje-tischen Pavillon von der Decke hängende rund zehn Meter lange Fahrzeug war dreiteilig und offenbar eine Weiterentwicklung der Wostok, mit der Gagarin 1961 als erster Mensch die Erde in einem Raumfahrzeug umkreist hatte. Neu war eine Bremsrakete zur Abmilderung des Stoßes bei der Landung. Auch war die Kom-mandokabine der Sojus nicht mehr kugelförmig, sondern vor dem Hitzeschutzschild verjüngt. Die dreisitzige Kabine für Start und Wiedereintritt saß in der Mitte, dahinter war ein Versorgungs- und Antriebsteil angeordnet und davor ein annähernd kugelförmi-ger Arbeits- und Aufenthaltsraum von rund zwei Meter Durch-messer.

Für den Start der Sojus benutzten die Sowjets eine Rakete, die im wesentlichen identisch mit der alten Vostokrakete war. Nur hatte man die dritte Stufe verlängert und damit die Brenndauer so ausgedehnt, daß sie die sechs Tonnen schwere Sojus in Orbit bringen konnte. Zum Vergleich: Die amerikanische Apollo, die zum Zeitpunkt des Erstfluges von Sojus in die Erprobung gegangen war, wog komplett rund fünfundvierzig Tonnen. Da der Durchmesser der Startrakete für die Sojus nicht vergrößert worden war, bot die Kommandokabine nicht genug Platz für drei Kosmonauten in den Raumanzügen, die die Sowjets bis dahin verwendet hatten. Darum konnten die anfangs zu dritt fliegenden Kosmonauten bei den ersten Flügen selbst während der kritischen Phasen des Starts und des Wiedereintritts keine Raumanzüge tragen. Nach dem Unglück von Sojus 11 wurde die Sojus darum zunächst nur zweisitzig geflogen. Erst später, als die Sowjets weniger voluminöse Raumanzüge besaßen, wurde die Sojus wieder dreisitzig gestartet. Immerhin sollte die seit 1967 im Einsatz befindliche Sojus bis Anfang der neunziger Jahre, als dieses Buch geschrieben wurde, das einzige Raumfahrzeug sein, über das die Sowjetunion für den Transport von Kosmonauten in die Umlaufbahn verfügte. Dies war bezeichnend für den langen Atem der Sowjets in der Weltraumtechnik.

Die Pariser Aero Salons, auf denen die Sowjets jahrzehntelang glänzten, waren alle zwei Jahre auf dem alten Flugplatz von Le Bourget das große Ereignis der internationalen Luft- und Raumfahrt. Darum war es für mich während meiner gesamten Zeit beim ZDF, von 1963 bis 1981, selbstverständlich, daß ich regelmäßig von Paris für das Fernsehen über das Ereignis berichtet habe. Das erste Mal hatte ich die vom französischen Fernsehen inszenierte Schau vom Rande des Flugfeldes aus kommentiert. Später hatte ich stets ein ZDF-Kamerateam bei mir. Die Berichte über den Salon waren jedesmal einer der Höhepunkte in meinen Programmen »Aus Forschung und Technik«.

Saljut wurde der Weltöffentlichkeit 1975, zwei Jahre nach Sojus, und damit vier Jahre nach ihrem Erstflug in Paris vorgestellt. Dort wurde ein Saljutversuchsexemplar mit einer angekoppelten Sojus gezeigt. Immerhin sechs Jahre nachdem die Amerikaner auf dem Mond gelandet waren, zeigte sich das Publikum doch von einer Technik beeindruckt, die zwar hinter der Apollotechnik herhinkte, insofern aber doch Neues bot, als Saljut eben eine, wenn auch kleine, Raumstation für jahrelange Aufenthalte von sich abwechselnden Besatzungen darstellte und damit in die Zukunft wies. Das Gewicht der ersten Saljutstation betrug siebzehn Ton-

Die sowjetische Raumstation Saljut auf dem Pariser Aero Salon 1975. Sie hat ein Gewicht von zwanzig Tonnen und wird unbemannt von einer Protonrakete in die Erdumlaufbahn gebracht. In ihrer Saljut-Station haben die Sowjets, ähnlich wie die Amerikaner in ihrem Skylab, medizinische und technische Versuche in Schwerelosigkeit unternommen. Da Saljut nachversorgt werden konnte, vermochten Kosmonauten längere Zeit in ihr zu verbleiben als die US-Astronauten in Skylab. So war die Besatzung von Saljut 7 1984 238 Tage in Schwerelosigkeit an Bord.

nen, spätere Versionen waren bis zu zwanzig Tonnen schwer. Für ihren Start wurde eine Rakete verwendet, die schon zu Beginn der sowjetischen Weltraumexperimente schwere Satelliten vom Typ Proton in Orbit gebracht hatte und darum Protonrakete genannt wurde.

Saljut war ungefähr fünfzehn Meter lang und bestand aus drei hintereinander angeordneten Teilen. Der hinterste war der längste und stellte den Arbeits- und Wohnraum dar, dessen Durchmesser rund vier Meter betrug. Vor ihm lag ein kürzerer Bauteil von kleinerem Durchmesser, der als Kommandostand diente. Den vorderen Abschluß bildete ein Vorsatz zum Ankoppeln von Sojusfahrzeugen und zum Durchstieg der Kosmonauten.

Die Geschichte der Sojus- und Saljutflüge ist lang und wies neben manchen Fehlschlägen wie mißlungenen Andockmanövern und erzwungenen Reparaturarbeiten von Kosmonauten, die außerhalb der Station arbeiten mußten, auch große Erfolge auf.

Wiederaufgenommen wurden die Sojus- und Saljutflüge nach dem Desaster von Sojus 11 im Jahre 1971 zwei Jahre später, also 1973. Bei Saljut 2 hatte das Andocken nicht geklappt. Aber dann folgte eine lange Serie von erfolgreichen Missionen mit langen Aufenthalten von Kosmonauten schließlich in Saljut 6 und 7. Saljut 6 war von September 1977 bis Juli 1982 fast fünf Jahre in der Umlaufbahn und wurde von fünfunddreißig bemannten Fahrzeugen vom Typ Sojus für den Transport von Kosmonauten und unbemannten sojusähnlichen Fahrzeugen vom Typ Progreß für den Transport von Material und Lebensmitteln angeflogen. Zweiköpfige Stammbesatzungen, die sich über monatelange Zeiträume hinweg abwechselten, hatten einwöchige Besuche von jeweils einem sowjetischen Kosmonauten und einem Kameraden aus einer mit der Sowjetunion befreundeten Nation gehabt. Unter ihnen waren Ostblockbürger aus der Tschechoslowakei, Polen, der DDR, Ungarn, Vietnam, Kuba, der Mongolei und Rumänien. Ein Gast aus dem nichtsowjetischen Bereich war der Franzose Jean Loup Chrétien, ein anderer der Inder Rakesh Sharman. Saljut 7 wurde im April 1982 gestartet und hatte bis 1986 zehn Besatzungen beherbergt.

Fragt man nach den Motiven der sowjetischen Raumfahrt, so waren gewiß, ähnlich wie im Falle der USA, neben Propagandamotiven auch praktische wie wissenschaftliche Interessen im Spiel. Die Erfolge der sowjetischen Raumfahrt wurden als Beweise für den Fortschrittsgeist der Sowjetunion und für ihren Sinn für Völkerfreundschaft gewertet. Als führende Nation im sozialistischen Lager bedeutete es für die Sowjetunion weltweites Prestige, daß sie Bürgern aus den Ostblockländern Flüge ins All ermöglichte und diese an ihrem Erfolg teilhaben ließ, und dies auf einem Gebiet, das für Fortschritt schlechthin stand. Einen deutlichen Schwerpunkt bildete bei den Sowjets die systematische Verlängerung der Aufenthaltszeiten ihrer Besatzungen unter Weltraumbedingungen, speziell der Schwerelosigkeit. Damit deutete sie offensichtlich auf das von ihnen immer wieder betonte Interesse an späteren Flügen zum Mars. So war die letzte Besatzung von Saljut 7 bis Oktober 1984 238 Tage ununterbrochen an Bord geblieben. Schon diese Zeit hätte für eine Hinreise zum Mars beziehungsweise eine Rückreise zur Erde gereicht. Sehr intensiv betrieben die Sowjets Versuche zur Entwicklung von Verfahren der Erdbeobachtung, die man später von unbemannten Satelliten aus praktizieren könnte. Dieses Interesse erklärt sich aus der riesigen Fläche, die das Territorium der Sowjetunion bedeckt. Gewiß würden sich durch Erderkundungssatelliten an vielen Stellen Rohstoffvorkommen aufspüren lassen.

Ähnlich wie die Amerikaner in ihrer Skylab-Raumstation, von der im nächsten Abschnitt die Rede sein wird, nahmen auch die Sowjets Fabrikationsversuche unter den Bedingungen der Schwerelosigkeit in ihren Saljut-Stationen vor. Ein Hauptinteresse bildeten Schweißversuche mit verschiedenen Materialien.

Amerikas Himmelslabor Skylab

Wenden wir uns wieder den Amerikanern zu. Schon im Sommer 1966, drei Jahre vor der ersten Mondlandung, war Dr. George Mueller, NASA-Chef für bemannte Raumfahrt in Washington, auf die Idee gekommen, vom Apolloprogramm übrig bleibende Raketenstufen und Raumfahrzeuge zum Aufbau einer experimentellen Raumstation zu verwenden. Für den Aufbau der Station würden sich zwei nachbleibende Drittstufen der Saturn 5 eignen, eine als Flugexemplar, eine als Reserve. Eine Erst- und eine Zweitstufe der Mondrakete würde man für den Start der Station benutzen, die die damals, Ende der sechziger Jahre, noch nicht bekannte sowjetische Station Saljut an Raum und Nutzladung bei weitem übertreffen sollte. Zwar würde sich Skylab nach dem Verbrauch von am Anfang des Unternehmens mitgebrachten Lebensmitteln und anderem Verbrauchsmaterial nicht nachversorgen lassen und daher nur etwa acht Monate von drei hintereinander an Bord gehenden Besatzungen bewohnt werden können. Aber schon in dieser Zeit könnten sich bei sorgfältiger Planung eine Vielzahl von Experimenten zur Erforschung des möglichen Nutzens des Weltraums durchführen lassen. Dazu kam die Absicht, am Hauptkörper der Station ein ausschwenkbares Sonnenobservatorium mitzunehmen, das bei einem Gesamtgewicht der Station von achtzig Tonnen allein elf Tonnen wiegen durfte. Für Bau und Betrieb der Station setzte die NASA 2,5 Milliarden Dollar ein, genug, um 22 000 Ingenieure, Wissenschaftler und Hilfskräfte zu finanzieren, die am Skylabprogramm beteiligt sein sollten.

Fischaugen-Blick ins Innere der amerikanischen Skylab-Raumstation. Die Station konnte so geräumig sein, weil die Amerikaner für ihren Aufbau einfach eine vom Apolloprogramm übriggebliebene Drittstufe der Saturn 5 genommen hatten. So konnten sie im Hauptdeck der Station eine größere Zahl von medizinischen Geräten zum Studium der Auswirkungen der im Weltraum herrschenden Schwerelosigkeit unterbringen. Im Vordergrund ein Fahrradergometer. Links in der Ecke der dreiteilige Schlafraum für die Astronauten. Die dritte und letzte Skylabbesatzung blieb 84 Tage im Weltraum. Da Skylab nicht nachversorgbar war, konnte keine Besatzung länger bleiben.

Für den Orbit wurde eine Höhe von 400 Kilometern gewählt. Ein solcher würde notwendig sein, damit die Situation nicht wegen ihrer Größe frühzeitig abgebremst und zum Absturz gebracht würde. Für den Einschuß in den Orbit würden zwei Saturn-5-Stufen genügen, weil deren Nutzlast anders als bei Mondmissionen nicht auf eine Entweichgeschwindigkeit zum Mond gebracht werden müßte. Die Station sollte unbemannt gestartet werden. Anschließend sollten dann drei Saturn IB-Raketen, die man auch noch auf Lager hatte, drei Besatzungen von je drei Mann in Apollofahrzeugen, die auch noch vorrätig waren, zum Skylab bringen. Die Realisierung des Skylabunternehmens wurde dem

Marshall-Raumflugzentrum in Huntsville übertragen. Ich bekam Skylab dort zum ersten Mal Ende 1970, drei Jahre vor seinem Start, zu sehen.

In Huntsville hatte man in einer großen Halle aus einem Versuchsexemplar der Saturn-Drittstufe ein 1:1-Modell des Skylab montiert. Es hatte die Ausmaße eines kleinen Eigenheims, womit allein schon die besten Voraussetzungen dafür gegeben waren, daß man ausreichend Raum für die Aufstellung von wissenschaftlichen Geräten zur Erforschung des Weltraumnutzens besaß. Dazu kam, daß die Geräte ein Gesamtgewicht von 3,2 Tonnen haben durften. Das Modell des Skylab war in zwei Teilen aufgebaut. Über dem Boden der ehemaligen Raketenstufe war deren Innenraum als hauptsächliches Deck zum Wohnen und für die medizinischen Experimente eingerichtet. Sein Durchmesser betrug 6,6 Meter, und es war so hoch, daß Astronauten bequem darin stehen konnten. Für sie gab es drei nebeneinanderliegende Schlafkabinen, in denen sie bei 0-g in Schlafsäcken »schwebten«. An der gegenüberliegenden Wand konnte eine Dusche angebracht werden. Nebenan war ein Raum als Toilette und ein anderer zum Zubereiten der Mahlzeiten vorgesehen. An ihn schloß sich der eigentliche Eß- und Aufenthaltsraum an, eine Art Messe, um einen Ausdruck aus der Seefahrt zu gebrauchen. Dort war an der Wand ein Bullauge eingelassen, das freie Sicht nach außen gewährte. Gut ein Drittel der Grundfläche war zum Einbau der medizinischen Geräte vorgesehen, mit denen man die Auswirkung der Schwerelosigkeit auf den menschlichen Organismus studieren wollte.

Von Anfang an war geplant, die Besatzungen bis zu rund fünfzig Tagen im Orbit zu lassen. Später wurden 84 Tage daraus. Immerhin stellte die herabgesetzte Belastung des Organismus ein Problem dar, das sich, wie man schon wußte, zum Beispiel darin äußerte, daß es zu einem leichten Muskelschwund und zu einem Verlust an schwer regenerierbarer Knochensubstanz kam. Als ein Gerät für ein tägliches Training stand ein Fahrradergometer im Experimentierraum. Ein weiteres auffälliges Gerät in der medizinischen Abteilung war ein Drehstuhl. Auf ihm konnten sich die Astronauten in schnelle Drehungen bei aufrechtem und geneigtem Kopf bringen lassen. Der Zweck dieses Experiments war es, festzustellen, wie weit Schwerelosigkeit sich auf das im Innern sitzende Gleichgewichtsorgan auswirkt. Normalerweise liegen in den Bogengängen des Ohrs kleine Steinchen auf Sinneshärchen, die dem Gehirn melden, in welcher Lage sich der Kopf befindet. Wie würde sich, das war die Frage, das Gleichgewichtsorgan verhalten, wenn die Steinchen in der Schwerelosigkeit nicht mehr auf den Sinneshärchen liegen würden, sondern nur über ihnen schwebten?

Mit Skylab sollten Erderkundungsverfahren erforscht und erprobt werden, die man dann später in Erderkundungssatelliten, also unbemannten Raumfahrzeugen, zur Anwendung bringen wollte. Dabei würde, wären solche Satelliten erst einmal im Orbit, deren Betrieb wenig kosten, da sie im Vakuum des Weltraums keinen Widerstand erfahren, also keinen Antrieb und damit keine Treibstoffe verbrauchen.

Zu den während meines Besuches in Huntsville geplanten Arbeiten an Bord des Skylab zählten Versuche über die Fabrikationsmöglichkeiten im Weltraum durch Ausnutzung der Schwerelosigkeit. Diese würde es ermöglichen, Stoffe verschiedenen spezifischen Gewichts, die man geschmolzen hat, durch Umrühren gleichmäßig zu vermischen, ohne daß die schwereren Bestandteile der Mischung nach unten sinken. Beim Erstarren würde man dann eine Mischung, etwa eine neue Legierung gewinnen, wie man sie auch nur annähernd so gleichmäßig unter normalen Schwerebedingungen nie erzielen könnte. So hoffte man, neuartige Legierungen mit bisher unbekannten Eigenschaften, aber auch Kristalle mit bisher unerreichter Reinheit zur Herstellung von Halbleitern in der elektronischen Industrie zu gewinnen. Die Versuchseinrichtung bestand im wesentlichen aus einem 1,5 Meter langen Rohr, in dem eine Elektronenstrahlapparatur zum Erhitzen von Material untergebracht war.

Das schwerste von allen Geräten an Bord des Skylab war das Sonnenobservatorium, das aus acht einzelnen Teleskopen bestand. Nach Erreichen des Orbits sollte das Gerät um neunzig Grad aus der Längsachse des Skylab herausgeschwenkt werden und so Platz zum Andocken einer Apollo freimachen. Das Sonnenobservatorium des Skylab war nun dazu eingerichtet, speziell die kurzwellige von der Erdatmosphäre absorbierte Sonnenstrahlung vom Ultravioletten bis zur Röntgenstrahlung aufzufangen und zu vermessen. Die Bedienung des Observatoriums geschah vom Multiple-Docking-Adapter, dem Mehrfachandock-Adapter MDA, aus.

Das Skylab im Orbit

Noch waren gerade gut zwei Jahre seit dem letzten Abenteuer einer Mondlandung mit Apollo 17 vergangen, als amerikanischen Astronauten ein neues unvorhergesehenes Abenteuer im All bevorstand. Zwar gelang der Start der Skylab-Raumsation am 14. Mai 1973 auf einer Saturn 5-Erst- und -Zweitstufe von Cap Canaveral aus ohne Probleme, aber die neunzig Tonnen schwere Station wurde beschädigt. Durch die heftigen Erschütterungen, die beim Start auftraten, wurde ein kombiniertes Meteoriten- und Hitzeschutzblech dicht oberhalb der Außenhaut des Skylab abgerissen. Dabei riß dieser doppelte Schutz noch eine der beiden großen Sonnenzellenflächen zur Versorgung des Skylab mit Strom ab und führte zu einem Verklemmen des anderen. Die Mission drohte zu scheitern. Unerträgliche Hitze im Innern des Skylab konnte dadurch vermieden werden, daß es in eine günstige, der Sonne möglichst wenig ausgesetzte Lage manövriert wurde. Unterdessen arbeiteten, da diese Maßnahme nicht ausreichte, um die Station abzukühlen, in Houston und Huntsville Teams fieberhaft an der Konstruktion von Sonnenschirmen. Die mit fünf Tagen Verspätung am 25. Mai auf einer Saturn IB gestartete Besatzung (Pete Conrad, Kommandant, und Dr. Joseph Kerwin sowie Paul Weitz) konnte nach Betreten der Station in glühender Hitze einen in Houston konstruierten zusammenfaltbaren Schutzschirm durch eine kleine Schleuse nach außen stecken und zur Entfaltung bringen. Als es dann auch noch dem Kommandanten in einer abenteuerlichen dreieinhalb Stunden dauernden Außenbordaktivität gelang, die verklemmte Solarzellenfläche freizubekommen, erhielt die Besatzung ein Glückwunschtelegramm von Präsident Nixon. Wieder hatte eine Apollobesatzung Amerika und viele Menschen rund um den Globus in Atem gehalten. Nach Absolvierung aller geplanten Experimente landete die Besatzung nach 28 Tagen im Orbit. Damit brach sie einen damaligen 21-Tage-Rekord der Sowjets. Der Wettlauf im All war noch voll im Gang.
Die zweite Besatzung (Alan Bean, Dr. Owen Gariott und Jack Lousma) hatte gleichfalls mit großen Schwierigkeiten infolge Versagens von Steuerdüsen zu kämpfen. Allen Gefahren zum Trotz gelang es Gariott und Lousma in einem sechseinhalbstündigen »Weltraumspaziergang«, einen zweiten Sonnenschutz über den ersten zu ziehen, womit Skylab nun endgültig repariert war und das Innere der Station sich auf angenehme Temperaturen ab-

kühlte. Eine defekt gewordene Raumstation durch zwei Besatzungen repariert zu haben, stellte eine glanzvolle Leistung der bemannten Raumfahrt dar. Der Mensch im All hatte seine Existenzberechtigung bewiesen. Die zweite Crew blieb 59 Tage im Orbit. Ihr folgte eine dritte (Gerald Carr, Dr. Gibson und William Pogue), die 84 Tage, fast drei Monate, unter den Bedingungen der Schwerelosigkeit arbeitsfähig blieb. Die von den drei Skylab-Besatzungen zur Erde mitgebrachten Messungen sollten Wissenschaftler am Boden, so stellte es sich heraus, fünf Jahre lang beschäftigt halten.

Der Wert einer durch Skylab entdeckten Kupfermine wurde auf mehr als zwei Milliarden Dollar geschätzt, auf ungefähr so viel, wie Skylab gekostet hatte. Mit den drei Missionen wurden wertvolle Erfahrungen für den Bau und die Betriebsorganisation der inzwischen für die neunziger Jahre geplanten internationalen Raumstation »Freedom«, Freiheit, gewonnen. Saljut 1 flog vor Skylab, Saljut 2 blieb unbemannt, Saljut 3 ging nach der letzten Skylabbesatzung in Orbit. Jedesmal, wenn eine Skylabbesatzung einen neuen Dauerrekord erzielte, machte sie Schlagzeilen. Doch die dicksten auf den ersten Seiten der Weltpresse gab es, als Skylab, nach dem es inzwischen jahrelang unbemannt geblieben war, im Juli 1979 in die Erdatmosphäre eintrat, wobei sich Teile der Station, die zum Verglühen zu groß waren, von der Station abgelöst hatten. »Gefahr für Mainz?« stand auf dem Titelblatt des Spiegels. Der Kelch ging an Mainz und vielen anderen, zeitweilig für bedroht gehaltenen Städten rings um den Globus vorbei. Teile von Skylab stürzten teils über dem Indischen Ozean, teils über Südwestaustralien ab, ohne daß jemand zu Schaden kam.

Ursprünglich hatte man gehofft, die Raumfähre Shuttle würde rechtzeitig genug gestartet, um Skylab für ein paar weitere Jahre auf eine höhere Bahn schieben zu können. Dazu war es nicht gekommen.

Ziviler und militärischer Nutzen unbemannter Satelliten

Die bemannte Raumfahrt hat uns aus halber Mondentfernung die Erde als ein Raumschiff zum Bewußtsein gebracht, dessen Besatzung die gesamte Menschheit ist. Dieses unauslöschliche Erlebnis, das erstmalig die Besatzung von Apollo 8 vermittelte, fiel gerade in die Zeit der späten sechziger Jahre, als der Gedanke allgemein aufkam, das Überleben der Menschheit hinge davon ab, daß sie es lernte, mit den Ressourcen ihres Planeten schonend umzugehen. Das Bild der im All schwebenden Erdkugel mag sehr wohl zur Verbreitung dieses Gedankens als ein Nebenprodukt des Unternehmens Apollo beigetragen haben, dessen eigentlicher Zweck Prestige für die USA und die Weiterentwicklung der Raumfahrttechnik war. Der praktische Nutzen, der seit den sechziger Jahren aus dem Betrieb unbemannter Satelliten gezogen wird, ist sehr real. Dies gilt insbesondere für die Kommunikationssatelliten, das heißt für Nachrichtensatelliten zur weltweiten Übertragung von Telefongesprächen, Telexen, Faksimiles, Daten und Fernsehsendungen sowie für die Wettersatelliten. Es gilt aber auch für die unbemannten militärischen Aufklärungssatelliten der USA und der Sowjetunion, die entscheidend zur Vermeidung von Angst vor Überraschungsangriffen und damit zur Erhaltung des Friedens beigetragen haben. Durch die Benutzung der Kommunikationssatelliten werden Gebühreneinnahmen, die die Kosten übertreffen und sogar hohe Gewinne abwerfen, erzielt.

Erfunden wurde der Nachrichtensatellit am Ende des Zweiten Weltkrieges durch den britischen Schriftsteller Arthur C. Clarke, der im Kriege Radaroffizier war und als solcher mit der Ausbreitung von Funkwellen vertraut gewesen war. Clarke hatte sich Gedanken darüber gemacht, daß nach den Gesetzen der Newtonschen Himmelsmechanik niedrig fliegende künstliche Satelliten, sozusagen künstliche Monde, sehr schnell um die Erde fliegen würden, wohingegen hochfliegende Satelliten für eine Umfliegung der Erde längere Zeit brauchen würden. Es müßte also, folgerte er, eine bestimmte Flughöhe geben, bei der Satelliten, die über den Äquator fliegen, über diesem stillzustehen scheinen würden, weil sie sich mit der gleichen Winkelgeschwindigkeit um den Erdmittelpunkt bewegen würden wie die Oberfläche der

Ein Nachrichtensatellit der weltweit operierenden privaten Gesellschaft Intelsat vom Typ Intelsat 5. Er kann 15 000 Telefongespräche und gleichzeitig zwei Fernsehprogramme übertragen. Nachrichtensatelliten werden heute 36 000 Kilometer über dem Erdmittelpunkt stationiert. Da sie die Erde ebenso schnell umlaufen wie alle Punkte auf der Erde, scheinen sie stillzustehen. Drei über dem Äquator in gleichen Abständen voneinander stationierte Satelliten können also beliebige Punkte auf der Erde miteinander verbinden und Telexe, Ferngespräche und Fernsehsendungen übermitteln.

Erde. Man würde also in Gedanken einen solchen Satelliten sozusagen über eine Stange mit einem unter ihm auf dem Äquator liegenden Punkt verbinden können, ohne daß die Stange verbogen würde. Das ist die Idee des sogenannten geostationären Satelliten, der immer auf die gleichen Stellen gerade oder schräge unter ihm sieht. Der Abstand eines solchen Satelliten von der Erdoberfläche beträgt 35 800 Kilometer, das ist rund gerechnet der dreifache Erddurchmesser. Wegen dieser Höhe übersieht der geostationäre Satellit fast die Hälfte der unter ihm liegenden Erdoberfläche. Stellt man unter ihm von einander entfernte Antennen auf, kann er zwischen diesen eine Verbindung herstellen. Insbesondere sollte sich ein solcher Satellit zur Überbrückung des Atlantischen Ozeans, also zur Überbrückung der Entfernung zwischen Europa und Amerika, eignen. Der später als Science fiction-Schriftsteller und Autor des Films »2001 – Odyssee im Weltraum« – bekannt gewordene Engländer Stanley Kubrick hatte anfangs sogar die phantastische Idee, daß man komplette, mit Telefonistinnen besetzte Telefonämter im Orbit haben sollte. Soweit ist es allerdings dank des ungeheuren Fortschritts der elektronischen Bausteine und der Computertechnologie nicht gekommen. Die Schaltung von Telefongesprächen wurde am Boden automatisiert und brauchte für den Weltraum gar nicht manuell in Betracht gezogen werden.

Natürlich ermöglichten Satellitentelefonsysteme auch den Empfang von Fernsehprogrammen. Die erste, im Juli 1962 durch einen Satelliten ermöglichte Fernsehübertragung zwischen Europa und Amerika erfolgte noch nicht über einen geostationären Satelliten. Mit einem schnell umlaufenden Satelliten namens Telstar der privaten amerikanischen Telefon- und Telegrafengesellschaft AT und T, der von je einer Sende- und Empfangsstation in Europa und den USA zwanzig Minuten lang verfolgt werden konnte, gelang eine erstmalig ebenso lange live-Übertragung von sehr interessanten und eindrucksvollen Reportagen aus mehreren Ländern Europas und einer Stelle in Amerika. Millionen von Zuschauern auf dem alten und dem neuen Kontinent fühlten sich gemeinsam nacheinander zu einer Herde von Rentieren in die einsame Tundra in Lappland, in ein imposantes Stahlwerk in Westdeutschland und zu einer hochtechnisierten Farm im mittleren Westen der USA versetzt. Im August 1964 wurde dann von zunächst elf Nationen die internationale Telekommunikationssatellitenorganisation Intelsat gegründet, die der Amerikaner Prof.

Shipman als die Telefongesellschaft der Welt bezeichnet hat. Dabei arbeitet Intelsat auf genossenschaftlicher und nicht auf Profitbasis. Mit dem Satelliten Syncom 3 gelang im gleichen Jahr eine Übertragung der Höhepunkte der Olympischen Spiele in Tokio im Oktober 1964 jeweils am Tage des Ereignisses nach den USA und dann über einen anderen Satelliten weiter nach Europa. Auf die Phase einer noch experimentellen Technik der Kommunikationssatelliten folgte 1965 die Aufnahme eines ersten regelmäßigen und kommerziellen Satellitendienstes durch die Intelsatgesellschaft mit dem Satelliten Intelsat 1, genannt Early Bird, auf Deutsch: Frühaufsteher. Freilich, Early Bird konnte erst 240 Telefongespräche oder ein Fernsehprogramm übertragen. Immerhin, es hatte das begonnen, was der amerikanische Gesellschaftsforscher Marshall McLuhan schon Mitte der sechziger Jahre in einer kühnen Vision die Entwicklung der Erde zu einem »globalen Dorf« genannt hat, in dem jede Familie auf der Welt zu einer Nachbarfamilie jeder anderen geworden ist, deren Lebensumstände ihr bis ins Detail bekannt sind.

Inzwischen hängen weltweit seit Ende der achtziger Jahre dreizehn Satelliten über dem Atlantik, dem Pazifischen und dem Indischen Ozean, die Telefongespräche, Telexe, Faxe und Fernsehbeiträge sowie ganze Fernsehprogramme übertragen. Aus anfangs elf Gründernationen des Intelsat-Systems sind inzwischen bis 1988 173 teilnehmende Nationen beziehungsweise Territorien geworden. Es ist selbstverständlich geworden, daß wir in Europa in den Abendnachrichten Berichte sehen, die erst vor Minuten jenseits des Atlantik oder sogar des Pazifik aufgezeichnet wurden oder sogar aus den genannten Gebieten live ankommen. Als ebenso selbstverständlich nehmen wir es hin, daß wir aus der eigenen Wohnung irgendwo in Deutschland im Selbstwählverkehr über Satellit einen Teilnehmer in einem Zimmer in New York erreichen, ohne daß eine einzige Person in die Gesprächsvermittlung eingeschaltet wurde. Aus den 240 Telefonkanälen oder einem TV-Programm von Intelsat 1 sind bei Intelsat VI 1989 24 000 Telefonkanäle und drei Fernsehkanäle geworden. 1992 soll ein kleinerer Intelsat VII-Satellit dank eines neuen digitalen Verfahrens, das die Zahl der Kanäle vervielfacht, 90 000 Telefonkanäle besitzen. Die Zahl der Erdsationen, die Ende der achtziger Jahre mit den Intelsatsatelliten in Verbindung stehen, beläuft sich auf rund 300.

Durch die große Zahl der verfügbaren Kanäle sind auch die Kosten ihrer Benutzung drastisch gesunken. So kostet ein transatlantisches Telefongespräch ein Zwanzigstel dessen, was es zu Beginn des Satellitenzeitalters gekostet hat. Von größtem Nutzen ist die Satellitenkommunikation da, wo eine Bevölkerung sehr dünn, beziehungsweise über große Entfernungen verteilt ist. Das erstere gilt zum Beispiel für Gebiete wie Alaska, wo die Menschen sehr weit auseinander wohnen und zum Teil in Ortschaften leben, die nur zwei Dutzend Bewohner zählen. Die Verlegung von Telefonleitungen erscheint in einem solchen Gebiet als viel zu kostspielig. Der zweite Fall, zu große Entfernung, gilt beispielsweise für einen Staat wie Indonesien, wo die Bevölkerung über Tausende von Inseln verstreut lebt. In beiden Fällen lautet die Lösung: Kommunikation mit Satelliten, die so kräftig senden, daß ihre Signale von nicht zu großen und damit zu teuren Antennen aufgefangen werden können.

Inzwischen haben die arabisch sprechenden Nationen von Marokko bis zum Libanon und bis zu Saudi-Arabien und den Golfstaaten ihren eigenen »Arab«-Satellite, der vom Shuttle in Orbit getragen wurde, wobei ein saudischer Prinz mit an Bord war. Satellitenfernsehen ist also längst nicht mehr auf die Herstellung transozeanischer Verbindungen beschränkt. In Deutschland gibt es seit einigen Jahren schon Fernsehprogramme, die, wie 3Sat und Sat 1, über Satellit verbreitet werden, und zwar im Zusammenhang mit der zunehmenden Verkabelung der Bundesrepublik durch die Post. Im Falle des von den drei Ländern Österreich, Schweiz und der Bundesrepublik produzierten 3Sat-Programms gehen die in Wien, Zürich und Mainz produzierten Sendungen über Kabel zur zuständigen Erdfunkstelle – Usingen in Hessen – und von dort zum deutschen TV-Sat-2-Satelliten, der seit August '89 über dem Äquator steht. Empfänger des Programms sind zunächst Kabelnetze, die eigene Empfangsantennen aufgestellt haben. Die Programme gehen dann über Kabel in die Haushalte. Mit dem TV-Sat-2 wurde ein Direktempfang von Sat 1, RTL, 3Sat, 1 Plus und der Westschiene über kleine von einzelnen Haushalten aufgestellte Antennen von sechzig Zentimeter Durchmesser möglich. Zur Ergänzung ihrer Bodenverbindungen, unter anderem zur DDR, hat die Deutsche Bundespost zwei eigene experimentelle Nachrichten-Satelliten namens Kopernikus 1 und 2 gestartet. Mit ihnen sollen auch Übertragungsmöglichkeiten zum Beispiel zwischen Fernsehstudios und provisorisch eingerichteten Reporterstandorten studiert werden. Hierzu werden Antennen mit einem Durchmesser von 3,5 bis 4,5 Metern Durchmesser erforderlich sein.

Seit 1982 gibt es eine internationale maritime Satellitenorganisation Inmarsat. Sie sorgt für weltweite Telefon-, Telex-, Fax- und Datenverbindungen von Schiff zu Schiff und von Land zu Schiff. Auf allen Ozeanen und Meeren umfaßte Inmarsat im Januar 1990 10 200 Fahrzeuge, die mit neunzig Zentimeter großen wegen des Seegangs kardanisch aufgehängten Antennen ausgerüstet waren.

Wettersatelliten

Ebensowenig wie wir darauf verzichten möchten, daß ein Nachrichtensatellit ein wichtiges Tennisspiel aus den USA nach Europa überträgt, möchten wir bei den Abendnachrichten darauf verzichten, daß der Meteorologe vom Dienst im Fernsehen die Entwicklung des Wetters an Hand der Wolkenbilder eines Wettersatelliten voraussagt. Das Interesse am Wetter von morgen gilt besonders für uns Bewohner eines gemäßigten Klimas, wo das Wetter sehr unbeständig ist, was die Wettervoraussage schwierig macht. Immerhin ist die Wettervoraussage zuverlässiger geworden, seit es die Wettersatelliten gibt.

Das Wetter in West- und Zentraleuropa hat seinen Ursprung an den meisten Tagen über dem Atlantik. Früher gab es Daten über das atlantische Wetter, also Temperaturen, Wind, Niederschläge, Wolkenbedeckungen nur von vereinzelten Schiffen auf vereinzelten Strecken. Nun übersehen die Wettersatelliten aus Höhen von 35 800 Kilometern den ganzen Nordatlantik und Europa bis tief nach Afrika, und sie liefern keineswegs nur Wolkenbilder, so interessant diese für die Beurteilung besonders der Tiefs sind, die bei den meisten Wetterlagen vom Atlantik her aus nordwestlichen bis südwestlichen Richtungen kommen. Die Wettersatelliten messen durch Infrarotaufnahmen die Temperatur der Wolken und der Erd- und Wasseroberfläche, wo diese sichtbar ist. Die Wolkenbewegungen verraten auch die herrschenden Windrichtungen und -stärken. Es sind diese Wolkenbewegungen, die den Laienzuschauer Abend für Abend fesseln. Der erste Wettersatellit war Tiros 1, der schon am 1. April 1960 von Cap Canaveral aus gestartet wurde. Inzwischen wurde allein in der westlichen Welt eine größere Zahl von Wettersatellitentypen gestartet, zuletzt für Europa die Satelliten vom Typ Meteosat. Bei diesem letzteren Typ handelt es sich um einen 320 Kilogramm schweren Satelliten, von dem erstmals 1977 ein Exemplar durch eine Arianerakete von Kourou in Französisch-Guayana aus in Orbit gebracht wurde. 1981 und 1988 folgten weitere Exemplare. Seit März 1989 wird von der europäischen Organisation für Wettersatelliten Eumetsat Meteosat 4 betrieben. Die von einem Meteosat rund um die Uhr gesendeten Bilder werden aufgezeichnet und für die Zuschauer zu Bildfolgen zurechtgeschnitten, die den Wetterverlauf veranschaulichen. Meteosatelliten zeichnen in drei Wellenbereichen auf, im sichtbaren Licht, in einem breiten und in einem verengten Infrarotbereich. Alle halbe Stunde entstehen Bilder, die zusammen das sichtbare Bild der Erde, ein Bild der Wasserdampfverteilung und eine Messung der Wärmestrahlung ergeben. So gewinnen die Meteorologen Informationen über die Bewegung der Wolken, also den Wind, die Seewasseroberflächentemperatur, die relative Feuchtigkeit, die voraussichtlich zu erwartende Niederschlagsmenge und die Höhe der Wolkenobergrenzen. Die Auswertung der Daten erfolgt in einem Großcomputer des europäischen Weltraumoperationszentrums der ESA in Darmstadt.

In letzter Zeit ist der Optimismus, in den gemäßigten Zonen der Erde, wo das Wetter am unbeständigsten ist, zu weitreichenden Voraussagen zu kommen, gesunken, seit das Wettergeschehen im Sinne der Chaosforschung als eine prinzipiell über längere Zeiträume unbestimmte Folge von Ereignissen erkannt wurde. Daran können die ausführlichsten Daten- und Computerprogramme nichts ändern. Je langfristiger die angestrebte Wettervoraussage ist, um so mehr liefert sie nur Wahrscheinlichkeitsaussagen. Jede Verbesserung der Wettervoraussage ist nicht nur für den privaten Bereich des Bürgers, der beispielsweise seine Freizeit so gut wie möglich vorausplanen will, von Interesse. Sie ist für die Landwirtschaft und Bauindustrie von großem wirtschaftlichen Wert. So hat man für die USA geschätzt, daß die finanziellen Verluste durch mangelhafte Wettervoraussagen in die Milliarden Dollar gehen.

Erderkundungssatelliten

In meinem Interview mit Wernher von Braun nach der Mondlandung hatte er von dem Gewinn gesprochen, den eine Beobachtung unseres Planeten aus dem Weltraum haben kann. Inzwischen betreiben die USA Erderkundungssatelliten vom Typ Landsat

(USA) und Frankreich solche vom Typ Spot. Bilder dieser Satelliten werden bereits für das Auffinden von Bodenschätzen, die Überwachung der Umwelt und die Städteplanung international vermarktet.

Bei der europäischen Weltraumbehörde ESA sieht man jetzt dem ersten europäischen Fernerkundungssatelliten ERS-1 entgegen. Seine Aufgabe wird eine globale Überwachung der Ozeane, des Polarkreises und des Festlandes sein. Nachrichten-, Wetter- und Erderkundungssatelliten sind die wichtigsten praktischen Beispiele für die Nützlichkeit unbemannter Raumfluggeräte.

Militärische Raumfahrt

Das Interesse der Militärs an Anwendungen der Raumfahrttechnologie für ihre Zwecke ist so alt wie die Raumfahrt. Für die Amerikaner war der Weg freilich zunächst beschwerlich. Erste Versuche der amerikanischen Luftwaffe, die schon im Frühjahr 1959 mit Aufklärungssatelliten vom Typ Discoverer begannen und bei denen Kapseln mit im Orbit aufgenommenen Bildern geborgen werden sollten, mißlangen. Teils versagten die Raketen, teils gingen die Kapseln verloren. Das Verfahren war im Prinzip immer das gleiche.

Eine Thor-Agena-Rakete brachte den Satelliten in die Umlaufbahn. Nachdem der Satellit ausgesuchte Gebiete fotografiert hatte, wurde die Kapsel mit belichteten Filmen von der Rakete getrennt und zum Wiedereintritt in die Erdatmosphäre gesteuert. 3000 Meter über See – die Versuche fanden meist im Gebiet um Hawaii im Pazifischen Ozean statt – entfaltete sich ein Fallschirm, an dem die Kapsel herunterschwebte. Ausgesandte Suchflugzeuge hatten dann den Fallschirm samt Kapsel einzufangen und das Material an Land zu fliegen. Mißlang das Einfangen der Kapsel, stieß diese im Wasser eine Markierungsflüssigkeit aus, die es seemännischem Personal von in der Nähe operierenden Fahrzeugen ermöglichte, die Kapsel aufzufinden. Erfolgreich praktiziert wurde das Verfahren erstmals im Sommer 1960. Nach dem Abschluß des Discovery-Programms im Jahre 1962 wurde es mit anderen Satelliten fortgeführt. Im Laufe der Zeit wurden noch zwei andere Verfahren entwickelt. Bei dem einen wurden belichtete Bilder im Satelliten automatisch entwickelt und dann elektronisch abgetastet und über Funk zu Bodenstationen übermittelt. Ein drittes Verfahren bestand darin, Fernsehbilder von überflogenen Gebieten zur Erde zu funken. Das Verfahren mit den Filmkapseln lieferte die Bilder mit der besten Auflösung.

Auf die Discovererserie folgten Aufklärungssatelliten vom Typ Samos (Satellite and Missile Observation System, auf Deutsch: Satelliten-und-Raketen-Observierungs-System), die mit leistungsstarken Raketen vom Typ Atlas gestartet wurden. Spätestens Samos führte zu der gesicherten Erkenntnis, daß die Sowjets über bedeutend weniger Interkontinental- also strategische Raketen verfügten, als bis dahin angenommen worden war. Dieses Ergebnis war für die strategische Planung der Amerikaner von äußerstem Wert und beeinflußte auch ihr politisches Verhalten gegenüber den Sowjets in der fraglichen Zeit. Ganz allgemein galt auf der amerikanischen Seite, daß die Kenntnis der Rüstung des Gegners die Gefahr, daß aus dem damals, in den sechziger Jahren herrschenden Kalten Krieg ein heißer werden könnte, verringert wurde.

Noch etwas galt es, und zwar jeweils sofort, aufzuklären. Das waren Abschüsse sowjetischer Raketen als Zeichen eines eventuell begonnenen Überraschungsangriffs. Hierfür hatten die USA Satelliten der Reihe Midas (Missile Defense Alarm System, auf Deutsch: Alarmsystem zur Raketenverteidigung) entwickelt. Die Midas-Satelliten meldeten den Lichtschein startender Raketen. Der erste Start eines solchen Frühwarnsatelliten gelang im Mai 1960. Es gab noch eine weitere Kategorie von Satelliten. Das waren die Vela-Flugkörper, die Atomtestexplosionen in der Atmosphäre aufspüren sollten. Das Problem verlor an Bedeutung, nachdem die USA und die Sowjetunion Mitte der fünfziger Jahre vereinbart hatten, auf solche Tests zu verzichten, da der von ihnen herrührende radioaktive Niederschlag die Oberfläche der gesamten Erde mit Plutonium verseuchte. Da Plutonium äußerst langsam zerfällt, alle 24 000 Jahre einmal zur Hälfte, sollte unbedingt eine Akkumulation der gefährlichen Substanz verhindert werden. Natürlich sind die Aufklärungssatelliten seit sie zuerst in Erscheinung traten, bedeutend weiterentwickelt worden. So gibt es seit den achtziger Jahren den KH 11-Satelliten, der so vielfältig und komplex ausgerüstet ist, daß er nicht weniger als rund fünfzehn Tonnen wiegt. Für seinen Start wird außer der Titanrakete von Martin Marietta auch die Raumfähre Space Shuttle eingesetzt, von der in diesem Buch noch mehr die Rede sein wird. Der KH 11

Satellit vermag Funkbilder zur Erde zu übertrgen, die so detailreich sind, daß das Verfahren mit der Bergung von Kapseln mit belichtetem Film nur noch in Ausnahmefälle angewandt wird.

Es ist oft darüber diskutiert worden, wie kleine Objekte ein Aufklärungssatellit nun wirklich noch abbildet. Mindestens sind es Objekte von der Kleinheit eines Papierkorbes, vielleicht noch viel kleinere. Genaues kann nicht mitgeteilt werden, da naturgemäß die gesamte Technologie der Aufklärungssatelliten strengster Geheimhaltung unterliegt. Dies gilt auch für die Überwachung des Funkverkehrs, der von allen neueren Aufklärungssatelliten über dem überflogenen Gebiet überwacht wird. Da heißt es, es könnten sogar einzelne Telefongespräche abgehört werden.

Neben der Entsendung von Aufklärungs- und Frühwarnsatelliten haben die amerikanischen Streitkräfte auch eigene Systeme von Nachrichten- und Wettersatelliten aufgebaut, die sich nach ihren speziellen Bedürfnissen richten. Auch für zivile Zwecke nutzbar wird ein Navigationssatellitensystem sein, das sich seit den achtziger Jahren im Aufbau befindet. Wenn es fertig ist, werden 24 Satelliten die Erde in einer Höhe von zwanzig Kilometern und in drei zueinander geneigten Ebenen umkreisen. Benutzer des Systems werden sich dann transportabler Geräte bedienen, die auf Schiffen oder in Flugzeugen, Panzern oder Autos mitgeführt werden können. Die Geräte bestimmen dann die Position von jeweils vier Satelliten und gewinnen daraus dreidimensional die eigene Position auf zehn Meter genau. Das System heißt GPS (Ground Positioning System, System zur Bestimmung der Position auf der Erde).

Die militärischen Programme waren nie so spektakulär wie das Apolloprogramm oder die sonstigen Anbord- und Außenbordaktivitäten amerikanischer und sowjetischer Raumfahrer. Dabei sind die militärischen Programme, wenn man einmal von Apollo absieht, noch teurer gewesen als die zivilen. Ende der sechziger Jahre wurde bekannt, daß das amerikanische Militärprogramm im Weltraum bis dahin um die vierzig Milliarden Dollar gekostet habe.

Mit noch viel höheren Kosten als für die Aufklärungsprogramme der verschiedenen Art rechnet man für das 1983 von dem damaligen amerikanischen Präsidenten Reagan vorgeschlagene Programm einer strategischen Verteidigungsinitiative SDI (Streategic Defense Initiative), falls es verwirklicht werden sollte. Nur für

Forschung und Entwicklung wurden für SDI bereits neunzehn Milliarden Dollar ausgegeben. Für den Fall einer Installierung der für SDI in Betracht kommenden Einrichtungen im Weltall gibt es Kostenschätzungen, die von 100 bis 1000 Milliarden Dollar reichen. Der erklärte Zweck der Initiative soll es sein, Amerika vor einem Überraschungsangriff zu schützen. Im Hinblick auf die Abwehr gegnerischer Raketen unterscheidet man vier Phasen. Zunächst gibt es bei den gegnerischen Raketen die Aufstiegsphase, die bis vier Minuten dauert, in Zukunft aber auch wesentlich kürzer sein kann. Dann kommt der Übergang in den Weltraum und das Ausstoßen von bis zu zehn atomaren Waffenköpfen je Rakete. Darauf folgt die Marschphase, in der die Waffenköpfe in großer Höhe ein längeres Stück durch den Weltraum fliegen. In der letzten Phase erfolgt der Wiedereintritt der Waffenköpfe in die Erdatmosphäre, in der sie dann ihrem Ziel entgegenfliegen.

Die Abwehr soll phasenweise geschehen. Dabei sollen möglichst viele gegnerische Raketen schon in deren Aufstiegsphase zerstört werden. Man unterscheidet verschiedene Abwehrwaffen. Große Bedeutung wird dem Laser beigemessen. In einer Version sollen Satelliten aus der Umlaufbahn heraus Laserstrahlen gegen aufsteigende Raketen richten. Die Satelliten, in denen die Laserstrahlen erzeugt würden, wären wahre Monster von hundert Tonnen Gewicht. In einer zweiten Version würde eine Bodenstation Laserstrahlen in den Weltraum schicken, die von Satelliten mit Spiegeln umgelenkt und auf die aufsteigenden Raketen gerichtet würden. Die Satelliten müßten die Erde in 24-Stunden-Bahnen umkreisen, in denen sie, von der Erde aus gesehen, jeweils in einer Höhe von 36 000 Kilometern über einem Punkt festzustehen schienen. Professor Edward Teller, der oft als Vater der Wasserstoffbombe bezeichnet wird und von Anfang an eine treibende Kraft im SDI-Programm war, hat beide Versionen als zu kostspielig bezeichnet. Er schlug darum extrem kurzwellige, sogenannte Röntgenlaser vor, die im Weltraum durch Explosionen von kleinen Atombomben aufgepumpt und dann auf die gegnerischen Raketen gerichtet werden sollten. Gegen das Projekt spricht, daß es die Stationierung von schätzungsweise fünfhundert Atombomben im Orbit bedeuten würde! Diese würden periodisch sowjetisches Gebiet überfliegen, was politisch für nicht machbar gehalten wird. Darum wurde vorgeschlagen, die mit Atombomben ausgestattete Waffe im Falle eines Angriffsalarms von U-Booten aus in den Weltraum zu schicken, die in der Nähe sowjetischer Küsten positioniert werden müßten.

Gleichfalls studiert werden im SDI-Programm Partikelstrahlen, die von gewaltigen, die Erde umkreisenden Beschleunigern ausgestoßen würden. Da einige Partikelstrahlen die Atmosphäre schlecht durchdringen, wären solche weniger zur Bekämpfung gegnerischer Raketen geeignet, die sich noch in der Aufstiegsphase befinden. Dagegen ließen sie sich einsetzen, wenn in der Übergangsphase zwischen Aufstieg und Marschphase und in dieser Waffenköpfe in Scharen angeflogen kommen. Von Elektronenstrahlen nimmt man an, daß sich diese sowohl in der Marschphase als auch in der Endphase zur Zerstörung von Waffenköpfen eignen würden. Relativ konventionell muten Waffen an, die mit kinetischer Energie arbeiten, ihre Ziele also durch Aufschlag zerstören. Zu ihnen zählen Antiraketen-Raketen sowie mit Sensoren und eigenem Antrieb ausgerüstete Geräte, die sich selbst ins Ziel steuern. Letztere wären kleine Satelliten, die in sehr großer Zahl die Erde umkreisen und in der Marschphase wirksam wären. Vom Boden gestartete Antiraketen-Raketen wären besonders für die Bekämpfung von Waffenköpfen in der Endphase geeignet. Aus dem Weltraum gestartete kinetische Waffen kommen für die Aufstiegs- und die Marschphase in Betracht. Eine hauptsächliche Schwierigkeit bei der Bekämpfung von Waffenköpfen liegt darin, daß sie zweifellos stets von Attrappen begleitet wären, von denen sie sich schwer unterscheiden ließen.

Zu Beginn des SDI-Programms machte man sich in den USA die Hoffnung, daß sämtliche angreifenden Raketen und ihre Köpfe zerstört werden könnten. Mittlerweile gibt man sich zufrieden, wenn nur zehn Prozent der angreifenden Waffen ausgeschaltet werden könnten. Dann würde es zwar immer noch zu schweren Zerstörungen am Boden und Verlusten unter der Bevölkerung kommen, aber Amerika behielte doch seine Fähigkeit zum Vergeltungsschlag und damit zur Abschreckung, wodurch ein Angriff verhindert werden könnte und SDI gar nicht erst in Aktion zu treten brauchte.

Wegen seiner science-fictionhaften Züge hat man das SDI-Programm in den USA nach einer Fernsehserie »Star wars«, Krieg der Sterne, genannt. Zu einem solchen käme es spätestens, wenn der potentielle Gegner Killersatelliten, also Antisatelliten-Satelliten einsetzen würde, wie sie die Sowjets schon 1968 an eigenen Satelliten ausprobiert haben. Kritiker halten SDI nicht für realisierbar, weil die komplexen Bedingungen eines abzuwehrenden Angriffs nicht echt genug simuliert werden könnten, um Geräte, insbesondere die zahlreichen jeweils benötigten Computer, durchprüfen und für einsatzbereit erklären zu können. Letztlich entscheidend wird die Einstellung des Kongresses zu SDI sein. Dort halten sich Anfang der neunziger Jahre Gegner und Befürworter des Projekts ungefähr die Waage, bei einem leichten Übergewicht der Gegner. Immerhin haben sich beide Seiten darauf verständigt, daß die Möglichkeiten des Projekts erforscht werden sollen. Dazu stand bis 1990 ein jährlicher Etat von rund drei Milliarden Dollar zur Verfügung.

Man schätzt, daß zur Klärung der Frage, wieweit SDI realisierbar wäre, zehn bis zwanzig Jahre vergehen könnten. Bis dahin, meinen die Befürworter, käme eine Teilrealisierung des Projekts in Betracht, wofür Anfang der neunziger Jahre Kosten in Höhe von rund fünfzig Milliarden Dollar geschätzt wurden. Hierfür käme die Phase nach einem Wiedereintritt von Waffenköpfen in die Erdatmosphäre in Betracht. Für alle Entscheidungen in Sachen SDI wird gewiß jeweils auch die Entwicklung der weltpolitischen Lage eine wesentliche Rolle spielen. Anfang der neunziger Jahre war SDI und damit eine weitere faktische Militarisierung des Weltraums nicht aktuell. Immerhin überstieg der militärische Weltraumetat den zivilen beträchtlich. Laut der renommierten Zeischrift »Aviation Week and Space Technology« betrug 1989/90 der zivile Etat zwölf Milliarden Dollar, der militärische siebzehn Milliarden. Eine solche Entwicklung der Raumfahrt haben ihre Pioniere gewiß nicht im Sinn gehabt.

Der Jungfernflug der Raumfähre Shuttle

In Edwards in der Mojavewüste hatte man Ende der sechziger Jahre bis in die siebziger Jahre hinein Flüge mit sogenannten Auftriebskörpern unternommen. Diese bemannten, »Lifting bodies« genannten Geräte waren als Vorläufer von nach Flugzeugart landenden und damit wiederverwendbaren Raumfahrzeugen konstruiert. Nach der ersten Mondlandung hatte Wernher von Braun in einem Interview mit mir von einer wiederverwendbaren Raumfähre gesprochen, die Teil eines damaligen Nach-Apolloprogramms war. Mit ihm hatte die NASA gehofft, die Weltraumtechnik im gleichen Tempo wie bis dahin weiter entwickeln zu können. Weitere Teile des Programms waren eine 12-Mann-Raumstation, eine Station auf dem Mond und eine Nuklearrakete. Mit dem Prototyp einer solchen Atomrakete hatten in Jack Ass Flats in Nevada bereits Probeläufe begonnen. Die Raumfähre sollte zweistufig und damit wiederverwendbar sein. Die zweiteilige Fähre sollte alle bis dahin üblich gewesenen Raketen und Raumfahrzeuge, die nur einmal benutzt werden konnten, überflüssig machen.

Der damalige Präsident Nixon hatte sich für das Nach-Apollo-Programm energisch eingesetzt. Es hätte, so fand er, Amerikas durch die erste Mondlandung und die noch geplanten weiteren Landungen errungene Rolle als führende Nation der Erde zur Erschließung des Weltalls als eines neuen Betätigungsraums des Menschen sichern können. Aber der Kongreß machte nicht mit. Nach der ungeheuren Anstrengung des Apollo-Mondlandeprogramms war der Mehrheit der Parlamentarier nach einem verlangsamten Tempo im Weltraum zu Mute. Dazu trug bei, daß die sowjetische Konkurrenz zurückgeblieben war und die Stimmung für die Raumfahrt unter der amerikanischen Bevölkerung stark nachgelassen hatte.

Zur Zeit der größten Aktivität, als die Saturn-Mondraketen und die Apollo-Raumfahrzeuge für die Landungen auf dem Mond noch im Bau waren, hatte der jährliche Raumfahrtetat sechs Milliarden Dollar betragen. Gegen Ende des Programms war er auf vier Milliarden abgesunken. Für die Verwirklichung der neuen NASA-Pläne hätte er wieder ansteigen und 1978 ein neues Maximum von acht Milliarden erreichen müssen. Dafür bestanden keine Aussichten. Die 12-Mann-Raumstation, die Nuklearrakete und die Mondstation wurden gestrichen. Auch die zweistufige Raumfähre fiel dem Rotstift zum Opfer.

Man mußte ein Projekt finden, das in einem auf rund drei Milliarden Dollar absinkenden Gesamtjahresetat für die Raumfahrt nicht mehr als eine Milliarde Dollar jährlich kosten würde. Das war die Geburt einer nur teilweise wiederverwendbaren Raumfähre. Sie wurde im Januar 1972 von Präsident Nixon vorgeschlagen und nach seiner Wiederwahl im November des Jahres von ihm zum nationalen Ziel der USA erhoben. Wenn auch viele Weltraumexperten, allen voran Wernher von Braun, das Projekt der neuen Fähre als ein schäbiger Rest ihrer früheren Pläne erschien, so war doch Nixons Stolz auf den Space Shuttle nicht ganz unberechtigt.

Letztlich stellte das Projekt einen annehmbaren Kompromiß zwischen technischen Forderungen und finanziellen Möglichkeiten dar. Man würde mit dem Shuttle als einem universellen Raumtransporter sogar viele Zwecke der aufgegebenen Raumstation verwirklichen können. Immerhin würde der Shuttle bereits bis zu vier Wochen in der Umlaufbahn bleiben und ein auswechselbares, wissenschaftliches Labor mitnehmen können. In diesem würden Experten Erdbeobachtungen und astronomische Messungen vornehmen können. Die Schwerelosigkeit würde man ausnutzen können, um Möglichkeiten für die Schaffung neuer Werkstoffe und Fabrikationsverfahren zu erforschen. Was aus dem ursprünglichen Konzept einer vollwiederverwendbaren Raumfähre geworden war, konnten die Fernsehzuschauer zum

Die amerikanische Raumfähre Space Shuttle auf dem Weg zur Startrampe. Der Shuttle besteht aus dem flugzeugähnlichen Orbiter, der für den Start auf einen Treibstofftank gesetzt wird. Aus diesem werden die drei Haupttriebwerke des Orbiters gespeist. Da der Schub der Orbitertriebwerke nicht reicht, um das **2042 Tonnen schwere Gefährt in den Weltraum zu schießen, sitzen am Tank auf jeder Seite eine Feststoffrakete, die beim Start den Hauptschub liefern. Der Gesamtschub beträgt dann 2400 Tonnen. Der Orbiter landet nach Flugzeugart.**

ersten Mal am 12. April 1981 auf der Rampe 39 B am Cape Canaveral sehen.

Für die Berichterstattung über den Erstflug der Raumfähre hatte
das ZDF in Hamburg ein Sonderstudio eingerichtet. Von dort
kommentierten mein Kollege Franz Buob und ich die Live-Übertragung der Ereignisse vom Kennedy-Raumflugzentrum am Cape.
Zur Erklärung der Funktionsweise des Shuttle stand neben dem
Moderationstisch ein 1:10-Modell der Raumfähre, das alles andere im Studio übrragte. Der bevorstehende Flug trug die Bezeichnung STS-1, was für Space Transportation System Nr. 1 stand. Der
geflügelte Orbiter auf der Rampe hieß Columbia. Es war mittlerweile Amerikas drittes nach dem Entdecker Amerikas benanntes
Weltraumvehikel. Das erste hieß Columbiade. Sie hatte Jules
Verne mit einer gewaltigen Kanone, die unweit des heutigen Cape
in Florida in die Erde versenkt worden war, zum Mond schießen
wollen. Das war natürlich Science fiction. Die Besatzung wäre, so
pflegte Hermann Oberth zu scherzen, beim Abschuß platt wie
eine Briefmarke zerdrückt worden. Das zweite nach Columbus
benannte Fahrzeug hieß Columbia. Es war das Mutterfahrzeug der
dreiteiligen Apollo, die auf der Spitze von von Brauns mächtiger
Saturn 5 mit Armstrong, Collins und Aldrin richtig auf den Weg
zum Mond gebracht worden war. So wie die Saturn und Apollo
auf der Rampe standen, hatte das Gefährt eine Milliarde Dollar
gekostet und nichts davon war wiederverwendbar gewesen. Bei
dem dritten Raumfahrzeug, das wieder den Namen Columbia
erhielt, sollte nun nicht alles, aber doch das meiste wiederverwendbar sein.

Die Rampe – auch davon war zu berichten – hatte inzwischen eine
ruhmreiche Geschichte hinter sich. Nachdem von ihr neun Flüge
zum Mond ihren Anfang genommen hatten, war dann von hier die
amerikanische experimentelle Raumstation Skylab in Orbit gegangen, bevor ihr drei Apollos mit Besatzungen folgten. Schließlich hatte von dieser Rampe 1975 ein Apollo-Raumfahrzeug zum
Rendezvous mit einer sowjetischen Sojus abgehoben. Beide Besatzungen des ASTP (Apollo-Sojus-Test-Projekts) schüttelten sich im
All die Hände.

Nun stand auf der umgebauten Rampe ein gewaltiger mit 718
Tonnen flüssigen Sauerstoffs und Wasserstoffs gefüllter Tank,
dessen Länge 47 Meer und Durchmesser 8,3 Meter betrug. Auf
dem Tank saß seitlich das, was von dem ursprünglichen Shuttle-
Konzept übrig geblieben war, der Orbiter. Sein Leergewicht betrug

siebzig Tonnen. E sollte wenigstens fünfzig Mal wiederverwendet werden können. Der Orbiter, der, wie in der ursprünglichen Konzeption schon, die Ausmaße eines Mittelstreckenjets hatte, war 37 Meter lang, hatte eine Spannweite von 24 Metern und war 17,3 Meter hoch. Hinter dem Cockpit erstreckte sich ein Laderaum von achtzehn Metern Länge und einem Durchmesser von 4,8 Metern. Dreißig Tonnen Ladung konten in dem Laderaum in Orbit genommen werden, zum Beispiel Satelliten, die im All abgesetzt werden sollten. Auch ein komplettes wissenschaftliches Labor, in dem mehrere Wissenschaftler arbeiten sollten, fand in dem Laderaum Platz. Außerhalb des Labors konnte noch eine Plattform mit einem Teleskop und anderen Beobachtungsinstrumenten mitgenommen werden.

Der Orbiter hatte drei Triebwerke, die ihre Treibstoffe aus dem großen Tank zugeführt bekamen. Der Schub dieser drei Triebwerke betrug 627 Tonnen. Da dies noch lange nicht ausreichte, um das, was auf der Rampe stand und 2042 Tonnen wog, in den Weltraum zu befördern – das Gewicht eines kleinen Frachtschiffs oder eines Zerstörers –, waren am Tank, links und rechts vom Orbiter, zwei mächtige Feststoffraketen angebracht. Sie waren 47 Meter lang, hatten einen Durchmesser von 3,7 Metern und lieferten zusammen einen Schub von 2400 Tonnen.

Nach einem Flug in den Weltraum war nur der Orbiter voll wiederverwendbar. Der Tank sollte nach der Ankunft im Weltraum, wenn sein Inhalt verbraucht ist, abgetrennt werden und verlorengehen.

Er würde in unzählige Einzelteile zerfallen, die beim Eintritt in die Erdatmosphäre verglühen. Die Feststoffraketen waren für eine zehnmalige Wiederverwendung bestimmt. Nach ihrem Ausbrennen und Abfallen sollten sie an Fallschirmen herunterschweben und ins Meer platschen. Aus ihm sollten sie herausgefischt, an Land gebracht und für einen neuen Flug wieder zurechtgemacht und mit frischem Feststoffraketentreibstoff gefüllt werden. Für die Entwicklung des neuen Shuttlesystems hatten die USA zehn Milliarden Dollar ausgegeben. Den Auftrag zum Bau des Orbiters hatte die frühere Firma North American Aviation, die zwischendurch North American Rockwell und nun Rockwell International hieß, erhalten. Die Firma hatte den Orbiter in ihrer eigenen Fabrik in Palmdale gebaut und baute nun drei weitere Exemplare.

Bevor man den Orbiter für den ersten Start vorbereitete, hatte man ein Testexemplar, die »Enterprise«, auf einen Jumbojet vom Typ 747 gesetzt und das abenteuerliche Doppelgefährt auf eine Höhe von zehn Kilometern gebracht. Dort wurden die beiden Fahrzeuge getrennt. Danach ging der Shuttle mit einer jeweils zweiköpfigen Besatzung, wie ähnlich vor ihm die Raketenflugzeuge, die X-15 und die Auftriebskörper, auf Rogers-Trockensee nieder. Natürlich hatten schon diese Probeflüge die alten Hasen von Edwards mit großer Befriedigung erfüllt. Endlich hatte man, wie es ihr Traum gewesen war, ein Raumfahrzeug gebaut, das nach Flugzeugart landet und wenigstens teilweise wiederverwendbar war. Es war der Beginn einer neuen Epoche.

Ursprünglich war der erste Start der Raumfähre Columbia für März 1979 geplant. Schwierigkeiten mit den Orbitertriebwerken und mit rund 32 000 Hitzeschutzkacheln, die den Orbiter beim Wiedereintritt in die Erdatmosphäre vor dem Verglühen bewahren sollten, führten zu einer Verzögerung von zwei Jahren. Die Kacheln hatten nicht fest genug gesessen und mußten in mühseliger Kleinarbeit Stück für Stück überprüft und großenteils verdichtet und neu aufgeklebt werden. Preis einer Kachel 500 Dollar.

Nun war es soweit. Die Columbia stand startbereit auf der Rampe, und zum ersten Mal sollte eine Besatzung beim Erstflug eines Raumfahrzeugtyps an Bord sein. Kommandant war John Young, Pilot Robert Crippen. Die Columbia war auch das erste bemannte Raumfahrzeug, dessen Antrieb beim Start aus einer Kombination von Flüssigkeits- und Feststoffraketen bestand. Von Braun hatte nie gewollt, daß man für bemannte Starts Feststoffraketen verwendet. »Mit Feststoffraketen«, hatte er mir einmal in einem Interview gesagt, »ist es so wie mit Streichhölzern. Wenn man hundert davon anreißt, klappt es neunundneunzigmal, und einmal geht es nicht.« Besonders kritisch war, daß man eine Feststoffrakete, etwa im Falle eines Versagens, nicht abstellen und so der Besatzung Gelegenheit geben kann, aus dem Raumfahrzeug auszusteigen. Einmal gezündet, brennt sie bis zum Ende.

Von Braun, der 1977 starb, hat es nicht mehr erlebt, daß tatsächlich eine Raumfähre — es war beim 25. Flug — infolge einer Fehlkonstruktion der Feststoffrakete mitsamt der siebenköpfigen Besatzung verloren ging. Gemeint ist der tragische Flug der »Challenger« 1986.

Zurück ins Studio. Nach tagelangen Vorbereitungen hatte der Count Down schon fünfzehn Stunden gedauert, als es schließlich zu den letzten neun Minuten vor dem Abheben kam. Vorher hatte es noch einen eingeplanten zweistündigen und unmittelbar vor den letzten neun Minuten einen zwanzigminütigen »Hold« gegeben. Hold heißt ein Anhalten des Count Down, das den Zweck hat, den Technikern Gelegenheit zu geben, eventuell aufgetretene Schwierigkeiten zu beheben, ohne das Ritual des Count Down auszusetzen.

Nach dem Ende des letzten Holds stieg auch die Spannung im ZDF-Studio an. Bei T minus neun Minuten war das für den Shuttle entwickelte automatische Startverfahren im für den Start gewählten Feuerraum angelaufen, im selben Stil wie bei den Apollostarts.

Dann ging es Schlag auf Schlag:

T minus sieben Minuten, fünf Sekunden: Der Verbindungsarm zum Orbiter, im Fernsehen gut zu verfolgen, wurde zurückgezogen.

T minus fünf Minuten, dreißig Sekunden: Anlaufen der Stromgeneratoren, Orbiter auf eigene Stromversorgung.

T minus drei Minuten, zehn Sekunden: Die Haupttriebwerke werden geschwenkt, ein Vorgang, den die Besatzung, John Young und Robert Crippen, deutlich spürte.

T minus zwei Minuten, 55 Sekunden: Flüssiger Sauerstoff im großen Tank auf Arbeitsdruck.

T minus eine Minute, 57 Sekunden: Flüssiger Wasserstoff auf Arbeitsdruck.

T minus 25 Sekunden: Hydraulik in den Feststoffraketen aktiviert. Bordcomputer übernehmen Schluß-Count-Down.

T minus 3,8 Sekunden: Automatischer Start der Haupttriebwerke.

0,24 Sekunden nach Anlaufen der Haupttriebwerke: Alle drei Triebwerke auf neunzig Prozent Schub.

2,88 Sekunden nach Anlaufen der Haupttriebwerke: Zündung der Feststoffraketen. Verankerungen gelöst.

T minus Null: Abheben.

Acht Sekunden nach dem Abheben begann das Einschwenken der Columbia in die Übergangsbahn zum Einschuß in den Orbit um die Erde. Dabei drehte sich der Orbiter so weit um seine Längsachse, daß die Besatzung in ihren Sitzen mit dem Kopf zum Boden gerichtet saß. Nach 53 Sekunden erfuhr der Orbiter seine stärkste aerodynamische Belastung. Er stieg so rasch, daß er schon nach zwei Minuten eine Höhe von 41,5 Kilometern bei einer Geschwindigkeit von Mach 4 erreicht hatte. Zwei Minuten zwölf Sekunden nach dem Abheben waren die Feststoffraketen ausgebrannt und fielen ab. Das Abschalten der Haupttriebwerke erfolgte bei acht Minuten und 3,2 Sekunden. Kurz vorher hatte Columbia bereits Mach 17, also siebzehnfache Schallgeschwindigkeit erreicht. Bei acht Minuten und fünfzig Sekunden wurde der Tank abgetrennt. Der Orbiter stieg nun teils durch seinen eigenen Schwung, teils durch das Zünden eines Orbitalraketensystems, das aus eigenen Tanks gespeist wurde, bis auf eine Höhe von 278 Kilometern. Und nun flog Columbia in Schwerelosigkeit. Im Studio erklärten wir nun, wie der weitere Verlauf des Fluges aussehen sollte.

Für die Besatzung begann nun ein zweitägiges Arbeitsprogramm, das durch Essenspausen und zwei Schlafperioden von je acht Stunden unterbrochen wurde. Während der Arbeitsstunden bestand die Hauptaufgabe der Besatzung in der Durchprüfung aller Systeme des Orbiters. Schließlich war es sein Jungfernflug. Dazwischen war die Besatzung mit navigatorischen Aufgaben befaßt. Bei jedem Umflauf um die Erde befand sich Columbia mehrmals im Bereich der Bodenstationen des weltweiten NASA-Systems für Raumflüge. Jedesmal, wenn der Orbiter in den Bereich einer Bodenstation kam, trat die Besatzung mit dem Kontrollzentrum in Houston, Texas, in Verbindung, das kurz nach dem Abheben die Überwachung des Fluges übernommen hatte. Die Verbindung wurde auch ausgenutzt, um die Bordcomputer abzufragen. Selbst in den Zeiten, in denen Young und Crippen beide schliefen, waren unten am Boden sämtliche Kontrollpulte besetzt. Auch konnte Houston die Besatzung jederzeit wecken, falls etwas an Bord zu unternehmen gewesen wäre.

Bei einer Flugzeit von 53 Stunden 10 Minuten begannen am 14. April 1981 die Vorbereitungen für die Rückkehr zur Erde. Zu dieser Zeit trat unser ZDF-Sonderstudio wieder in Aktion. Als dritter Mann für die Kommentierung war für uns der Leiter des ZDF-Studios in Washington, Dieter Kronzucker, nach Edwards gekommen. Mit zahllosen anderen Korrespondenten saß er, über eine Doppelton-Leitung mit uns verbunden, im Freien im Sand von Edwards und sah der Landung des Orbiters entgegen.

Zunächst waren wir in Hamburg dran. Mit Hilfe eines Trickfilms zeigten Franz Buch und ich, wie der Shuttle so umgedreht wurde, daß er mit dem Heck nach vorne flog. Während einer Funkverbindung über die Bodenstation Ascension im Südatlantik überprüfte der Boden den Standort des Orbiters. Bei dieser Gelegenheit hätte Houston über seine Computer Korrekturwerte für das bevorstehende Wiedereintrittsmanöver direkt in die Bordcomputer geben können. Dies erwies sich als unnötig.

Durch seine Geschwindikgiet von 28 000 Kilometern in der Stunde und seine Flughöhe von 278 Kilometern besaß der Orbiter eine ungeheure Energie, die aus der Bewegung und der Höhe resultierte. Die Aufgabe des von Houstons Computern überwachten automatischen Bordführungssystems der Columbia bestand nun darin, den Orbiter durch die Wiedereintrittsphase und die anschließende Bahn hindurch so zu steuern, daß er knapp eine halbe Stunde nach dem Wiedereintritt in die Erdatmosphäre den Hauptteil seiner Energie abgegeben haben würde. Dies war die Voraussetzung dafür, daß der Orbiter achttausend Kilometer nach dem Wiedereintrittspunkt im antriebslosen Gleitflug den Landepunkt auf wenige hundert Meter genau erreichen konnte. Im Vergleich zu den Verhältnissen bei einem Flugzeug lag das Problem darin, daß der Orbiter keine Motoren besaß, die es ihm hätten ermöglichen können, den Gleitwinkel zu beeinflussen oder gar eine Landung abzubrechen und einen neuen Anflug zu probieren. Immerhin konnte das Flugführungssystem durch Steuerung der Lage der Columbia und durch Benutzung des orbitalen Raketensteuerungssystems während des Wiedereintritts die Flugbahn beeinflussen. Weiterhin konnte dasselbe System nach dem Wiedereintritt den Flugweg durch Steuern von S-Kurven verlängern, wenn beispielsweise ein Überschießen des Landepunkts zu befürchten sein würde.

Was sich am 14. April 1981 an Bord der Columbia, im Datenaustausch mit Houston, abspielte, war eine technische Pionierleistung, die in die Geschichte der Raumfahrt eingehen sollte. Es war eine Ziellandung auf einer Strecke von achttausend Kilometern aus einer Höhe von 278 Kilometern. Freilich hatte die Besatzung der Columbia das Landemanöver vom Augenblick des Zündens der Bremsraketen zur Einleitung der Rückkehr in die Erdatmosphäre an bis zum Aufsetzen in Edwards unzählige Male im Flugsimulator in Houston geübt, und zwar unter der Überwachung des dortigen Kontrollraums. Hierbei waren auf den Monitoren im Cockpit und parallel dazu auf den Monitoren im Kontrollraum die Positionen der Columbia in Bezug auf einen aufgezeichneten, vorberechneten Flugkorridor zu sehen. Da in Wirklichkeit die Erdatmosphäre vom Weltraum aus betrachtet nicht plötzlich, sondern nach und nach dichter wird, hat man als Grenze willkürlich eine Höhe angenommen, die durch die dort eintretende Verzögerung eines Raumfahrzeuges bestimmt war.

Bei 53 Stunden, dreißig Minuten und 44 Sekunden Flugzeit war es soweit. Das Flugführungssystem löste automatisch das Zünden des orbitalen Raketensteuerungssystems zur Abbremsung der Columbia aus. Das geschah in einem Augenblick, in dem Columbia etwas südöstlich von Ceylon über den Indischen Ozean flog. Das Bremsmanöver dauerte zwei Minuten und 35 Sekunden. Nach Brennschluß war noch 26 Minuten Zeit bis zum Wiedereintrittspunkt. Unterwegs kam Columbia in den Funkbereich der Insel Guam im Pazifischen Ozean. Houston meldete, daß die Ist-Werte des Manövers mit den Soll-Werten übereinstimmten. Schon Sekunden nach dem Wiedereintritt begann sich die mit Kacheln belegte Außenhaut der Columbia durch die ansteigende Luftreibung zu erhitzen. Am gefährlichsten waren die zwölf Minuten zwischen 122 und 70 Kilometer Höhe. Die Aufheizung ging bis 1300 Grad. Während des Wiedereintritts flog der Orbiter rückwärts in einer nach hinten geneigten Lage. Infolge des Abbremsens herrschte ein Andruck bis zum Dreifachen des Gewichts, den die Besatzung im Rücken fühlte. Die Eintrittsbahn war Teil einer Ellipse, die ihren höchsten Punkt in 278 Kilometern und ihren tiefsten Punkt auf der Erdoberfläche hatte. Zum Zeitpunkt der stärksten Erhitzung riß die Funkverbindung zur Erde ab. Das lag daran, daß die Luft um den Orbiter herum durch die Erhitzung elektrisch leitend wurde und daher keine Funkwellen mehr hindurchließ. Der Bremseffekt wurde dadurch verstärkt, daß die Nase der Columbia ungefähr vierzig Grad nach oben gerichtet war. In dieser Phase war das Raumschiff von einer Glocke hell glühender Gase umgeben, die im Innern der Columbia einen rötlichen Schein erzeugten. Die maximale Erhitzung trat zwölf Minuten nach dem Wiedereintrittsbeginn bei Mach 20 und in siebzig Kilomter Höhe ein. Ab Mach 16 steuerte das Flugführungssystem die Columbia so, daß der Widerstand konstant blieb und damit auch die Verzögerung. In einer Höhe von 57 Kilometern kam Columbia aus dem »black out« heraus und flog nun nur noch mit ungefähr zehnfacher Schallgeschwindigkeit. Damit war die Besatzung aus dem Schlimmsten heraus und konnte sich nun ganz auf die bevorstehende Landung konzentrieren. Dazu wurde die Nase

der nun wieder vorwärtsfliegenden Columbia heruntergenom-
men, bis ein Anstellwinkel von 13,5 Grad erreicht war. In dieser
Flugphase wurden am Boden erste Fernsehbilder der auf Edwards
zufliegenden Columbia empfangen. Kurz darauf meldete Kronzucker begeistert, daß er den Shuttle mit bloßen Augen sehen
konnte.

So wie man es in Edwards von den Flügen der X 15 her gewohnt
war, flogen Young und Crippen die Schlußphase des Landeanflugs
von Hand. Dabei waren sie von den Anzeigen eines Mikrowellen-
systems unterstützt. Aus ihrem Raumschiff war ein Flugzeug
geworden. Den letzten Ausgleich des Landeanflugs erreichte
Young durch eine weitgeschwungene Linkskurve, die rückwärts
zur Landepist führte. Die Columbia berührte den Boden zunächst
mit ihrem hinteren Hauptfahrwerk. Dann fiel der Orbiter auf sein
Bugrad.

Zwei große Tage hatte Edwards erlebt. Das erste war der 14. Oktober 1947, als Chuck Yeager die Schallmauer durchbrach. Der
zweite große Tag war der 14. April 1981, als zum ersten Mal in der
Geschichte der Raumfahrt ein Raumfahrzeug wie ein Flugzeug
landete, auf Rogers-Trockensee. Die Ära der Raumfahrzeuge, die
als Kapseln am Fallschirm zur Erde zurückkehrten, war für
Amerika vorbei.

Nach der Landung des Orbiter, deren herrliche Bilder Millionen
von Zuschauern live im Fernsehen miterlebten, kommentierten
wir nun noch zu dritt aus Hamburg und aus Edwards die Vorgänge, die sich auf der Piste bis zum Aussteigen der Besatzung
und ihrer Abfahrt zum Flugstützpunkt abspielten.

Die Raumfähre im Dienst

Der Jungfernflug der Raumfähre war der erste in einer Reihe von
vier Testflügen. Dann wurde der Shuttle, wie die Amerikaner
sagen für »operational«, für operationell erklärt, was heißt, daß
der Shuttle für routinemäßige Einsätze zur Verfügung stand. Das
blieb aber nur so bis zu der Katastrophe, in der das Shuttle
Exemplar »Challenger« in einer Wolke aus Verbrennungsgasen
unterging.

Nach ihrem Jungfernflug im April 1981 und ihrer Huckepack-
Überführung auf einer Boing 747 nach Cape Canaveral dauerte es

103 Tage, bis Columbia für den STS2-Flug wieder auf die Rampe kam. Soviel Zeit hat ihre Überholung in Anspruch genommen. Zwischen dem zweiten und dritten Flug vergingen dann nur noch siebzig und zwischen dem dritten und vierten Flug 42 Tage. Bei STS3 konnte die Landung nicht in Edwards stattfinden, wo schwere Regenfälle Rogers-Trockensee aufgeweicht hatten. Man wich auf eine Betonpiste in New Mexico aus, die ebenso wie die Piste am Cape mit einer Länge von vier Kilometern für Shuttle-landungen geeignet war. STS4 (Start 27. 6. 82) endete wieder in Edwards, und zwar ebenfalls auf einer Betonpiste. Man hatte also auf den viele Kilometer langen Auslauf verzichtet, den die Trok-kenseefläche bot. Auf dem ersten operationellen Flug STS5 (Start 11. November 1982) wurden erstmals, einer der Hauptaufgaben des Shuttle entsprechend, zwei Nachrichtensatelliten abgesetzt

Die amerikanische Raumfähre nach der Landung auf dem Flugfor-schungsgelände Edwards, Kalifor-nien. Um beim Wiedereintritt in die dichteren Luftschichten der Erd-atmosphäre der starken Erhitzung bis auf zweitausend Grad wider-stehen zu können, ist die Raumfähre ringsum mit Hitzeschutzkacheln be-deckt. Da, wo die Erhitzung am stärksten ist, an der Rumpfvorder-seite und an den Flügelvorder-kanten, sind die Kacheln schwarz. Es kommt vor, daß abgefallene Kacheln ersetzt werden müssen.

und in eine Umlaufbahn entlassen. Beide Satelliten verfügten über eigene Antriebe, mit denen sie aus der relativ niedrigen Umlaufbahn des Shuttle in eine geostationäre 24-Stunden-Bahn aufsteigen konnten. STS6 (Start 4.4.83) war der erste Flug des Challenger. Auf ihm wurde der neuentwickelte, über zwei Tonnen schwere TDRS-(Tracking and Data Relais-)Satellit zur Bahnvermessung und Datenübertragung abgesetzt.

Aus seiner bald erreichten 24-Stunden-Bahn heraus konnte der Satellit die ungeheure Menge von 300 Millionen Bit (Informationseinheit der Computersprache) in der Sekunde zwischen verschiedenen Punkten auf der Erde und im Relaisverkehr mit anderen Satelliten übertragen. Beim nächsten Flug, der STS7-Mission (Start 18.6.83), kam zu vier männlichen Besatzungsmitgliedern erstmalig eine Frau, Dr. Sally Ride. Sie war die erste Amerikanerin im Weltraum. Außer zwei amerikanischen Satelliten wurde auch der für Indonesien bestimmte Satellit Palapa abgesetzt, der eine Telefon-Telex- und Telegrammverbindung zwischen den dreitausend Inseln des Reiches ermöglichte. Außerdem wurde die in der Bundesrepublik von Messerschmitt-Bölkow-Blohm entwickelte Meßplattform SPAS (Space Palett Satellite) abgesetzt, die für kurze automatisierte Experimente bestimmt war und nach einem zehnstündigen Betrieb vom Shuttle wieder eingefangen wurde. Bei STS8 (Start 30.8.83) bestand die Hauptnutzlast aus einem Mehrzweck-Nachrichten- und Erdbeobachtungssatelliten für Indien. Er war vor allem für die Übertragung von Fernsehsendungen bestimmt, die die Bevölkerung von Hunderttausenden von Dörfern mit Anweisungen für ihre Landwirtschaft versorgen sollten.

Spacelab 1

Zum ersten Höhepunkt des Shuttleprogramms der Zeit vor der Challenger-Katastrophe wurde STS9 (Start 28.11.83). Auf diesem Flug wurde zum ersten Mal das westeuropäische Raumlabor Spacelab mitgenommen. Das war der Beginn einer Partnerschaft zwischen Europa und den USA im Raum. In Auftrag gegeben und finanziert worden war dieses erste bemannte, westeuropäische Raumfahrtsystem von der europäischen Weltraumorganisation ESA, der dreizehn europäische Nationen angehören und die ihren Sitz in Paris hat. Beim Spacelab handelte es sich um ein nach dem

Baukastenprinzip in verschiedenen Variationen zusammensetzbares Labor, in dem vier Wissenschaftler experimentieren können. In einer längeren Version besteht das Spacelab aus zwei röhrenförmigen Modulen, die zusammen einen Innenraum von rund vier Metern Durchmesser und einer Länge von 7,35 Metern ergeben. Untergebracht wird das Labor im Laderaum des Shuttle, zu dessen zweistöckigen Innenraum ein zweifach abgewinkelter Tunnel führt. Im Anschluß an das Spacelab können im Shuttleladeraum bis zu drei im Weltraum hin offene Paletten zur Aufnahme von Instrumenten wie Teleskopen, Strahlenmeßgeräten, Antennen und so fort mitgenommen werden. Im Innern des Spacelab sind an beiden Seiten Gestelle mit auswechselbaren kompletten Ex-

Schnitt durch die amerikanische Raumfähre mit Spacelab. Links oben das Cockpit mit den Pilotensitzen. Hinter den Sitzen ein Raum, von dem aus das im Laderaum der Fähre untergebrachte Raumlabor Spacelab kontrolliert wird. Der Zugang zum geschlossenen Spacelab erfolgt von dem Raum unterhalb des **Cockpits aus, und zwar über einen zweifach abgewinkelten Tunnel. An den im Spacelab eingebauten technischen und wissenschaftlichen Geräten können zwei Spezialisten Versuche in Schwerelosigkeit durchführen. Hinten eine Plattform für Versuche und Beobachtungen im freien Weltraum.**

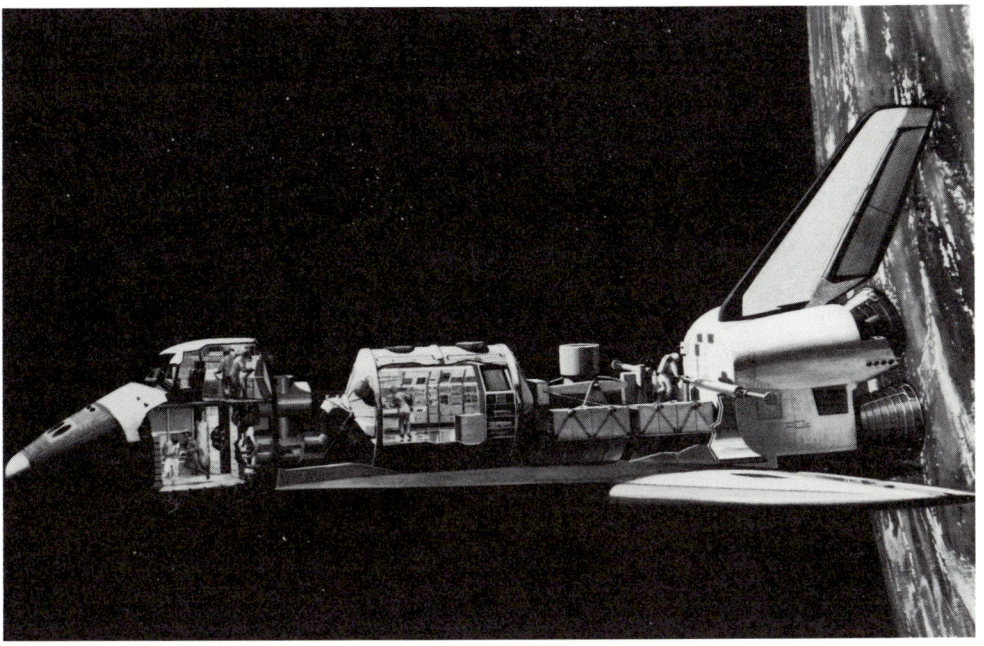

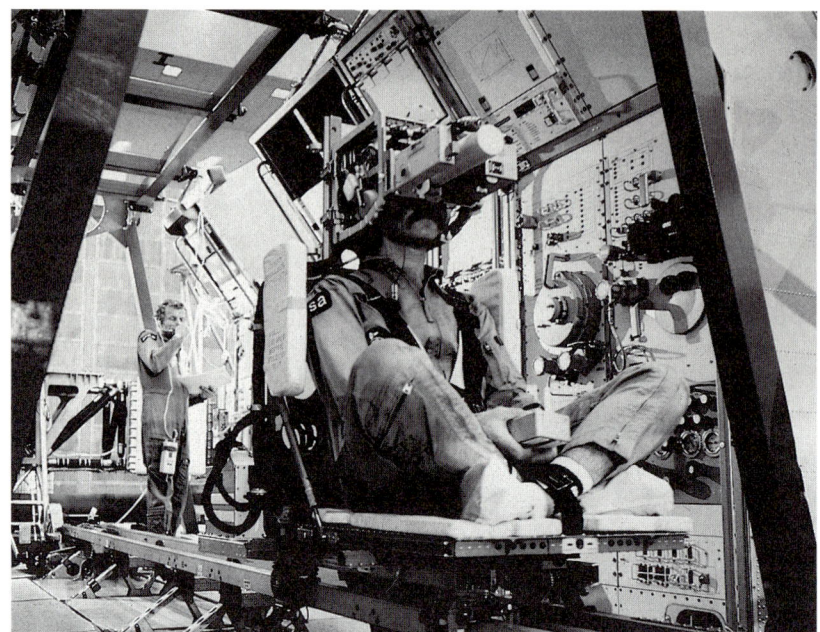

Eine Versuchsperson auf einem Schlitten im Labor, zur Simulation von Versuchen, die im Spacelab im Raum vorgenommen wurden. Erprobt wurden Einflüsse der Schwerelosigkeit auf den Gleichgewichtssinn von Astronauten. Hierzu wurde der Astronaut über einem Helm optischen Reizen ausgesetzt und deren Wirkung über eine Fernsehkamera im Helm registriert.

perimentiereinrichtungen angeordnet. Dss Spacelab wiegt 4,6 Tonnen.

Für die Beförderung des Spacelab in den Raum sind jeweils die USA zuständig, in deren Besitz es nach dem ersten Flug sogar überging. Da die Entwicklungskosten des in Bremen bei Messerschmitt-Bölkow-Blohm-ERNO gebauten Labors rund zwei Milliarden Mark betragen hatten – die Hälfte der Kosten hatte das bundesdeutsche Ministerium für Wissenschaft und Technologie übernommen –, haben Kritiker das Spacelabprojekt als ein schlechtes Geschäft für Europa bezeichnet. Denn vom zweiten Flug an hat Europa für jeden Start des Labors zu eigenen Zwecken achtzehn Millionen Dollar sowie vier Millionen für die Benutzung des Labors und zusätzlich 200 000 Dollar pro Tag für die Bodenbetriebssysteme an die NASA zu zahlen. Gerechterweise kann man dies, meine ich, auf die Formel bringen: Ohne den

Shuttle, für dessen Entwicklung die USA zehn Milliarden Dollar aufgebracht haben, kein Spacelab.

Bei STS 9 waren zum ersten Mal sechs Personen an Bord, die in zwei Schichten Dienst taten. John Young, Kommandant, Robert Parker als Missionsspezialist und Dr. Ulf Merbold als Nutzlastspezialist und erster Westdeutscher in Weltraum bildeten das rote Team. Das blaue Team bestand aus Brewster Shaw, Pilot, Owen Garriott, Missionsspezialist und Byron Lichtenberg, Nutzlastspezialist. Dr. Merbold war in mehrfachen Testreihen aus 700 Bewerbern ausgewählt worden. Ausgebildet worden war Merbold teils bei der Deutschen Forschungs- und Versuchsanstalt für Luft- und Raumfahrt, DLR, teils bei der NASA. Das Spacelab war für Forschungen auf neun Gebieten ausgerüstet: Astronomie, Atmosphärenphysik, Erdbeobachtungen, Biologie, Medizin, Materialforschung, Sonnenphysik, Plasmaphysik und Technologie. Aufgeteilt waren die Arbeiten auf 72 Experimente.

Während die raumflugtechnische und navigatorische Überwachung der Columbia durch das Kontrollzentrum der NASA in Houston, das Johnson Space Center, erfolgte, wurden die wissenschaftlichen Experimente durch die DLR in Oberpfaffenhofen bei München kontrolliert.

Von großer Bedeutung für die Weiterentwicklung der bemannten Raumfahrt war ein Experiment zur Erforschung der Gründe für das Auftreten der Raumkrankheit, unter der viele Astronauten in den ersten Tagen eines Raumfluges leiden, wodurch ihre Arbeitsleistung gemindert ist. Entwickelt worden war das Experiment zur Erforschung dieses Problems von dem Mainzer Physiologen Professor Rudolf von Baumgarten. Mit ihren Symptomen, Übelkeit und Erbrechen, ähnelt sie der Seekrankheit.

Auch die übrigen Experimente während des Spacelabfluges hatten überwiegend mit den Wirkungen der Schwerelosigkeit zu tun. Sehr viel aufwendiger als seinerzeit bei Skylab wurde untersucht, wie weit sich Flüssigkeiten beziehungsweise geschmolzene Materialien mischen lassen, ohne daß, wie am Boden, schwere nach unten sinken. Die Versuche zielten auf die Entwicklung einer Technik, durch die man ebenso neuartige Legierungen wie Halbleitermaterialien für die elektronische Industrie herstellen könnte. Interessanterweise mißlangen einige Versuche insofern, als es nicht zu perfekten Mischungen kam. Vielleicht lag dies daran, daß in einem Spacelab, in dem sich Personen hin und her bewegten und sich dabei an den Wänden abstießen, wodurch Beschleunigungen auftraten, nur eine Mikrogravitation und nicht eine perfekte Schwerelosigkeit herrschte. Jedenfalls steht die Erforschung der Schwerelosigkeitsphänomene noch in den Anfängen, und es wird sich erst noch herausstellen müssen, ob die Mikrogravitation in zukünftigen Raumstationen für eine Produktion von neuartigen Materialien ausreichend sein wird oder ob hierfür unbemannte Plattformen notwendig sein werden.

Zwischen dem ersten Spacelabflug mit einem Deutschen und damit Europäer an Bord und der von der Bundesrepublik veranstalteten vierten Spacelabmission mit der Bezeichnung D1 gab es zwei weitere damals amerikanisch besetzte Spacelabmissionen und insgesamt zwölf Shuttleflüge, von denen nur die wichtigsten erwähnt seien. Schließlich waren Shuttleflüge vorerst zu Routine geworden. Immerhin, auf dem STS10-Flug (Start 3. 2. 84) stieg Bruce McCandless, den wir von der ersten Mondlandemission Apollo 11 als Capcom kennengelernt hatten, aus. Freischwebend bediente er sich hierbei eines raketengetriebenen Rucksackgeräts. Mit STS11 (Start 6. 4. 84) wurde eine gewaltige, 9,6 Tonnen schwere kanisterförmige Plattform für 57 automatisierte Langzeitexperimente ausgesetzt, die erst im Januar 1990 als LDEF (Long Duration Exposure Facility) in einer erneuten Shuttlemission wieder zur Erde zurückgebracht wurde.

Nach dem Aussetzen der Langzeitplattform wurde an einen Satelliten herangefahren, der zum Studium der Sonnenaktivität während dessen Maximums in Orbit gebracht worden war. Der »Solar-Max«-Satellit war defekt geworden und wurde nun im Laderaum des Shuttle repariert. So erbrachte dieser Flug neue Beweise für die Leistungsfähigkeit sowohl des Shuttle-Systems als auch des Menschen bei der Bewältigung schwieriger Aufgaben im Weltraum. Dies galt auch für die Behebung von Pannen, die während der Shuttleflüge immer wieder aufgetreten waren. STS12 (Start 30. 8. 84) war ein Flug auf dem Nutzlasten, darunter drei Satelliten, mit einer Gesamtmasse von 26 Tonnen in Orbit gebracht wurden. STS15 (Start 24. 1. 85) war eine Mission zur Aussetzung und Inbetriebnahme eines geheimen militärischen Satelliten, der vermutlich für Aufklärung bestimmt war.

STS22 (Start 30. 10. 85) erhielt als vierter und weitgehend von der Bundesrepublik finanzierter Flug die Bezeichnung D1. Mit an Bord waren die beiden deutschen Wissenschaftsastronauten Dr. Reinhard Furrer und Dr. Ernst Messerschmitt sowie ihr holländischer Kollege Dr. Wubo Ockels. Außerdem war erstmalig ein Farbiger, Dr. Guion Bluford mit von der Partie. Die rund siebzig Experimente hatten viel Ähnlichkeit mit denen von Spacelab 1. Für die D 1-Mission mußte die Bundesrepublik sechzig Millionen Dollar zahlen.

Die Challenger-Katastrophe

Ich erinnere mich noch, wie ich fast erstarrte, als ich die Meldung von der Explosion des Shuttle »Challenger« zuerst im Radio hörte. Es war der Flug STS 15 und der 28. Januar 1986, nachmittags gegen 18 Uhr mitteleuropäischer Zeit. Im ersten Augenblick war es einfach nicht zu fassen. Mein erster Gedanke galt der Besatzung, die umgekommen sein mußte.
Sie bestand aus sieben Astronauten, darunter zwei Frauen. Eine von ihnen, Christa McAuliffe, war eine Lehrerin, die eine Unterrichtsstunde aus dem Raum abhalten sollte. In den 19-Uhr-Nachrichten sah man dann die Bilder, herangeholt von den Teleobjektiven der Kameramänner. Noch brannten die Haupttriebwerke, als Challenger in einer rot-weißen Wolke verschwand. Das nächste Bild zeigte die Feststoffraketen nach oben davonschießen, eine mehr nach links, eine mehr nach rechts, so daß ein großes Ypsilon am Himmel gebildet wurde, das einen Augenblick lang festzustehen schien. Sechzig Millionen Amerikaner hatten den Start live im Fernsehen verfolgt: Eine Minute lang das gewohnte und doch immer wieder imponierende glatte Abheben und das anschließende Davonsteigen, dann Flammen und damit das, was sofort als Katastrophe ins Bewußtsein drang. Eine ganze Nation war geschockt. Augenzeugen berichteten, daß sich wildfremde Menschen auf der Straße in stiller Trauer in die Arme fielen. Fünf Stunden später sprach Präsident Reagan im Fernsehen und verkündete, es werde zwar vorerst keine neuen Shuttle-Flüge mehr geben, aber dann werde das Programm weitergeführt.

Die Bevölkerung wurde erneut geschockt, als ein paar Tage nach der Katastrophe bekannt wurde, daß Fachleute der Firma Martin Thiokol, die die Feststoffraketen gebaut hatten, wegen der Kälte, die in der Nacht vor dem angesetzten Start geherrscht hatte, vor dem Start gewarnt hätten. Bestimmte Dichtungsringe würden ihre Flexibilität einbüßen und versagen können. Aber die Warnungen waren von übergeordneten Managern, die nach mehrmaligen Verschiebungen, zu denen es gekommen war, keine weitere Verzögerung des Programms wollten, übergangen worden. Der psychologische Druck, nun endlich zu starten, war auch bei den mittleren Managern der NASA stärker gewesen als alle Vorsicht.

Bei den fraglichen Dichtungen, von denen zwei jeweils hintereinander saßen, hatte es sich um O-Ringe aus flexiblem Material gehandelt, die zwischen aufeinander gestülpten unteren Segmenten der rechten Feststoffrakete ein Entweichen der Feuergase nach außen verhindern sollten.

Gleich in den ersten Tagen nach dem Unglück berief Präsident Reagan eine Untersuchungskommission unter dem früheren Außenminister Rogers. Nach langwierigen Untersuchungen stellte sich heraus, daß die nicht kältefesten Dichtungen tatsächlich versagt hatten. So kam es, daß sich schon 0,678 Sekunden nach dem Abheben eine kleine schwarze Wolke an der Außenwand der rechten Feststoffrakete, die infolge eines herrschenden Windes der Kälte besonders ausgesetzt gewesen war, gebildet hatte. Diese Wolke war zu dem großen, mit 718 Tonnen flüssigen Sauerstoffs und Wasserstoffs gefüllten Tank hingerichtet gewesen. Bei Sekunde 58,788 trat eine schmale Flamme auf, die schnell anwuchs. Wenige Sekunden später fraß sich die Flamme durch die untere Halterung der Feststoffrakete am Tank. Die Rakete kippte nun um ihre obere Halterung und stieß mit ihrer Spitze in den oben gelegenen Sauerstofftank. Bei Sekunde 73,137 war schließlich die Explosion nicht mehr aufzuhalten.

Es ergab sich, daß einer der Thiokolingenieure schon ein halbes Jahr vor der Katastrophe einen Brief an das Firmenmanagement gerichtet hatte, mit dem er sicherstellen wollte, daß die Firma sich voll im klaren über den Ernst des O-Ringproblems sein würde. Er schrieb, daß nach vorangegangenen Shuttleflügen Erosionen der Ringe festgestellt worden wären. Das Versäumnis der NASA lag gewiß drin, daß sie sich nicht selbst mit dem O-Ringproblem befaßt hatte. Sie nahm dann aber eine entsprechende Kritik der Rogerskommission sehr ernst und veranlaßte, daß in über zweijähriger Arbeit und für 2,4 Milliarden Dollar mehr als vierhundert Veränderungen der Feststoffraketen, der Haupttriebwerke und des großen Treibstofftanks vorgenommen wurden. Zu den Änderungen zählte, daß die Anbringung der O-Ringe umkonstruiert wurde. Auch wurde ein dritter O-Ring vorgesehen.

Nach einer Pause von zwei Jahren und acht Monaten wurden die

Shuttle-Flüge am 29. September 1988 wieder aufgenommen. Dann allerdings waren zum Start von STS 26, diesmal der Discovery, wieder eine Million Menschen zum Cape gekommen. So groß war die Begeisterung für eine Wiederaufnahme der Shuttle-Flüge und damit für Amerikas neue Präsenz im Weltraum gewesen. »Bitte, bitte«, so berichtete das Time-Magazin, sagte die Frau eines Raumfahrtingenieurs von Houston, als die 73-Sekundenmarke überschritten wurde und damit der Zeitpunkt, als damals Challenger nach dem Abheben explodiert war.

Der Flug von STS 26 dauerte vier Tage und eine Stunde. Nach seinem erfolgreichen Abschluß prangte über dem Eingang zum NASA-Hauptquartier in Washington ein Schild mit der Aufschrift: »We are back in business!« – Wir sind wieder im Geschäft. Amerikas Stolz und das Ansehen der NASA waren wieder hergestellt.

Die hauptsächliche Nutzlast von STS 26 war ein zweites Exemplar des zwei Tonnen schweren TDRS-(Tracking and Datarelais-)Satelliten zur Vermessung der Bahnen anderer Raumflugkörper und zur Datenübertragung. Ein erstes Exemplar war mit STS 6 in die Umlaufbahn gebracht worden. Nach STS 26 wurden Shuttleflüge wieder zu einer Quasiroutine.

Sowjets, USA und Europa bis zum Jahr 2000

Als ich 1987 zum 37. Internationalen Pariser Aero Salon in Le Bourget kam, fand ich mich wieder einmal als Besucher des Salons schon beim Betreten der großen Eingangshalle vor dem Außengelände von der einzigartigen Atmosphäre dieser größten Luft- und Raumfahrtausstellung der Welt gefangen.

Erneut fand der sowjetische Pavillon das größte Interesse der Pariser wie der internationalen Besucher. Bestaunt wurde dort eine Trainingsversion der neuen Raumstation MIR (Frieden), die seit Monaten mit zwei Komsonauten an Bord die Erde umkreiste. Auf den ersten Blick glich sie noch der auf vergangenen Aero Salons gezeigten Saljut-Station, doch erkannte man schnell, daß die mit Recht als Orbitalstation bezeichnete MIR um einige Meter länger war als ihre Vorläuferin, die Saljut. Die Gesamtlänge betrug nun dreißig Meter. Am linken Ende sah man zunächst ein dreiteiliges Personenzubringerfahrzeug vom Typ Sojus mit der Kommando- und Rückkehrkapsel in der Mitte. Die sechseinhalb Meter lange Sojus war an ein Kopplungsmodul angedockt, das noch vier weitere, am Umfang angebrachte Anlegestellen aufwies, die im Augenblick noch nicht belegt waren. Quer zur Längsachse des Komplexes konnten also kreuzweise vier Module bis zur Größe einer Saljut- oder MIR-Station anlegen und damit den Komplex vervielfachen. An den Stationshauptteil schloß sich ein neues wissenschaftliches Modul von rund drei Meter Länge an, das ebenso wie die Station einen Durchmesser von vier Metern aufwies. Das Wissenschaftsmodul hieß Kvant. In ihm war ein gemeinsam von den Sowjets und der bundesdeutschen Max-Planck-Gesellschaft gebautes Teleskop zur Erforschung von Himmelskörpern, die Röntgenstrahlen aussenden, untergebracht. Nach hinten war dann als Abschluß des Komplexes ein sojusähnliches Frachtfahrzeug vom Typ Progreß angedockt. MIR war am 20. Februar 1986, knapp einen Monat nach dem amerikanischen Challengerunglück, gestartet und am 7. März bemannt worden. Die Station sollte Kosmonauten, über Saljut 6 und 7 hinaus, Langzeitaufenthalte im All ermöglichen, um so die Dauerbelastbarkeit des Menschen in Schwerelosigkeit weiter zu erforschen. Der Schubkraft der für den Start verwendeten Rakete vom Typ Proton entsprechend betrug die Masse der Kernstation zwanzig Tonnen. Das gleichfalls von einer Proton gestartete Kvantmodul besaß eine Masse von zwölf Tonnen. Die Masse der angedockten Sojus wurde mit 6,8 Tonnen, die des gleichfalls angedockten unbemannten Frachtfahrzeuges vom Typ Progreß mit sieben Tonnen angegeben. Die Masse des Komplexes kam auf rund fünfzig Tonnen. Das war allerdings immer noch weniger als die Masse von neunzig Tonnen der amerikanischen experimentellen Raumstation Skylab aus dem Jahre 1973.

Im Dezember 1988, anderthalb Jahre nach dem Pariser Aero Salon von 1987, erzielten die beiden Kosmonauten Vladimir Titow und Musa Manarow eine Aufenthaltsdauer von einem Jahr. Zurück zum Salon von 1987. Vorläufig nur auf einem Foto zeigten die Sowjets außer MIR noch eine echte Sensation. Dies war die neue Superrakete Energia, die zwei Monate vor dem Salon ihren Erstflug absolviert hatte. Es handelte sich bei ihr um eine Rakete der Saturn 5-Klasse. Freilich war die Energia anders aufgebaut. Während die Saturn 5 aus drei aufeinandergesetzten Stufen bestand, besitzt Energia eine mit flüssigem Wasserstoff und Sauerstoff betriebene Zentralstufe aus vier Triebwerken, die im Vakuum je 200 Tonnen Schub liefern. An der Zentralstufe sitzen außen vier an ihrem Umfang verteilte Zusatzraketen, die die erste Stufe bilden. Diese Raketen werden mit flüssigem Sauerstoff und Kerosin betrieben und liefern viermal 740 Tonnen. Erste Stufe und zweite Stufe zünden fast gleichzeitig und erzeugen einen Gesamtschub von rund 3700 Tonnen. Nach einer Brenndauer von wenigen Minuten fallen die äußeren, nur für das Abheben benötigten »Booster« ab. Die Weiterbeschleunigung erfolgt dann durch die Zentraltriebwerke. Die Startmasse der Energia beträgt 2400 Tonnen. Der größte Durchmesser ist mit 22 Metern angegeben. Der

Eine Trainingsversion der sowjetischen Raumstation MIR auf dem Pariser Aero Salon 1987. Inzwischen sind in einer MIR-Station die beiden sowjetischen Kosmonauten Wladimir Titow und Musa Manarow im Dezember 1988 nach einer Aufenthaltsdauer von einem Jahr aus dem Weltall zurückgekehrt. Am linken Ende der Station in Paris war ein Personenzubringerfahrzeug vom Typ Sojus angedockt. Daran angeschlossen war ein Kopplungsmodul zur Aufnahme von bis zu vier weiteren Stationseinheiten. Dann kam der Hauptteil der Station, ferner ein wissenschaftliches Kvant-Modul und als Abschluß ein Materialzubringerfahrzeug vom Typ Progreß. Gesamtmasse des Komplexes rund dreißig Tonnen.

Durchmesser der Zentralstufe mißt acht Meter bei einer Höhe der Rakete von sechzig Metern.

Die hauptsächliche Nutzlast der Energia ist die erst rund ein dreiviertel Jahr nach dem Pariser Salon enthüllte Raumfähre Buran. Sie sitzt beim Start seitlich an der Energia, so daß sich auf den ersten Blick ein Bild wie beim amerikanischen Shuttle ergibt. Der Buran besitzt jedoch keine eigenen schweren Haupttriebwerke für den Einschuß in den Orbit. Freilich liefern die vier sowjetischen Triebwerke der zweiten Stufe mit 800 Tonnen etwas mehr Schub als die 630 Tonnen liefernden Haupttriebwerke des Shuttle. Dafür sind diese voll wiederverwendbar, während die Triebwerke der zweiten Energiastufe ebenso wie die Booster verlorengehen. Während der Start der amerikanischen Raumfähre mit einer Besatzung erfolgte, starteten die Sowjets ihren Buran Mitte November 1988, also über ein Jahr nach dem Pariser Salon von 1987, unbemannt. Der Buran flog und landete automatisch. Dies stellte eine große Leistung der Sowjets dar, die gleichwohl betonen, daß der Buran für bemannte Missionen bestimmt war. Mitte 1989 erklärten sie, ein bemannter Flug wäre für 1992 vorgesehen. Es ist anzunehmen, daß die Sowjets mit der Energia den Bau einer Raumstation anstreben, die bedeutend größer sein würde als MIR. Man wird also nicht überrascht sein dürfen, wenn die UdSSR in den neunziger Jahren Teile von Raumstationen zum Zusammenbau im Orbit starten wird, die eine Masse von über hundert Tonnen und einen Durchmesser von acht Metern haben werden.

Die amerikanische Raumstation Freedom

Auf dem Pariser Salon von 1987 hing im Pavillon der europäischen Raumfahrtorganisation ESA ein Modell der amerikanischen Raumstation, der man den Namen »Freiheit« gegeben hat und die gemeinsam von Amerikanern, Europäern und Japanern gebaut werden soll. Mit ihren Ausmaßen – im Original würde sie hundertfünfzig Meter lang sein – erinnerte sie mich an die gewaltigen Weltraumstationen, die die Pioniere der Raumfahrt, Tschiolkowski, Oberth und später von Braun, entworfen und vorgeschlagen hatten. Diese sollten ständig von Hunderten von Menschen bewohnt sein. Als Reagan 1984 endlich die Raumstation vorschlug, wollte er, daß sie in zehn Jahren fertig sein sollte. Das wäre

Mitte der neunziger Jahre gewesen. Nach langen Verhandlungen gelangte man zu einer Vereinbarung, nach der die Station für friedliche Zwecke bestimmt wäre, was militärische Forschung für *friedliche* Ziele einschließen sollte. Ein gewisses Übergewicht beim Betrieb der Station wurde den USA zugestanden. Sie tragen die uneingeschränkte Verantwortung in allen Sicherheitsfragen und üben die Kontrolle bei der Konstruktionsplanung aus. Andererseits behält die ESA und damit Westeuropa den Eigentumsanspruch und ein unbefristetes Nutzungsrecht an ihren Raumstationsbestandteilen. Gelingt in Fragen des Managements keine Übereinstimmung, so liegt die Entscheidungsgewalt bei der NASA.

Die Bauteile der Station sollten mit dem Shuttle in Orbit gebracht werden. Was die Aufteilung der Arbeit anbetraf, so sollten die Amerikaner außer einer Gesamtgitterstruktur einschließlich der Solarzellen zwei Module bauen, eines zum Wohnen für die gesamte internationale Besatzung von acht Personen und eines für eigene Experimente.

Ein an die Station angebautes und ständig bemanntes Labormodul soll die ESA und ein ebensolches Japan anliefern. Kanada wurde mit einer mobilen Serviceeinrichtung beteiligt, die am Hauptträger entlangfährt. Dafür erhält Kanada drei Prozent der verfügbaren Experimentierzeit.

Zum Konzept der Raumstation zählen zwei unbemannte Plattformen, die auf polaren Bahnen die Erde umfliegen. Eine Plattform stellen die USA, eine die ESA. Eine Teilbewohnbarkeit der Station soll Ende des Jahres 1995 erreicht werden, eine ständige Bemannung Ende 1996, zwei Jahre vor dem Abschluß aller Montagearbeiten und einer endgültigen Installation von 75 Kilowatt elektrischer Leistung aus Sonnenenergie. Die Ankunft des ESA-Labormoduls ist für Mitte 1997 geplant, nachdem im amerikanischen Labormodul die Arbeiten schon angelaufen sind. Bis dahin – so spekuliert man – mag eine Produktion von Werkstoffen und von Bauteilen der Mikroelektronik in Schwerelosigkeit bereits rentabel geworden sein.

Trotz aller abgeschlossenen Planungsarbeiten und eingegangenen internationalen Verpflichtungen gegenüber Europa, Japan und Kanada konnte man Mitte 1990 doch noch nicht davon sprechen, daß die Raumstation mit *Sicherheit* kommt. Das liegt daran, daß manche Mitglieder des amerikanischen Kongresses immer noch davor zurückschrecken, daß die Station im Endeffekt 30 Milliar-

Eine Zeichnung der für das Ende des Jahrhunderts projektierten amerikanischen Raumstation »Freedom«, die von Amerikanern, Europäern, Japanern und Kanadiern gemeinsam gebaut und betrieben werden soll. An einen langen Kiel, der Solarzellenflächen für die Stromversorgung trägt, sind vier sogenannte Module angebaut. In einem wird die gesamte Mannschaft von acht Personen wohnen. Je ein Arbeitsmodul wird den Amerikanern, Europäern und Japanern gehören. Man hofft, in der Station unter Ausnutzung der Schwerelosigkeit unter anderem neuartige Materialien für elektronische Bauteile herstellen zu können.

den Dollar kosten soll. Theoretisch könnte eine Aufgabe des Projekts jeweils von Jahr zu Jahr durch Sperrung von Mitteln erzwungen werden.

NASP – Hyperschallflugzeug und Raumfahrzeug

Außer der Raumstation hat Präsident Roland Reagan 1986 noch die Konstruktion eines völlig neuartigen Luft- und Raumfahrzeuges gefordert, das sowohl bei hohen Machzahlen in der Atmosphäre weite Strecken zurücklegen als auch darüber hinaus einstufig in Orbit gehen kann. Als Studienprojekt erhielt die Konzeption die offizielle Bezeichnung NASP (National Space Plane, nationales Raumflugzeug) und den von Reagan selbst erfundenen Namen Orient Express. Außerdem wird es als experimentelles Projekt unter der Nr. X 30 geführt. Da das Projekt gemeinsam von der Air Force, dem Verteidigungsministerium, und der NASA untersucht wird, sind viele seiner Daten geheim. Soviel ist klar: Das NASP, von dem zwei Exemplare Mitte der neunziger Jahre – wenn bis dahin alle finanziellen Hürden im Kongreß genommen werden – fliegen sollen, wird horizontal starten, und zwar mit einem Triebwerk, das anfangs jeweils als übliches Düsentriebwerk arbeitet, bei dem die Kompression der Luft durch Schaufelräder erfolgt. Anschließend wird das Jettriebwerk zum Staustrahlantrieb (Ramjet). Bei diesem wird die Verbrennungsluft durch den Stau (englisch: ram) beim Eintritt in das Triebwerk komprimiert. Bei höheren Machzahlen spielt sich die Verbrennung selbst im Überschallbereich ab. Dann spricht man von einem Scramjet, also einem Überschall-Ramjet. Auch dieser atmet noch die freilich mit der Flughöhe immer dünner werdende Umgebungsluft. Orient Express nannte Reagan die X 30, weil sie bei einer mittleren Geschwindigkeit von 5000 Kilometern in der Stunde (rund Mach 5) die Strecke New York–Tokio in zwei Stunden zurücklegen könnte. Durch Weiterbeschleunigung nach dem Raketenprinzip, wozu flüssiger Sauerstoff mitzunehmen wäre, könnte dieselbe Maschine auch in Orbit gehen und zu einem Raumfahrzeug werden. Das Projekt, an dem 5000 Mitarbeiter fest und 25 000 in Teilzeit arbeiten, wird mit rund einer halben Milliarde Dollar im Jahr gemeinsam vom Staat und der Industrie finanziert. Es ist denkbar, daß etwa von der Jahrtausendwende an NASP-Fahrzeuge den Personenverkehr zwischen Erde und Raumstation übernehmen und damit den Shuttle für diese Zwecke ersetzen könnten. Schwierigkeiten bei der Entwicklung der X 30 liegen vor allem auf dem Gebiet der Schaffung neuer Werkstoffe sowohl für die Triebwerke als auch für Rumpf, Tragflächen und Leitwerk. Unter der Bezeichnung HOTOL (Horizontal Take Off and Landing) haben die Engländer ein dem NASP ähnliches Projekt auf dem Reißbrett. Schon in der Entwicklung befindet sich ein solches in Japan, das damit auf dem Gebiet fortschrittlicher kombinierter Luft- und Raumfahrzeuge ein direkter Konkurrent der USA ist.

Künstlerische Darstellung der projektierten europäischen Raumfähre Hermes. Federführend für den Entwurf ist die europäische Raumfahrtagentur ESA (European Space Agency) in Paris. Mit seinem Dreiecksflügel ähnelt Hermes dem amerikanischen Shuttle, hat aber bei einem Startgewicht von 22 Tonnen nur rund ein Fünftel des Gewichts der amerikanischen Fähre. In den Raum gebracht werden soll der Hermes mit der in Entwicklung befindlichen französischen Rakete Ariane 5. Deren Haupttriebwerk liefert 107 Tonnen Schub. Dank zweier Feststoffraketen beträgt der Gesamtschub beim Abheben 1400 Tonnen. Der Hermes ist wiederverwendbar und landet auf Rädern.

Hermes

Auf dem Pariser Aero Salon 1987, auf dem die Sowjets ihre imposante MIR-Station und die Amerikaner ein Modell der projektierten internationalen Raumstation »Freedom« zeigten, bot erstmals auch die europäische Weltraumorganisation ESA eine Sensation in ihrem Pavillon. Zu sehen war eine 1:1-Attrappe der Hermes-Raumfähre, die Ende des Jahrhunderts die Erde umkreisen soll. Freilich handelt es sich beim weißlackierten Hermes um einen Mini-Shuttle. Mit seinem Dreiecksflügel ähnelt er dem amerikanischen Vorbild, hatte mit einem Startgewicht von 22 Tonnen aber nur rund ein Fünftel der Masse des US-Spaceshuttle. Und doch wollte Europa mit dem Hermes einen von den beiden Weltraum-Großmächten unabhängigen Einstieg in die bemannte Raumfahrt. Dazu war neben dem Raumgleiter ein 1:5-Modell der in Entwicklung befindlichen Ariane-Rakete zu sehen, die den Gleiter in Orbit bringen soll. Hierfür wird die Ariane als Haupttriebwerk einen mit flüssigem Sauerstoff und Wasserstoff arbeitenden Raketenmotor von 107 Tonnen Anfangsschub besitzen. Den Hauptschub beim Abheben liefern zwei Feststoff-Zusatzraketen als Booster, die seitlich am Treibstofftank der Rakete angebracht sind. Zusammen liefern Haupttriebwerk und Feststoffraketen 1400 Tonnen Schub. Federführend für die Entwicklung der Ariane ist die französische Raumfahrtbehörde CNES (Centre Nationale d'Etudes Spaciales), wie überhaupt Frankreich das in der Raumfahrtentwicklung führende Land Europas ist, gefolgt von der Bundesrepublik. Die Raketentriebwerke liefert SEP (Société Européenne de Propulsion). Den Hermes baut die Firma Aerospaciale, die ebenso wie SEP in der Nähe von Paris zu Hause ist. Vorläuferin der Ariane 5, die erstmalig 1995 starten soll, ist die Ariane 4, die seit dem Frühjahr 1989 alle früheren Arianeraketen ersetzt. Bei diesen hatte es zwar seit 1979 einige Fehlstarts gegeben, doch hatten Arianeraketen zahlreiche Nutzlasten erfolgreich in Orbit gebracht.

Die Idee bei Hermes war, daß Europa in die Lage versetzt werden sollte, eine eigene Kapazität für den sicheren Start und die Rückführung von Astronauten zur und von der Raumstation »Freedom« zu schaffen. Auch sollten Erfahrungen für spätere größere Raumfähren gesammelt werden. Eine spezielle Aufgabe sollte ein Ankoppeln an die zeitweilig bemannbare Plattform MTFF sein, von der noch die Rede sein wird. Diese Konzeption erfuhr Einschränkungen durch die Challenger-Katastrophe von Anfang 1986. Bei der Hermesattrappe im ESA-Pavillon handelte es sich nämlich um die abgespeckte Version eines ursprünglichen Hermes. Nach dem Challenger-Unglück in den USA wurde nämlich von CNES für den Fall eines Versagens der Antriebsrakete des Hermes nach dem Start eine Rettungsmöglichkeit für die Astronauten gefordert. Das Cockpit sollte als Kapsel ausgebildet und diese im Notfall dann abgesprengt werden und schließlich am Fallschirm zur Erde zurückschweben. Da eine Kapsel für sechs Astronauten zu schwer geworden wäre, mußte die Besatzung auf drei Personen reduziert werden. Wegen der damit eingeengten Verwendungsmöglichkeit des Hermes wurde dessen Aufgabe diskutiert. Tatsächlich aufgegeben wurde das Konzept einer absprengbaren Kapsel und durch eine Installation von Schleudersitzen ersetzt. Außerdem wurde am hinteren Ende des Hermes ein konischer Adapter vorgesehen, in dem Material mitgeführt werden konnte und in dem Steuerraketen eingebaut waren. Außerdem war in dem Adapter eine Durchstiegsluke für Astronauten eingebaut. Um das Landegewicht zu reduzieren und eine für einen Wiedereintritt in die Erdatmosphäre ungünstige Form zu vermeiden, sollte der Adapter vor dem Wiedereintritt abgestoßen werden. In der inzwischen gewählten Bauweise hat Hermes eine Länge von achtzehn Metern und eine Spannweite von 10,5 Metern. Die in Paris noch ohne Adapter gezeigte Hermesversion erregte besonders das französische Publikum, das auf seine in Europa führende Raumfahrtindustrie stolz war. Die Menschen drängten sich so eng um den Hermes, daß das mich begleitende ZDF-Fernsehteam Schwierigkeiten hatte, die attraktive Attrappe zu filmen.

Columbus

Europas hauptsächliches Projekt bis zum Jahr 2000 und darüber hinaus wird allerdings die Beteiligung an der amerikanischen Raumstation »Freedom« sein. Für dieses Columbus genannte Programm wird die ESA eines der vier großen Module liefern, die fest an die Station angebaut werden sollen. In diesem Modul von 12,6 Metern Länge, einem Durchmesser von vier Metern und einer wissenschaftlichen Ausrüstung von bis zu zehn Tonnen werden ständig zwei europäische Wissenschaftsastronauten arbeiten. Unter den in diesem Labor gegebenen Bedingungen der Mikroschwerkraft soll vor allem Forschung auf den Arbeitsgebieten Flüssigkeitsphysik, Biowissenschaften und Werkstoffentwicklung getrieben werden. Man wird also das fortsetzen, was von den Amerikanern in ihrem Skylab und von den Europäern im Spacelab begonnen wurde. Sollte die Forschung auf dem Gebiet der Werkstoffentwicklung erfolgreich sein, so erscheint es denkbar, daß in den Raumstationsmodulen der Amerikaner, Japaner und Europäer bereits mit einer Serienfabrikation von Materialien und Artikeln begonnen wird, für die man annähernd Schwerelosigkeit benötigt, die man neuerdings auch Mikroschwerkraft nennt. Neben der Hermesattrappe stand eine 1:1-Versuchsausführung des

MTFF (Man Tended Freeflyer – von Menschen gewartete freifliegende Plattform), der im Rahmen des Columbusprogramms als zeitweilig bemanntes Labor von der Ariane 5 in den Weltraum geschickt wird. Automatisierte Versuche sollen im MTFF vor allem dann stattfinden, wenn es bei bio- und materialwissenschaftlichen Experimenten auf ein Höchstmaß an Mikroschwerkraft ankommt. Ein solches wird durch die Abwesenheit von Astronauten gewährleistet, deren Hin- und Herbewegungen eine Ausbildung von fast vollkommener Schwerelosigkeit verhindern würden. Das MTFF soll in der Nähe der Raumstation im gleichen Orbit kreisen. Zur Wartung und zum Auswechseln von Experimenten sowie zur Bergung von Versuchsaufzeichnungen soll das Labor alle sechs Monate an die Raumstation angekoppelt oder von einer Hermesbesatzung besucht werden. Es ist geplant, das MTFF erstmals 1998 von einer Ariane 5 in Orbit zu bringen. Gebaut wird es unter der Federführung von Messerschmitt-Bölkow-Blohm von Matra, Frankreich. Die Aufsicht führt British Aerospace, da England die Finanzierung übernommen hat. Zum europäischen Beitrag zur Raumstation zählt auch eine der beiden projektierten unbemannten, vollautomatisierten Plattformen, die die Erde in polaren Bahnen umfliegen sollen und die Bezeichnung PPF (Polar Plattform) tragen. Das dreizehn Tonnen schwere europäische PPF-Raumfahrzeug soll von einer Ariane 5 in die polare Umlaufbahn gebracht werden. Mit ihren drei Tonnen schweren Meßinstrumenten und Teleskopen soll sie einerseits die Erde beobachten, andererseits astronomische Beobachtungen vornehmen.

Kosten der europäischen Programme

Für die Columbus-Beteiligung rechnete man bei der ESA 1987 mit 3,5 Milliarden Dollar, von denen die Bundesrepublik 38 Prozent übernehmen soll. An zweiter Stelle liegt Italien mit 25 Prozent, die hauptsächlich für die Konstruktion des ESA-Moduls aufgewendet werden sollen. Für das Projekt der Ariane-5-Rakete werden von der ESA rund 8,5 Milliarden DM veranschlagt. An ihnen soll sich die Bundesrepublik mit 22 Prozent beteiligen. Während die Entwicklung der Ariane 5 in Angriff genommen ist, befindet sich Hermes noch in der Definitionsphase. Nach ihrem Ende sollen sich die Forschungsminister der ESA-Länder entscheiden, ob Hermes nun gebaut wird oder nicht. Die Gesamtkosten von

Hermes werden bis zur Einsatzreife auf 4,5 Milliarden Dollar geschätzt. Soweit ein Überblick über die Kosten, die Europa für den Versuch entstehen, in der bemannten Raumfahrt Fuß zu fassen.

Weiter noch als das Hermes-Projekt, das von französischen Konzeptionen ausging, weist das deutsche Projekt Sänger in eine europäische Luft- und Raumfahrtzukunft. Eugen Sänger, nach dem das Projekt benannt ist, starb 1964. Er zählte zu den international führenden Raumfahrtpionieren. In den dreißiger Jahren hat er bis Ende des Zweiten Weltkrieges an Konzepten kombinierter Luft- und Raumfahrzeuge gearbeitet. Komplett besteht das Sänger-Fahrzeug aus zwei Stufen. Die untere Stufe stellt ein Hyperschallflugzeug dar, das ähnlich wie der amerikanische NASP horizontal auf einem normalen Flugplatz startet. Wie beim NASP geht das Triebwerk vom Düsenprinzip zum Staustrahlprinzip über. Als Hyperschallflugzeug könnte Sänger bei Mach 4,5 250 Personen in drei Stunden von Frankfurt nach Tokio befördern. Die Unterstufe kann aber auch ein bemanntes oder unbemanntes Raketenflugzeug tragen. Das Raketenflugzeug würde sich in einer Höhe von 35 Kilometern bei Mach 6,8 von der Unterstufe lösen und dann allein in Orbit gehen. Beide Stufen landen auf einem normalen Flugplatz. Das System Sänger ist also voll wiederverwendbar. Das Raketenflugzeug kann zwei bis vier Astronauten und eine Nutzlast von einer Tonne in eine polare und von drei Tonnen in einen 28 Grad zum Äquator geneigten Orbit bringen. Es trägt die Bezeichnung HORUS (Hypersonic Orbital Upper Stage – Hypersonische Orbitale Oberstufe). Die Sänger-Unterstufe kann auch einen mit bis zu fünfzehn Tonnen beladenen raketengetriebenen Frachtbehälter in den Weltraum tragen.

Erstmals der Öffentlichkeit vorgestellt wurde das Sängerkonzept auf dem gleichen Pariser Aero Salon von 1987, auf dem auch MIR, Hermes und die amerikanische Raumstation gezeigt wurden.

Für das beschriebene Sänger-Konzept sind von der Bundesregierung und der Deutschen Forschungs- und Versuchsanstalt für Luft- und Raumfahrt (DLR) rund dreihundert Millionen Mark bewilligt worden, die zwischen 1988 und 1992 ausgegeben werden sollen. Nach einer positiven Entscheidung könnten sich dann eine Entwicklungs- und eine Demonstrationsphase bis zum Jahr 2004 anschließen. Im selben Jahr soll dann im Rahmen der ESA endgültig über eine Realisierung des Sängersystems entschieden werden.

Literatur

W. von Braun, B. Ruland: Mein Leben für die Raumfahrt, Burda Verlag, Offenburg 1969

H. Oberth: Die Raketen zu den Planetenräumen, R. Oldenbourg, München 1923

H. O. Ruppe: Die grenzenlose Dimension, Econ Verlag, Düsseldorf 1980

H. L. Shipman: Space 2000, Plenum Press, New York/London 1987

S. R. Taylor: Lunar Science, Pergamon Press, New York/Oxford 1975

F. I. Ordway, M. R. Sharpe: The Rocket Team, Selbstverlag, New York 1979 (Kontakt: Crowell 521, Fifth Ave. 521, New York)

Ch. Yeager, Yeager – an autobiography, Bantam Books, New York 1985

J. N. Wilford, We reach the Moon, Bantam Books, New York 1969

S. Crossfield: Testpilot der X 15, Albert Müller Verlag, Rüschlikon-Zürich 1960

N. Armstrong, E. Aldrin, M. Collins: Wir waren die Ersten, Ullstein Verlag, Berlin 1970

O. Fallaci: Wenn die Sonne stirbt, Econ Verlag, Düsseldorf 1966

N. Mailer: Of a fire on the moon, Little Brown & Co., Boston 1971

G. Paul: Aufmarsch im Weltall, Keil Verlag, Bonn 1980

H. Hiller: Die Evolution des Universums, Umschau Verlag, Frankfurt am Main 1989

J. von Puttkamer: Rückkehr zur Zukunft, Umschau Verlag, Frankfurt am Main 1989

J. Rüttgers, Europas Wege in den Weltraum, Umschau Verlag, Frankfurt am Main 1989

Bildnachweis

Andre Kruse: Titelfoto

National Aeronautics and Space Adminstration (NASA): Seite 9, 17, 25, 35, 40, 41, 47, 65, 71, 73, 79, 80, 83, 84, 94, 95, 97, 105, 106, 110, 113, 115, 117, 123, 139 (Reinzeichnung: Manfred Sehring), 146, 159, 183, 190, 191, 193, 194, 196, 199, 205, 213, 232, 241, 243, 254

Jet Propulsion Laboratory: Seite 13

US-Air Force: Seite 21

University of Tucson: Seite 108

European Space Agency (ESA): Seite 244, 256

Intelsat: Seite 219

Zweites Deutsches Fernsehen (ZDF): Seite 121

H. G. Kolblinsky: Seite 53

Heinrich Schiemann: Seite 7, 38, 207, 210, 251

Die Fotos im Farbteil stammen mit Ausnahme der Aufnahmen von der Marsoberfläche und des Jupitermondes Io – beide Jet Propulsion Laboratory – von der NASA.

LITERATUR BILDNACHWEIS

REGISTER